21世纪高等学校信息安全专业规划教材

网络安全技术与实践

王煜林　田桂丰　主　编
王金恒　刘卓华　副主编

清华大学出版社

北　京

内 容 简 介

本书共分 10 章,主要内容包括网络安全概述、网络攻击与防范、信息加密技术、防火墙技术、计算机病毒及其防治、Windows 2008 操作系统的安全、Linux 操作系统的安全、VPN 技术、入侵检测技术、上网行为管理。本书在强调知识系统性的同时,也注重了全面性,很多技术点都讲解了在 Windows、Linux 以及 Cisco 下的不同解决方案。

本书最大的特点是以课业任务的方式来讲解每一个知识点,以帮助读者理解与消化相应的理论知识点,提高读者的兴趣。每一种技术都配备了大量的课业任务。

本书既可以作为应用型本科院校、高职高专院校、民办高校、成人高校、继续教育学院及本科院校的二级学院的教学用书,也可以作为网络工程师、网络安全工程师学习网络安全知识的参考书。

图书在版编目(CIP)数据

网络安全技术与实践/王煜林,田桂丰主编.--北京:清华大学出版社,2013(2020.9重印)
(21 世纪高等学校信息安全专业规划教材)
ISBN 978-7-302-31652-7

Ⅰ. ①网… Ⅱ. ①王… ②田… Ⅲ. ①计算机网络—安全技术—高等学校—教材 Ⅳ. ①TP393.08

中国版本图书馆 CIP 数据核字(2013)第 040762 号

责任编辑:魏江江　王冰飞
封面设计:杨　兮
责任校对:白　蕾
责任印制:刘祎淼

出版发行:清华大学出版社
　　　　网　　　址:http://www.tup.com.cn,http://www.wqbook.com
　　　　地　　　址:北京清华大学学研大厦 A 座　　　　邮　　编:100084
　　　　社 总 机:010-62770175　　　　邮　　购:010-83470235
　　　　投稿与读者服务:010-62776969,c-service@tup.tsinghua.edu.cn
　　　　质量反馈:010-62772015,zhiliang@tup.tsinghua.edu.cn
　　　　课件下载:http://www.tup.com.cn,010-83470236
印 装 者:北京九州迅驰传媒文化有限公司
经　　销:全国新华书店
开　　本:185mm×260mm　　　印　　张:17.25　　　字　　数:422 千字
版　　次:2013 年 5 月第 1 版　　　印　　次:2020 年 9 月第 8 次印刷
印　　数:6401～7200
定　　价:29.00 元

产品编号:049505-01

前　　言

　　网络安全技术是计算机科学与技术、网络工程、软件工程等专业的一门必修课,是当今通信与计算机领域的热门课题。Internet 的出现,以及电子商务、网络教育和各种新兴业务的兴起,使人类社会与网络的联系越来越紧密。当网络逐步改变人们的工作方式与生活方式时,利用计算机网络进行犯罪的活动也层出不穷,它已严重地危害了社会的发展与国家安全。因此,网络安全已经成为计算机科学与技术等专业的重要研究领域。

　　本书的作者都具有多年的网络安全技术教学工作经验,书中安排了非常多的课业任务,凝聚了作者多年以来的教学经验与成果。与同类教材相比,本书具有以下特点:

　　(1) 知识点以课业任务形式引领,实例丰富。每一章都有大量的课业任务,每一个知识点都是通过课业任务的形式进行讲解,每一个课业任务都有相关的背景知识与相应的操作步骤。把理论知识融入到课业任务中,使读者更容易学习与消化,从而提高读者的学习兴趣。

　　(2) 强调知识点的系统性。网络安全技术是一门综合性的学科,涉及的学科与技术比较多,本书重点讲解了常见的网络安全技术,如网络攻击与防范、信息加密技术、防火墙技术、VPN 技术、入侵检测技术、上网行为管理、防病毒技术、操作系统安全等,几乎涵盖了网络安全的所有重要知识点。

　　(3) 强调知识点的全面性。本书在讲解某一项技术时,综合考虑了多平台的技术解决方案,分别讲解了在 Windows 平台、Linux 平台以及 Cisco 平台下的不同解决方案。例如,在讲解 VPN 技术时,讲解了在 Windows 平台下远程访问 VPN 的实现,在 Cisco 平台下站点到站点 VPN 的实现,以及在 Linux 平台下 IPSec VPN 的实现。

　　本书主要面向应用型本科与高职高专学生,既可以作为高等学校的学生在学习网络安全时的教学辅导用书,也可以作为在校教师的教学参考用书。

　　本书由王煜林、田桂丰老师担任主编,由王金恒、刘卓华老师担任副主编。全书由 10 章组成,其中第 1 章、第 2 章、第 3 章、第 8 章由王煜林老师编写,第 9 章、第 10 章由田桂丰老师编写,第 4 章由王煜林老师与田桂丰老师共同编写,第 5 章、第 7 章由王金恒老师编写,第 6 章由刘卓华老师编写。

　　广东技术师范学院天河学院计算机科学与技术系的领导对本书的编写与出版给予了大力的支持,在此表示感谢! 在本书的编写过程中,还得到了孔令美、钱宏武、龙君芳等同行的帮助,在此一并表示感谢!

　　由于作者水平有限,书中难免存在疏漏与不足之处,恳请广大师生与读者给予批评指正,在此深表谢意。我们的邮箱是：43498000@qq.com。

编　者

2013 年 3 月

目　　录

第 1 章   网络安全概述

随着信息科技的迅速发展以及计算机网络的普及,计算机网络已深入到国家的政府、军事、金融、商业等诸多领域,可以说网络无处不在。它在实现信息交流共享、为人们带来极大便利和丰富社会生活的同时,出于政治、经济、文化等利益的需求或者好奇心的驱动,网络攻击事件层出不穷,且有愈演愈烈之势,轻者给个人或者机构带来信息损害、经济利益损失,重者将会影响国家的政治、经济和文化安全。因此,加强对信息网络安全技术的研究,无论是对个人还是组织、机构,甚至国家、政府都有非同寻常的意义。

▶▶ **学习目标:**
- 了解网络安全的现状。
- 掌握网络安全的定义、基本要素。
- 掌握网络安全相关技术。
- 掌握网络安全实验平台的搭建。

▶▶ **课业任务:**

本章通过 3 个课业任务,学习在各种环境下网络安全实验平台的搭建。

➡ 课业任务 1-1

Bob 是 WYL 公司的网络安全运维工程师,现在在家里办公,不能连接互联网,他想完成一个由 3 台计算机组成网络的安全实验。Bob 使用虚拟机实现 3 台计算机互连。

能力观测点

VMware 虚拟机的网络连接方式;使用 Host-only 实现虚拟机中的客户机 Windows Server 2008、Red Hat Enterprise Linux 6 与物理机 Windows XP 互相通信。

➡ 课业任务 1-2

Bob 为了保证公司用户接入网络的安全,他在公司接入层交换机上开启了端口安全,只允许授权的 PC 接入到交换机从而访问互联网。当非授权的 PC 接入交换机后,交换机就启用端口安全机制,关闭此接口,直到管理员手动启用此接口。

能力观测点

Cisco Packet Tracer 模拟器的使用;端口安全的配置与测试。

➡ 课业任务 1-3

Bob 为了保证远程管理设备的安全,他采用 SSH 远程管理方法来替代明文传送数据包的 Telnet。Bob 在路由器上启用了 SSH 服务。

能力观测点

GNS(Graphical Network Simulator)模拟器的使用;路由器上 SSH 服务的配置与测试。

1.1 网络安全概况

1.1.1 网络安全现状

现在,人们的生活已经与网络息息相关,如网上购物、网上银行、网上政务、网上交流、网上教学等。网络是一把双刃剑,给人们的生活带来了便利的同时,也给人们的生活带来了安全威胁。中国互联网络信息中心(CNNIC)于 2012 年 7 月 19 日发布的《中国互联网发展状况调查报告》统计数据显示,截至 2012 年 6 月底,中国网民数量达到 5.38 亿,互联网普及率为 39.9%,如图 1.1 所示。可以说,网络已经无处不在,已经深入到了国家的政治、经济、文化以及社会生活。正因为如此,网络安全问题也日益突出。

图 1.1　中国网民规模和互联网普及率

由于互联网不断深入人们的生活,网络安全事件层出不穷,愈演愈烈,以下是近几年发生的网络安全重大事件。

(1) 2012 年 2 月 4 日,黑客集团 Anonymous 公布了一份来自 2012 年 1 月 17 日美国 FBI 和英国伦敦警察厅的工作通话录音,时长 17 分钟,主要内容是双方讨论如何寻找证据和逮捕 Anonymous、LulzSec、Antisec、CSL Security 等黑客的方式。目前,FBI 已经确认了该通话录音的真实性,安全研究人员已经开始着手解决电话会议系统的漏洞问题。

(2) 2011 年几乎称得上是互联网的"资料泄露年"。3 月份,RSA 遭到黑客攻击,获取认证的 SecurID 相关信息被窃取;4 月份,"索尼被黑"事件导致黑客从索尼在线 PlayStation 网络中窃取了 7700 万客户的信息,包括信用卡账号,这一黑客攻击事件导致索尼被迫关闭了该服务并损失了 1.7 亿美元;而 CSDN 泄密事件中,珍爱网、开心网、猫扑、天涯、智联招聘、酷 6 网等知名网站的用户数据被盗取,数千万用户密码信息暴露在互联网上,同时大量用户发现微博账号、支付宝账号被盗。

(3) 2010 年 7 月 25 日,"维基解密"通过英国《卫报》、德国《明镜》和美国《纽约时报》公布了 92 000 份美军有关阿富汗战争的军事机密文件。10 月 23 日,"维基解密"公布了

391 832份美军关于伊拉克战争的机密文件。11月28日,"维基解密"泄露了25万份美国驻外使馆发给美国国务院的秘密文传电报。"维基解密"是美国乃至世界历史上最大规模的一次泄密事件,其波及范围之广、涉及文件之众均史无前例。该事件引起了世界各国政府对信息安全工作的重视和反思。据美国有线电视新闻网12月13日报道,为防止军事机密泄露,美国军方已下令禁止全军使用USB存储器、CD光盘等移动存储介质。

(4) 2010年9月,奇虎360针对腾讯公司的QQ聊天软件发布了"360隐私保护器"和"360扣扣保镖"两款网络安全软件,并称其可以保护QQ用户的隐私和网络安全。腾讯公司认为奇虎360的这一做法严重危害了腾讯的商业利益,并称"360扣扣保镖"是"外挂"行为。随后,腾讯公司在11月3日宣布将停止对装有360软件的计算机提供QQ服务。由此而引发了"3Q大战",同时引起了360软件与其他公司类似产品的一系列纷争,最终演变成了互联网行业中的一场混战。最终,"3Q大战"在国家相关部门的强力干预下得以平息,"360扣扣保镖"被召回,QQ与360恢复兼容。但此次事件对广大终端用户造成了恶劣影响和侵害,并由此引发了公众对于终端安全和隐私保护的困惑及忧虑却远没有消除。

(5) 2009年的519断网事件是由于几家网游私服之间的恶性竞争引起的,其中一家以网络攻击的手段向为对方解释域名的DNS服务器DNSPod发动DDoS(分布式拒绝服务)攻击。其本意只想让DNSPod宕机,让对手的网游玩家不能访问其游戏服务器。可未曾想到,就是这样的一次网络攻击行为,却最终演变成造成广西、江苏、海南、安徽、甘肃和浙江电信宽带用户网络断网的严重网络安全事件。

以上只是近年来影响比较大的网络安全事件,诸如此类的安全事件非常多,每天都有新的漏洞与病毒在恶意地破坏网络系统。在众多的网络安全事件中,主要网络攻击行为为DDoS攻击、信息泄露、网络钓鱼、蠕虫病毒、软件漏洞等。ANVA(中国反网络病毒联盟)周报在2012年第48期的互联网网络安全指数整体评价中指出,境内感染网络病毒的主机数约为217.9万个,较上周数量环比减少了约13.1%;新增网络病毒家族5个,较上周新增数量增加了4个;境内被篡改政府网站数量为48个,占境内被篡改网站数量的7.3%。图1.2所示为2012年10月29日至11月4日的活跃互联网病毒类型分布情况。从图中可以看出,主要的互联网病毒是后门工具、木马程序、蠕虫、黑客工具、流氓软件等。

图1.2 2012.10.29—2012.11.4病毒类型分布情况

除了以上的病毒外,软件漏洞也给网络带来了许多安全隐患。2012 年,CNVD(国家计算机网络应急技术处理协调中心)漏洞周报第 43 期(2012 年 10 月 29 日至 11 月 04 日)共收录了 113 个漏洞。其中,操作系统漏洞 4 个,应用程序漏洞 39 个,Web 应用漏洞 65 个,网络设备漏洞 5 个,分布情况如图 1.3 所示。

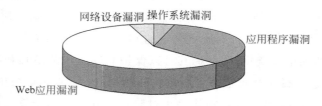

图 1.3　2012.10.29—2012.11.04 漏洞分布情况

如图 1.3 所示,Web 应用漏洞最多,其次是应用程序漏洞。大软件厂商成为黑客们最"钟爱"的对象,时常会有超级危险的安全问题被黑客暴露出来,就像衣服有了破洞,从而迫使软件厂商不得不经常给自己的产品打补丁。其中,有 3 家因为补丁数目超多而被誉为软件界的三大"乞丐",分别是 Adobe、微软和 Java。图 1.4 所示为访问 Java 漏洞制作的网页,弹出的计算器可运行任意程序。

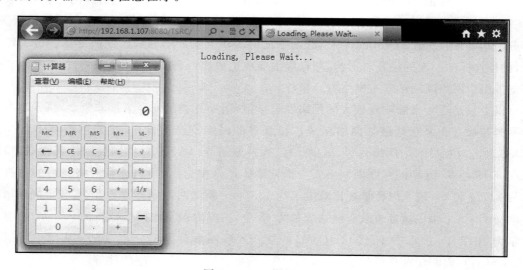

图 1.4　Java 漏洞网页

据了解,在 Adobe 系列中,仅 Flash 插件就占领了 2011 年十大重磅漏洞的 4 个席位,近期流行的 PDF 漏洞也让用户非常担心,作为占有率最高的操作系统厂商——微软也难逃黑客的"爱慕",各种系统漏洞补丁都有可能被黑客利用。而随着 Java 用户群的逐渐壮大,3 亿安装量吸引了黑客的目光,使其渐渐成为黑客的"新宠",2011 年 12 月初,一则披露 Oracle 公司 Java Applet Rhino 脚本引擎存在远程执行代码高危漏洞的消息在网络上掀起轩然大波便是证明。

网络钓鱼(Phishing)也是近年来兴起的另一种新型网络攻击手段。黑客建立一个网站,通过模仿银行、购物网站、炒股网站、彩票网站等,诱骗用户访问。由于成本低,收益大,钓鱼网站不仅种类多了,数量也迅速增长。2011 年,除了传统的假淘宝网站、假 QQ 网站、假网上银行网站、六合彩钓鱼网站等之外,黑客又发展假 sina 网站、假机票网站、假火车票网站、假药品网站等。可以说,随着互联网应用的发展,尤其是电子商务的进一步发展,"网络钓鱼"正在高速壮大,网民们的生活则需要"步步小心",如图 1.5 所示。

图 1.5　网络钓鱼更加猖狂

2006 年,第 38 届世界电信日的主题是 Promoting Global Cybersecurity(推进全球网络安全),人们已经意识到,网络安全问题与大家的生活已息息相关,全球网络安全的问题不能依靠一个国家、一个企业或一种技术来解决,这是一项牵涉到政府、企业、个人和国际合作的复杂工程,需要各方面的共同努力。

1.1.2　网络安全的定义

网络安全是指在分布式网络环境中对信息载体(处理载体、存储载体、传输载体)和信息的处理、传输、存储、访问提供安全保护,以防止数据、信息内容遭到破坏、更改、泄露,并防止网络服务中断、拒绝服务、被非授权使用和篡改。从广义上来说,凡是涉及网络上信息的保密性、完整性、可用性、真实性和可控性的相关技术和理论都是网络安全的研究领域。网络安全是一门涉及计算机科学、网络技术、通信技术、密码技术、信息安全技术、应用数学、数论、信息论等多种学科的综合性学科。

对网络安全内涵的理解会随着"角色"的变化而有所不同,而且在不断地延伸和丰富。例如,从用户的角度来说,他们希望涉及个人隐私或商业利益的信息在网络上传输时受到机密性、完整性和真实性的保护,避免他人利用窃听、冒充、篡改、抵赖等手段侵犯其利益。

从网络运行和管理者的角度来说,他们希望对本地网络信息进行的访问、读写等操作受到保护和控制,避免出现陷门、病毒、非法存取、拒绝服务、网络资源非法占用和非法控制等威胁,制止和防御网络黑客的攻击。

对安全保密部门来说,他们希望对非法的、有害的或涉及国家机密的信息进行过滤和防堵,避免机要信息泄露,避免对社会产生危害,避免对国家造成巨大损失。

可见,网络安全的内涵与其保护的信息对象有关,但本质都是在信息的安全期内保证在网络上传输或静态存放时允许授权用户访问,而不被未授权用户非法访问。

1.1.3 网络安全的基本要素

网络安全的基本要素主要包括 5 个方面。

1. 机密性

机密性主要是防止信息在存储或传输的过程中被窃取。防止数据被查看最有效的方法就是加密,在现代加密体制中,最典型的加密算法是对称加密算法与非对称加密算法。

2. 完整性

信息只能被得到允许的人修改,并且能够被判别该信息是否已被篡改。主要是通过哈希算法来保证数据的完整性,典型的哈希算法有 MD5 与 SHA1。

3. 可用性

只有授权者才可以在需要时访问该数据,而非授权者应被拒绝访问。

4. 可控性

对各种访问网络的行为进行监视、审计,控制授权范围内的信息流向及行为方式。

5. 不可抵赖性

数据的发送方与接收方都无法对数据传输的事实进行抵赖,主要是通过数字签名来实现不可否认性。

1.1.4 网络安全的标准

国际标准化组织(ISO)、国际电气技术委员会(IEC)及国际电信联盟(ITU)所属的电信标准化组织(ITU.TS)在安全需求服务分析指导、安全技术机制开发、安全评估标准等方面制订了一些标准草案。另外,IETF 也有 9 个功能组讨论网络安全并制定相关标准。

目前,国内外主要的安全评价标准有以下几个。

1. 美国 TCSEC

该标准由美国国防部制定,将安全分为 4 个方面,即安全政策、可说明性、安全保障和文档。标准将上述 4 个方面又分为 7 个安全级别,从低到高依次为 D、C1、C2、B1、B2、B3 和 A 级。

2. 欧洲 ITSEC

该标准叙述了技术安全的要求,把保密作为安全增强功能。与 TCSEC 不同的是,ITSEC 把完整性、可用性作为与保密同等重要的因素。ITSEC 定义了从 E0 级(不满足品质)到 E6 级(形式化验证)的 7 个安全等级,对于每个系统,安全功能可分别定义。ITSEC 预定义了 10 种功能,其中前 5 种与 TCSEC 中的 C1~B3 级非常相似。

3. 联合公共准则 CC

它的目的是把已有的安全准则结合成一个统一的标准。该计划从 1993 年开始执行,1996 年推出第一版,1998 年推出第二版,现已成为 ISO 标准。CC 结合了 TCSEC 及 ITSEC 的主要特征,强调将安全的功能与保障分离,并将功能需求分为 9 类 63 族,将保障分为 7 类 29 族。

4. ISO 安全体系结构标准(ISO7498—2—1989)

该标准在描述基本参考模型的同时,提供了安全服务与有关机制的一般描述,确定在参考模型内部可以提供这些服务与机制的位置。

5. 中华人民共和国国家标准 GB17895.1999《计算机信息系统安全保护等级划分准则》

该标准将信息系统安全分为 5 个等级,分别是自主保护级、系统审计保护级、安全标记保护级、结构化保护级和访问验证保护级。主要的安全考核指标有身份验证、自主访问控制、数据完整性、审计、隐蔽信道分析、客体重用、强制访问控制、安全标记、可信路径和可信恢复等,这些指标涵盖了不同级别的安全要求。网络建设必须确定合理的安全指标,才能检验其达到的安全级别。具体实施网络建设时,应根据网络结构和需求,分别参照不同的标准条款制定安全指标。

1.2　网络安全相关技术

网络安全涉及的技术很多,本书主要讲解了常见的网络安全技术:网络攻击与防范、信息加密技术、防火墙技术、入侵检测技术与入侵防御技术、防病毒技术、VPN 技术、上网行为管理、操作系统安全等。

1.2.1　信息加密技术

在计算机网络中,为了保护数据在传输或存放的过程中不被别人窃听、篡改或删除,必须对数据进行加密。如图 1.6 所示,采用加密密钥对敏感信息进行加密。随着网络应用技术的发展,加密技术已经成为网络安全的核心技术,而且融合到大部分安全产品之中。加密技术可对信息进行主动保护,是信息传输安全的基础,通过数据加密、消息摘要、数字签名及密钥交换等技术,可以实现数据保密性、数据完整性、不可否认性和用户身份真实性等安全机制,从而保证了网络环境中信息传输和交换的安全。

图 1.6　信息加密

1.2.2　防火墙技术

防火墙是网络的第一道防线,它是设置在被保护网络和外部网络之间的一道屏障,以防止发生不可预测的、潜在破坏性的入侵。如图 1.7 所示,防火墙把网络分隔成了内部局域网、外部互联网以及非军事区域 DMZ,主要是保护内部局域网不被外部用户攻击。它是不同网络或网络安全域之间信息的唯一出入口,能根据企业的安全策略控制(允许、拒绝、监测)出入网络的信息流,且本身具有较强的抗攻击能力。

1.2.3　入侵检测技术与入侵防御技术

入侵检测与入侵防御是网络的第二道防线。入侵检测是指通过对行为、安全日志、审计数据或其他网络上可以获得的信息进行操作,检测到对系统的闯入或闯入的企图。

IPS 的检测功能类似于 IDS,但 IPS 检测到攻击后会采取行动阻止攻击。可以说,IPS 是基于 IDS 的、是建立在 IDS 发展的基础上的网络安全产品。如图 1.8 所示,当 IDS 检测到互联网有恶意用户对内网实施攻击时,就联合防火墙把攻击拦截在防火墙上。

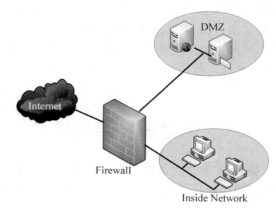

图 1.7　防火墙示意图

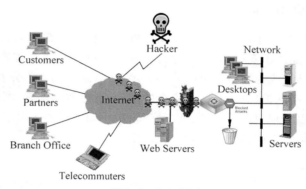

图 1.8　IPS 部署

1.2.4　上网行为管理

上网行为管理产品主要是对互联网访问行为的全面管理。本书以市场占有率最高的上网行为管理深信服上网行为管理产品为例为大家进行讲解。图 1.9 所示为深信服上网行为管理产品的部署方法。深信服上网行为管理产品凭借强大的功能和简便的操作,可在网页过滤、行为控制、流量管理、防止内网泄密、防范法规风险、互联网访问行为记录、上网安全等多个方面提供最有效的解决方案。

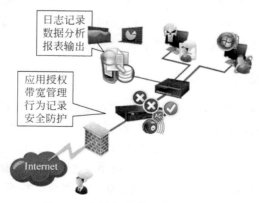

图 1.9　上网行为管理产品的部署

1.2.5　VPN 技术

VPN(Virtual Private Network,虚拟专用网络)被定义为通过一个公用网络(通常是因特网)在两个私有网络之间建立临时的、安全的连接,是一条穿过混乱的公用网络的安全、稳定隧道。使用这条隧道可以对数据进行加密,达到安全使用互联网的目的。VPN 是对企业内部网的扩展。VPN 可以帮助远程用户、公司分支机构、商业伙伴及供应商同公司的内部网建立可信的安全连接,用于经济、有效地连接到商业伙伴和用户的安全外联网 VPN。

VPN 主要适用于两种场合:一种为远程访问 VPN,适用于出差用户,如图 1.10 所示;另一种为站点到站点 VPN,适用于公司总部与公司分部或企业合作伙伴之间建立的 VPN,如图 1.11 所示。

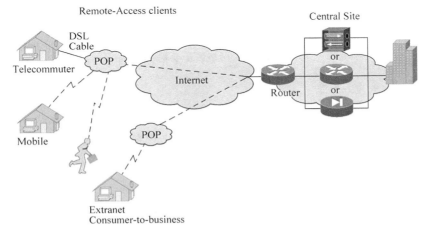

图 1.10　远程访问 VPN

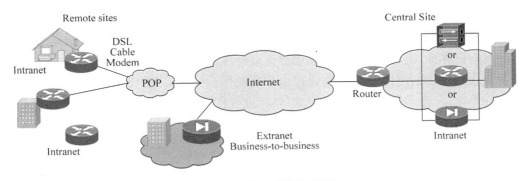

图 1.11　站点到站点 VPN

1.2.6　防病毒技术

防病毒是网络安全中的重中之重。网络中的个别客户端感染病毒后,在极短的时间内就可能感染整个网络,造成网络服务中断或瘫痪,所以局域网的防病毒工作非常重要。最常用的方法就是在网络中部署企业版杀毒软件,比如 Symantec AntiVirus、趋势科技与瑞星的网络版杀毒软件等。图 1.12 所示为瑞星网络版杀毒软件在企业局域网中的部署方案。

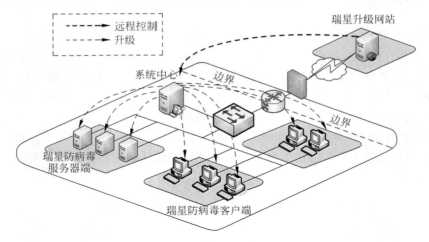

图 1.12 瑞星网络版杀毒软件部署

1.2.7 操作系统安全

操作系统是人机的接口。只有通过操作系统才能管理好计算机的硬件，以及上层应用软件。所以，操作系统的好坏直接影响着服务与应用。现在主流的操作系统是 Windows 与类 UNIX 两类操作系统。本书以微软的 Windows Server 2008 与红帽的 Red Hat Enterprise Linux 6 为例来讲解操作系统的安全。

1.3 网络安全实验平台搭建

配置良好的实验环境是进行网络安全实验的基础性工作。通常，网络安全实验配置应该具有两个以上独立的操作系统，并且任意两个操作系统可以通过以太网进行通信。在做网络安全实验时有两个方面的客观因素，即许多计算机不具有联网的条件和网络安全实验对系统具有破坏性，因此大多数情况不能提供多台真实的计算机，此时可在一台计算机上安装一套操作系统，然后利用工具软件虚拟出几套操作系统来实现。其中还应有一套服务器版的操作系统，作为网络安全的攻击对象，以便进行各种网络安全实验。本书大多数实验都基于以下这个平台。

1. 网络安全实验设备
- PC 一台。
- Windows XP 操作系统。
- 虚拟机软件 VMware Workstation。
- Windows Server 2008 的 ISO 文件。
- Red Hat Enterprise Linux 6 的 ISO 文件。
- Cisco Packet Tracer 工具软件。
- GNS3 工具软件。
- 路由器的 IOS 文件。

2. 网络安全实验环境搭建步骤

（1）在 PC 上安装 Windows XP 操作系统。

（2）在 Windows XP 操作系统上安装 VMware Workstation 8，关键步骤请见 1.3.1 小节。

（3）在虚拟机中安装 Windows Server 2008，具体安装步骤请见 1.3.2 小节。

（4）在虚拟机中安装 Red Hat Enterprise Linux 6，具体安装步骤请见 1.3.3 小节。

（5）配置 VMware 网络环境，让 Windows XP、Windows Server 2008 与 Red Hat Enterprise Linux 6 之间能够相互连通，具体步骤请见 1.3.4 小节。

（6）安装与配置 Cisco Packet Tracer 软件，具体步骤请见 1.3.5 小节。

（7）安装与配置 GNS3 软件，具体步骤请见 1.3.6 小节。

注意：网络安全实验中的许多程序属于木马和病毒程序，在做实验的过程中，在主机和虚拟机上不要加载任何防火墙或者防病毒监控软件。

1.3.1　VMware Workstation 8 的安装

VMware 的虚拟技术主要包含以下几个重要特性：

（1）能够把正在运行的虚拟机从一台计算机搬移到另一台计算机上，且服务不中断，保证虚拟机的高可用性。当服务器出现故障时，自动重新启动虚拟机。

（2）虚拟架构增强了备份和恢复功能。通过备份数量很少的文件和封装来备份整个虚拟机，恢复虚拟机文件。用户只需选择【创建快照】选项即可完成备份，同时用户可以创建多个快照，实现多个备份。需要恢复时，选择【还原】选项即可。

（3）支持多个操作系统的安装，如 Windows、Linux 等。同时支持一个操作系统多个版本的安装，如 Windows Server 2003、Windows Server 2008、Red Hat Enterprise Linux 5、Red Hat Enterprise Linux 6 等，非常方便。

（4）支持多个操作系统，有 for Linux 和 for Windows 安装包，这样用户就可以在 Linux 系统上安装多个 Windows 系统，也可以在 Windows 系统上安装多个 Linux 系统。

VMware 官方网站（www.vmware.com）提供免费的 VMware-Workstation 软件供下载。在下载前需注册一个账号。用户可以根据本机情况下载对应的源码包进行安装。本书使用的是 VMware Workstation 8。用户可以直接在 www.vmware.com 网站下载 for Windows 的版本进行安装。双击 VMware Workstation 8 自解压文件，运行安装文件，系统自动进入安装向导，安装过程中只需一步步地单击 Next 按钮，最后根据提示重启系统即可完成安装。图 1.13 所示是 VMware Workstation 8 窗口。

安装完虚拟机后，就如同组装了一台 PC，这台 PC 需要安装操作系统。本书 1.3.2 小节将介绍在虚拟机中安装 Windows Server 2008 操作系统，1.3.3 小节将介绍在虚拟机中安装 Red Hat Enterprise Linux 6 操作系统。

1.3.2　Windows Server 2008 的安装

Windows Server 2008 是新一代 Windows Server 操作系统，是专为强化新一代网络、应用程序和 Web 服务功能而设计的。Windows Server 2008 操作系统不仅保留了 Windows Server 2003 的所有优点，还引进了多项新技术。例如使用 ASLR（Address Space Layout

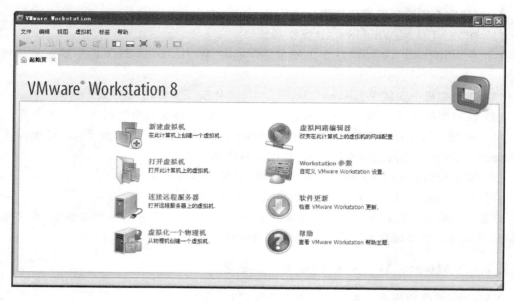

图 1.13　VMware Workstation 8 窗口

Randomization,随机地址空间分配)技术、更好的防火墙功能以及 BitLocker 磁盘加密功能;加入了加强诊断和监测的功能、存储及文件系统的改进功能,可自行恢复 NTFS 文件系统;同时,还加强了管理,改写了网络协议栈,其中包括支持 IPv6 等功能。在虚拟机中安装 Windows Server 2008 操作系统的具体步骤如下:

(1) 在图 1.13 所示的 VMware Workstation 8 窗口中选择【文件】→【新建】→【虚拟机】命令,弹出新建虚拟机向导,如图 1.14 所示。

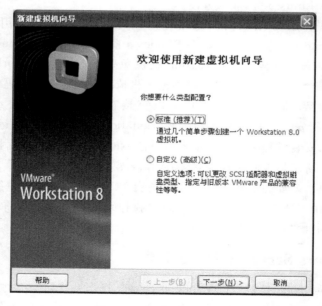

图 1.14　新建虚拟机向导

（2）在图 1.14 所示的对话框中单击【下一步】按钮，弹出如图 1.15 所示的【安装客户机操作系统】对话框，这里选择【我以后再安装操作系统】单选按钮。

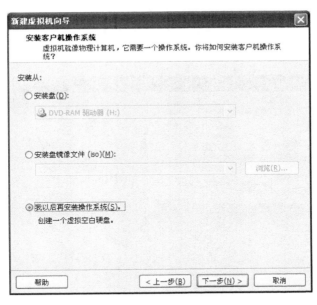

图 1.15 【安装客户机操作系统】对话框

（3）在图 1.15 所示的对话框中单击【下一步】按钮，弹出如图 1.16 所示的【选择一个客户机操作系统】对话框，从中设置要安装的操作系统类型。这里选择 Microsoft Windows 单选按钮，并在【版本】下拉列表框中选择 Windows Server 2008 x64 选项。

图 1.16 【选择一个客户机操作系统】对话框

（4）在图 1.16 所示的对话框中单击【下一步】按钮，弹出如图 1.17 所示的【命名虚拟机】对话框，设置虚拟操作系统的数据存放位置及显示名称。在【虚拟机名称】文本框中输入显示的名称，一般建议设置的名称与虚拟操作系统的版本一致，这里输入"Windows Server 2008 x64"。在【位置】组合框中选择虚拟操作系统的存放目录。Windows Server 2008 x64 系统安装硬盘大小建议需要 8GB 的空间，且建议设置的目录有较大的剩余空间。

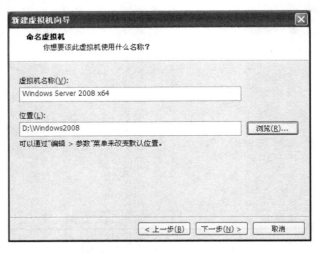

图 1.17　【命名虚拟机】对话框

（5）在图 1.17 所示的对话框中单击【下一步】按钮，弹出如图 1.18 所示的【指定磁盘容量】对话框。磁盘的空间大小可以任意输入，VMware 不对其数字进行判断。建议输入的数据大小不要超过本分区的最大剩余空间。这里设置为 40GB。

（6）在图 1.18 所示的对话框中单击【下一步】按钮，弹出如图 1.19 所示的【准备创建虚拟机】对话框，在此对话框中列出了虚拟机的相关设置。

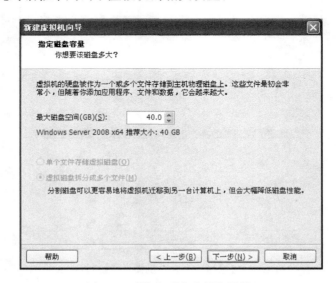

图 1.18　【指定磁盘容量】对话框

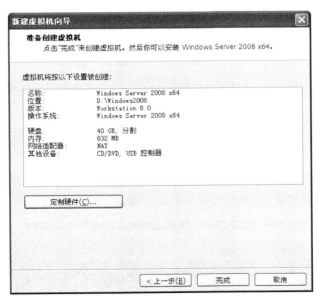

图 1.19 【准备创建虚拟机】对话框

（7）在图 1.19 所示的对话框中单击【定制硬件】按钮，弹出如图 1.20 所示的【虚拟机设置】对话框，在左边的【设备】列表框中选择 CD/DVD（IDE）选项，选中对话框右边的【使用 ISO 镜像文件】单选按钮，并单击【浏览】按钮，选择 Windows Server 2008 的 ISO 文件，准备在虚拟机中安装 Windows Server 2008。单击【确定】按钮，回到图 1.19 所示的对话框中，单击【完成】按钮，虚拟机配置完成。

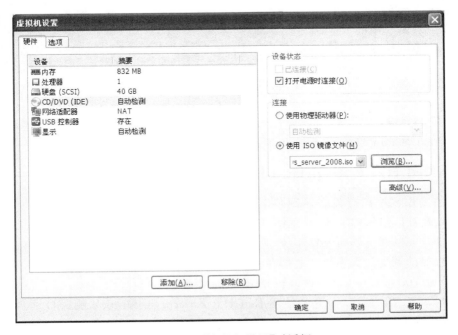

图 1.20 【虚拟机设置】对话框

网络安全概述

（8）在图 1.21 所示的 VMware Workstation 8 窗口中，单击工具栏上的绿色三角形【启动】按钮，启动虚拟机，开始安装 Windows Server 2008 操作系统。

图 1.21　开始安装 Windows Server 2008

（9）此时显示 Windows Server 2008 引导启动界面，后面的安装步骤与光盘安装方式的步骤一样。图 1.22 所示的是 Windows Server 2008 的安装界面。

图 1.22　Windows Server 2008 安装界面

（10）安装完成，重启 Windows Server 2008 系统后，输入 Administrator 的密码，即可登录到 Windows Server 2008 的系统桌面。

1.3.3　Red Hat Enterprise Linux 6 的安装

不同的操作系统厂商发布不同的 Linux 版本，其中最著名的是 Red Hat 公司的 Red Hat 系列以及社区组织的 Debian 系统，FC 系统以及 Ubuntu 系列等。Red Hat Linux 系统是全球最受欢迎的服务器版操作系统，其服务器的功能非常强大，性能也非常好，对系统和内核做了很好的调优。大多数企业都在使用 Red Hat Linux 系统。本书以 Red Hat 公司的 Red Hat Enterprise Linux 6 为例进行介绍。

在 VMware Workstation 8 中使用 Red Hat Enterprise Linux 6 的 ISO 文件安装 Red Hat Enterprise Linux 6 虚拟系统时，应事先参照在虚拟机中安装 Windows Server 2008 操作系统的步骤对虚拟机进行相关设置。图 1.23 所示的是 Red Hat Enterprise Linux 6 的引

导启动界面,以后的安装步骤与光盘安装方式步骤一样。

图 1.23 Red Hat Enterprise Linux 6 的引导启动界面

至此,在虚拟机下就成功安装了 Windows Server 2008 和 Red Hat Enterprise Linux 6 两套系统,如图 1.24 所示。

图 1.24 安装好的 Windows 与 Linux 系统

1.3.4 VMware Workstation 8 的网卡设置

创建好虚拟机后,需要对虚拟机进行一些配置,如设置内存的使用大小、是否使用软驱、设置系统安装源、设置虚拟网卡类型等。

在虚拟机中,网卡配置是相对难以理解的内容。安装在 VMware 软件中的虚拟机,可以通过不同的方式与外网进行通信。这些方式的设置就是对 VMware 软件中网卡的配置。其中,网卡的配置只是起一个桥梁的作用。例如,物理机系统为 Windows 系统,客户机系统(虚拟机中安装的系统)为 Linux 系统。其中,主系统有一块真实网卡(本地连接)和两块虚拟网卡(vmnet1)和(vmnet8),客户机系统也有一块网卡(eth0 设备),在此处的设置类似于一个开关,即将物理机系统的哪个接口与客户机系统的 eth0 接口相连。可以采用以下几种方式进行连接。

方式 1：Bridged 桥连方式。将物理机系统的"本地连接"接口与虚拟机系统的 eth0 接口相连，当这两个接口的 IP 地址在同一个网段时相互能够通信。此时，系统就能够访问物理机系统物理网络中的所有可以访问的共享资源。此时，客户机系统与物理机系统一样，都是网络上的一台主机。

方式 2：NAT 连接方式。将物理机系统的虚拟网卡 vmnet8 接口与客户机系统的 eth0 接口通过 NAT 方式相连，此时客户机系统通过 NAT 共享物理机系统的 IP 地址进行访问。

方式 3：Host-only 连接方式。将物理机系统的虚拟网卡 vmnet1 接口与客户机系统的 eth0 接口相连，此时客户机系统只能访问物理机系统中的共享资源，而不能访问网络中其他主机的共享资源。图 1.25 所示为设置网卡的连接方式。

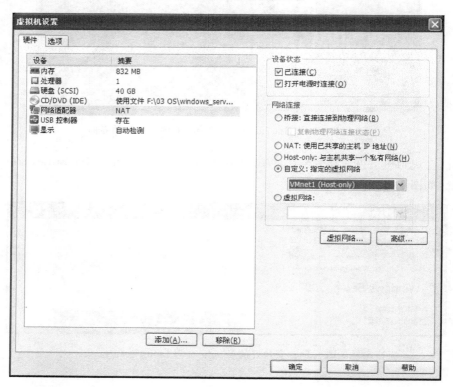

图 1.25　设置网卡的连接方式

➥ 课业任务 1-1

Bob 是 WYL 公司的网络安全运维工程师，现在在家里办公，不能连接互联网，他想完成一个由 3 台计算机组成网络的安全实验。Bob 使用虚拟机实现 3 台计算机互联。

实现思路：首先在物理机上(Bob 的计算机，在本任务中统称物理机)启动虚拟机中的客户机 Windows Server 2008 与 Red Hat Enterprise Linux 6，然后把 VMware 的网卡设置成 Host-only 方式，此时只要把虚拟机中的客户机 Windows Server 2008、Red Hat Enterprise Linux 6 与物理机中 VMnet1 的网络地址设置成同一个网段，物理机就可以与两台客户机相互访问。

具体操作步骤如下：

（1）启动 Windows Server 2008，并设置 IP 地址，详细信息如图 1.26 所示。关闭防火墙，如图 1.27 所示。

图 1.26　设置 Windows Server 2008 IP 地址后的详细信息

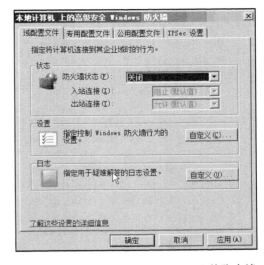

图 1.27　关闭 Windows Server 2008 的防火墙

（2）启动 Red Hat Enterprise Linux 6，并设置 IP 地址，关闭防火墙，命令如下。

```
[root@localhost ～]# ifconfig eth0 192.168.100.3
[root@localhost ～]# service iptables stop
```

（3）在物理机上配置好 VMnet1 的 IP 地址，状态如图 1.28 所示。

图 1.28　配置物理机上 VMnet1 IP 地址后的状态

（4）在虚拟机中把 Windows Server 2008 与 Red Hat Enterprise Linux 6 客户机的网络类型设置成为 Host-only，如图 1.25 所示。

第
1
章

网络安全概述

（5）测试。在物理机 Windows XP 中，使用 ping 命令测试是否能访问 Windows Server 2008 与 Red Hat Enterprise Linux 6，命令如下。

```
C:\Documents and Settings\Administrator> ping 192.168.100.2
    Pinging 192.168.100.2 with 32 bytes of data:
    Reply from 192.168.100.2: bytes = 32 time = 1ms TTL = 255
    Reply from 192.168.100.2: bytes = 32 time = 1ms TTL = 255
    Reply from 192.168.100.2: bytes = 32 time = 1ms TTL = 255
    Reply from 192.168.100.2: bytes = 32 time = 16ms TTL = 255
    Ping statistics for 192.168.100.2:
        Packets: Sent = 4, Received = 4, Lost = 0 (0% loss),
    Approximate round trip times in milli − seconds:
        Minimum = 1ms, Maximum = 16ms, Average = 4ms

C:\Documents and Settings\Administrator> ping 192.168.100.3
    Pinging 192.168.100.3 with 32 bytes of data:
    Reply from 192.168.100.3: bytes = 32 time = 1ms TTL = 255
    Reply from 192.168.100.3: bytes = 32 time = 1ms TTL = 255
    Reply from 192.168.100.3: bytes = 32 time = 1ms TTL = 255
    Reply from 192.168.100.3: bytes = 32 time = 16ms TTL = 255
    Ping statistics for 192.168.100.3:
        Packets: Sent = 4, Received = 4, Lost = 0 (0% loss),
    Approximate round trip times in milli − seconds:
        Minimum = 1ms, Maximum = 16ms, Average = 4ms
```

以上结果说明了，物理机使用 Host-only 方式能够与 VMware 中的客户机 Windows Server 2008 与 Red Hat Enterprise Linux 6 相互通信。

1.3.5　Cisco Packet Tracer 的使用

Cisco Packet Tracer 是一款 Cisco（思科）网络设备模拟器，对网络设备的模拟非常真实。在 Cisco Packet Tracer 中操作与在现实中操作设备几乎相当。

如图 1.29 所示，Cisco Packet Tracer 5 窗口包括菜单栏、主工具栏、常用工具栏、逻辑/物理工作区转换栏、工作区、实时/模拟转换栏、网络设备库、用户数据包窗口等。每一项的具体功能如下。

1. 菜单栏

菜单栏中有文件、选项和帮助按钮。在此可以找到一些基本的命令，如打开、保存、打印和选项设置，还可以访问活动向导。

2. 主工具栏

主工具栏提供了命令的快捷方式，可以单击右边的网络信息按钮，为当前网络添加说明信息。

3. 常用工具栏

常用工具栏提供了常用的工作区工具，包括选择、整体移动、备注、删除、查看、添加简单数据包和添加复杂数据包等。

4. 逻辑/物理工作区转换栏

用户可以通过此栏中的按钮完成逻辑工作区和物理工作区之间的转换。

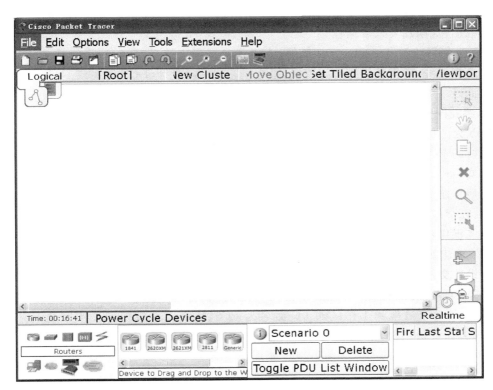

图 1.29　Cisco Packet Tracer 5 窗口

5. 工作区

在此区域中,用户可以创建网络拓扑,监视模拟过程,查看各种信息和统计数据。

6. 实时/模拟转换栏

用户可以通过此栏中的按钮完成实时模式和模拟模式之间的转换。

7. 网络设备库

该库包括设备类型库和特定设备库。

(1) 设备类型库:此库包含不同类型的设备,如路由器、交换机、集线器、无线设备、连线、终端设备等。

(2) 特定设备库:此库包含不同设备类型中不同型号的设备,它随着设备类型库的选择级联显示。

8. 用户数据包窗口

此窗口管理用户添加的数据包。

在 Cisco Packet Tracer 进行设置的具体操作步骤如下:

(1) 在设备类型库中选择设备,该软件提供的主要设备有路由器、交换机、集线器、无线设备、设备之间的连线(Connections)、终端设备、仿真广域网、Custom Made Devices(自定义设备)。

(2) 在特定设备库中选择特定设备类型,比如 Cisco2811 路由器,将其拖至窗口中间的工作区即可。在常用工具栏中对设备进行编辑,该工具栏中的工具按钮从上到下依次为选定/取消、移动、备注、删除、查看(选中后,在路由器、PC 上可看到各种表,如路由表等)、添加简单数据包、添加复杂数据包。

(3) 选择网络设备之间连接的线缆,在设备类型库中选择 Connections 选项,在特定设备库中选择线缆,常用的线缆有配置线、直通线、交叉线、光纤、DCE 线缆或 DTE。

下面以一个具体的课业任务来讲解 Cisco Packet Tracer 的使用。

➡ 课业任务 1-2

Bob 为了保证公司用户接入网络的安全,他在公司接入层交换机上开启了端口安全,只允许授权的 PC 接入到交换机从而访问互联网。当非授权的 PC 接入交换机后,交换机就启用端口安全机制,关闭此接口,直到管理员手动启用此接口。

实现思路:首先在 Cisco Packet Tracer 软件中搭建实验拓扑,再对其环境进行基本配置,然后在交换机的接口 Fa0/2 口中实施端口安全实验,最后对其测试。

具体操作步骤如下:

(1) 搭建如图 1.30 所示的拓扑图。启动 Cisco Packet Tracer 软件,首先在设备类型库中选择设备交换机,在特定设备库中选择 2960-24 Switch,将其用鼠标左键拖至工作区;接下来选择 PC,在设备类型库中选择设备 PC,在特定设备库中选择 PC,将其用鼠标左键拖至工作区,将第一个被拖到工作区的 PC 命名为 PC0,将第二个被拖到工作区的 PC 命名为 PC1;最后在设备类型库中选择 Connections,在特定设备库中选择直通线,使用鼠标将 PC0、PC1 与 Switch0 的 Fa0/1 与 Fa0/2 相连。

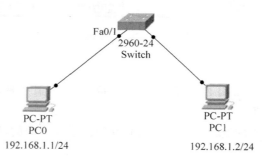

图 1.30　端口安全实验拓扑

(2) 配置 PC 的 IP 地址与子网掩码,测试其连通性。单击 PC0,在弹出的窗口中选择 Desktop 选项卡,在 IP Configuration 选项组中选择 Static 单选按钮,在 IP Address 文本框中输入 PC0 的 IP 地址"192.168.1.1",在 Subnet Mask 文本框中输入 PC0 的子网掩码地址"255.255.255.0",如图 1.31 所示。用同样的方法,配置 PC1 的 IP 地址与子网掩码,分别为 192.168.1.2、255.255.255.0。

在如图 1.31 所示的窗口中选择 Config 选项卡,在 PC0 的命令行中输入"ping 192.168.1.2"命令,测试 PC0 能否与 PC1 连通,如图 1.32 所示,PC0 是可以 ping 通 PC1 的。

(3) 配置端口安全。在端口 Fa0/2 上启用端口安全,只允许 PC1 这台主机能通过 Fa0/2 口接入到交换机。如果其他主机接入到交换机,交换机将会关闭此端口。单击交换机 Switch0,在弹出的窗口中选择 CLI 选项卡,对 Switch0 进行配置,配置命令如下:

PC0
Physical
Config
Desktop
IP Configuration
DHCP
Static
IP Address
192.168.1.1
Subnet Mask
255.255.255.0
Default Gateway
DNS Server
http:
Web Browser
PC Wireless
VPN
Traffic Generator
MIB Browser

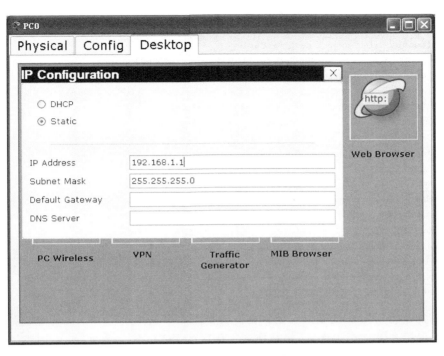

图 1.31　PC0 的 IP 地址与子网掩码设置

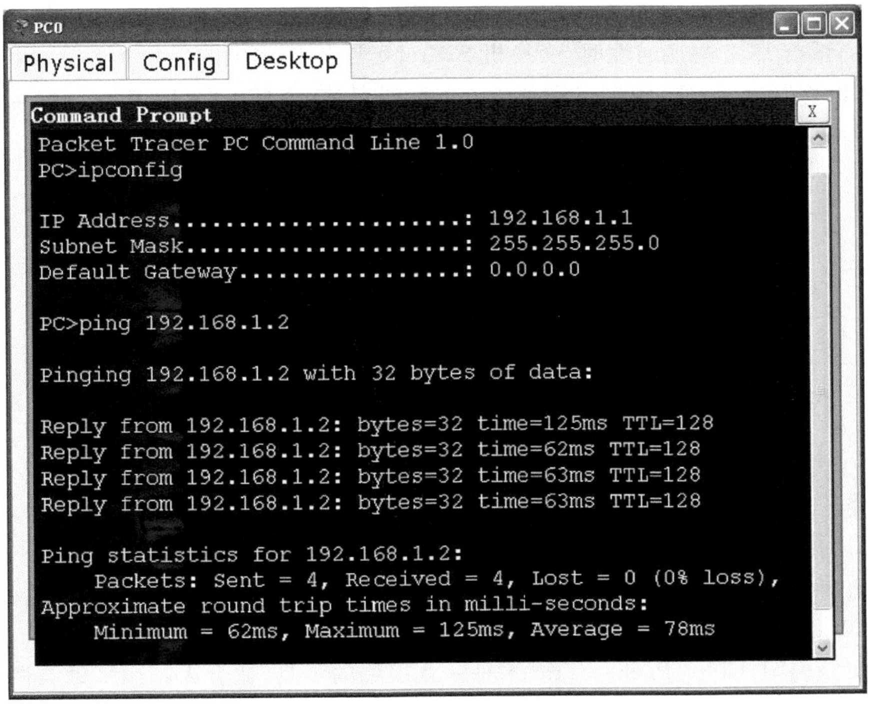

PC0
Physical
Config
Desktop
Command Prompt
Packet Tracer PC Command Line 1.0
PC>ipconfig
IP Address......................: 192.168.1.1
Subnet Mask.....................: 255.255.255.0
Default Gateway.................: 0.0.0.0
PC>ping 192.168.1.2
Pinging 192.168.1.2 with 32 bytes of data:
Reply from 192.168.1.2: bytes=32 time=125ms TTL=128
Reply from 192.168.1.2: bytes=32 time=62ms TTL=128
Reply from 192.168.1.2: bytes=32 time=63ms TTL=128
Reply from 192.168.1.2: bytes=32 time=63ms TTL=128
Ping statistics for 192.168.1.2:
Packets: Sent = 4, Received = 4, Lost = 0 (0% loss),
Approximate round trip times in milli-seconds:
Minimum = 62ms, Maximum = 125ms, Average = 78ms

图 1.32　PC0 的命令运行界面

```
Switch(config)♯interface fa 0/2
Switch(config-if)♯switchport mode access
Switch(config-if)♯switch port-security
Switch(config-if)♯switchport port-security mac-address sticky
Switch(config-if)♯switchport port-security violation shutdown
Switch(config-if)♯end
Switch♯show port.security interface fastEthernet 0/2
Port Security             : Enabled
Port Status               : Secure-up
Violation Mode            : Shutdown
Aging Time                : 0 mins
Aging Type                : Absolute
SecureStatic Address Aging : Disabled
Maximum MAC Addresses     : 1
Total MAC Addresses       : 1
Configured MAC Addresses  : 0
Sticky MAC Addresses      : 1
Last Source Address:Vlan  : 0001.C7E9.46B3:1
Security Violation Count  : 0
```

(4) 添加一台 PC,测试端口安全。在设备类型库中选择设备 PC,在特定设备库中选择 PC,将其用鼠标左键拖至工作区,将被拖到工作区的 PC 命名为 PC2,参考步骤(2)配置 PC2 的 IP 地址与子网掩码为 192.168.1.3、255.255.255.0。选择常用工具栏中的删除工具,删除连接交换机 Switch0 与 PC1 的直通线。在设备类型库中选择 Connections,在特定设备库中选择直通线,使用鼠标将 PC2 与 Switch0 的 Fa0/2 相连,如图 1.33 所示。在 PC0 上利用 ping 命令测试与 PC2 的连通性时,交换机 Switch0 与 PC2 之间的连接状态从绿色变成了红色,即交换机在 Fa0/2 端口的端口安全功能把此接口从 up 状态转变为 down 状态了。

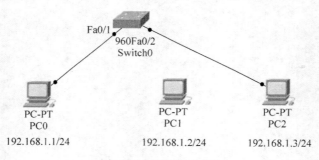

图 1.33   添加一台 PC

单击交换机 Switch0,在弹出的窗口中选择 CLI 选项卡,查看交换机的端口状态,此时交换机 Switch0 的 Fa0/2 接口的日志信息为 administratively down;查看端口 Fa0/2 的端口安全,此时 Switch0 的 Fa0/2 接口端口状态从之前的 Secure-up 转变成了 Secure-shutdown,如图 1.34 所示。

以上实验说明,Cisco Packet Tracer 是一款很好的工具,适合大家用来做与网络安全相关的实验。本书后续章节中介绍的站点到站点 VPN 实验就可以使用 Cisco Packet Tracer 来实现。

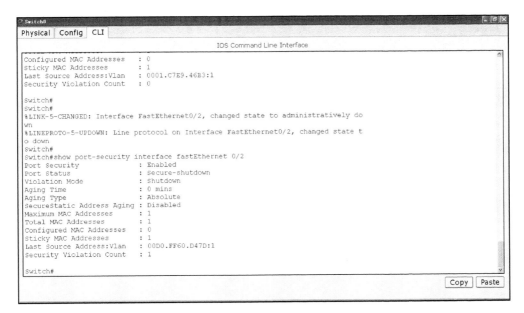

图 1.34 查看交换机的 Fa0/2 端口安全情况

1.3.6 GNS 的使用

GNS(Graphical Network Simulator)是一款优秀的具有图形化界面的可以运行在多平台(包括 Windows、Linux、MacOS 等)的网络模拟器。GNS3 的一个最大优点是能够模拟真实的 IOS,它不仅可以模拟路由器、交换机,而且还可以模拟 Cisco PIX、Cisco ASA、Cisco IDS、Jniper 的路由器等设备。GNS3 不同于 Boson NetSim for CCNP 7.0,也不同于 Cisco 公司的 Cisco Packet Tracer 5,因为 Boson NetSim for CCNP 7.0 与 Cisco Packet Tracer 5 都是基于软件来模拟 IOS 的命令行的,而 GNS3 是采用真实的 IOS 来模拟网络环境的,这是它最大的一个特点。

GNS3 的窗口包括菜单栏、工具栏、节点类型窗格、控制台窗格、拓扑汇总窗格及工作区间。其中,节点类型窗格中包括了很多设备,以路由器最为丰富,包括 Cisco 1700、Cisco 2600、Cisco 3600、Cisco 7200 平台的路由器,除了路由器外,还有交换机、PIX firewall、ASA firewall、IDS、Jniper router、Frame Relay 交换机等,因此可以模拟的思科产品很多。

配置与使用 GNS3 的大概操作步骤如下:

(1) 安装并配置 GNS3 环境。通过双击运行 GNS3 软件,在弹出的如图 1.35 所示的窗口中选择【编辑】|【命令】,将其语言设置为中国。

(2) 配置 IOS 环境。

(3) 选择设备,将合适的设备拖至工作区。

(4) 配置网络模块。

(5) 连接设备。

(6) 计算设备的 Idle PC 值,降低 CPU 使用率。

(7) 对设备进行配置。

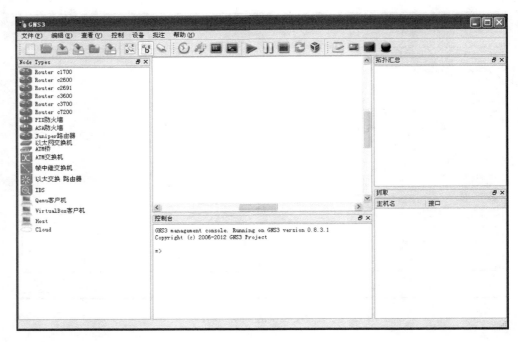

图 1.35　GNS3 窗口

下面以一个具体的课业任务来讲解 GNS3 的配置与使用。

💪 **课业任务 1-3**

Bob 为了保证远程管理设备的安全,他采用 SSH 远程管理方法来替代明文传送数据包的 Telnet。Bob 在路由器上启用了 SSH 服务。

实现思路:首先对 GNS 进行环境配置并搭建实验拓扑,接下来在路由器上启用 SSH,最后对其测试。

具体操作步骤如下:

(1) 安装并配置 GNS3 环境。通过双击运行 GNS3 软件,选择【编辑】→【首选项】命令,在弹出的对话框中设置 Dynamips 运行的路径,默认情况下设置为 C:\Program Files\GNS3\dynamips-wxp.exe,单击【测试设置】按钮,如果出现【Dynamips 成功启动】信息,则表明设置成功,Dynamips 设置如图 1.36 所示。

(2) 配置 IOS 环境。可以从互联网上下载真实的 IOS,选择【编辑】→【IOS 和 Hypervisors】命令,在弹出的如图 1.37 所示的对话框中设置以下选项。

- 镜像文件:单击 ⋯ 按钮,选择 unzip-c7200-advsecurityk9-mz.124-11.T.bin 选项。
- 平台:本模拟器可以提供的平台有 c7200、c3600、c2600、c1700 等,这里选择 c7200 平台。
- 型号:这里选择 7200 型号。

单击【保存】按钮,对以上的设置进行保存。

(3) 选择网络设备。这里需要两台 c7200 的路由器,在节点类型窗格中选择 Router c7200 并拖至工作区间,重复本操作一次,将两台路由器分别命名为 R4 与 R5。

图 1.36　Dynamips 设置

图 1.37　路由器 IOS 配置

网络安全概述

（4）配置路由器的网络模块。用鼠标右击 R4 设备，选择【配置】命令，在弹出的如图 1.38 所示的对话框中选择【插槽】选项卡，在 slot 0 下拉列表框中选择 C7200-IO-FE 选项，最后单击 OK 按钮，即可完成设备的网络模块配置。同理，可设置 R5 设备的网络模块配置。

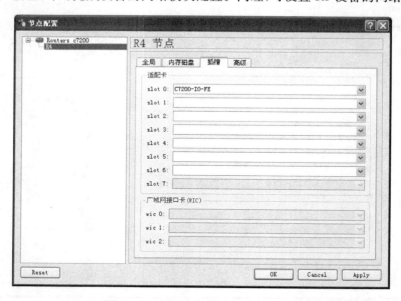

图 1.38　配置路由器 R4 的网络模块

（5）设备间的连接。单击工具栏中的【添加链接】按钮，按如图 1.39 所示的拓扑连接好设备。

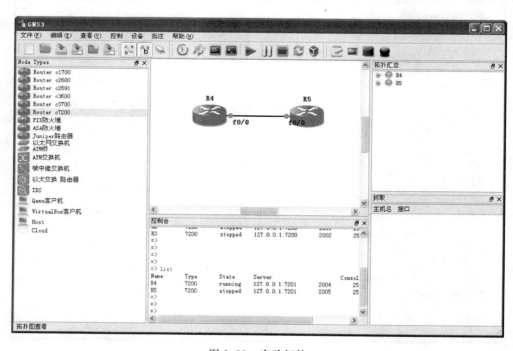

图 1.39　实验拓扑

（6）计算设备的 Idle PC 值，降低 CPU 使用率。在如图 1.39 所示的窗口中选择 R4，单击工具栏中的绿色三角形【启动】按钮，启动 R4 路由器。由于事先没有设置路由器的 Idle PC 值，因此，此时 R4 路由器的 CPU 使用率为 100%。计算 Idle PC 值的方法是：用鼠标右击 R4 路由器，在弹出的快捷菜单中选择 Idle PC 命令，此时会弹出几个值，最大数值将是最合理的 Idle PC 值。计算设备的 Idle PC 值，有利于降低 CPU 使用率。用同样的方法计算 R5 路由器的 Idle PC 值。

（7）对设备进行配置。用鼠标右击 R4 路由器，在弹出的快捷菜单中选择 Console 命令，此时会弹出一个 Putty 工具，可以使用此工具对 R4 路由器进行配置，如图 1.40 所示。用同样的方法对 R5 路由器进行配置。

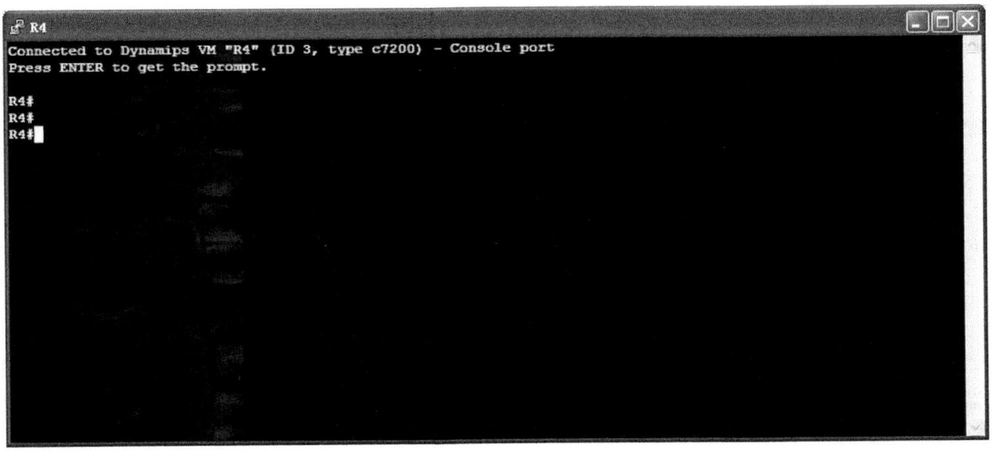

图 1.40　使用 Putty 管理 GNS 中的设备 R4

本任务要求在 R4 路由器上启用 SSH 服务，在 R5 路由器上使用 ssh 命令来远程管理 R4 路由器。R4 路由器的主要配置如下：

```
R4#conf t
Enter configuration commands, one per line. End with CNTL/Z.
R4(config)#ip domain-name thxy.edu.cn
R4(config)#username thxy password 123456
R4(config)#line vty 0 4
R4(config-line)#login local
R4(config-line)#exit
R4(config)#crypto key generate rsa
The name for the keys will be: R4.thxy.edu.cn
Choose the size of the key modulus in the range of 360 to 2048 for your
  General Purpose Keys. Choosing a key modulus greater than 512 may take
  a few minutes.

How many bits in the modulus [512]:
 % Generating 512 bit RSA keys, keys will be non-exportable...[OK]

R4(config)#
*Dec 2 16:10:41.391: %SSH-5-ENABLED: SSH 1.99 has been enabled
```

网络安全概述

```
R4(config)♯interface fastEthernet 0/0
R4(config-if)♯ip address 192.168.100.1 255.255.255.0
R4(config-if)♯no shutdown
R4(config-if)♯exit
```

R5 路由器的主要配置如下：

```
R5♯conf t
Enter configuration commands, one per line. End with CNTL/Z.
R5(config)♯interface fastEthernet 0/0
R5(config-if)♯ip address 192.168.100.2 255.255.255.0
R5(config-if)♯no shutdown
R5(config-if)♯exit
```

（8）测试。

① 测试 R4 路由器与 R5 路由器之间的连通性。在 R5 路由器上 ping R4 路由器。如果测试结果如下，则说明 R4 路由器与 R5 路由器之间是连通的。

```
R5♯ping 192.168.100.1
Type escape sequence to abort.
Sending 5, 100-byte ICMP Echos to 192.168.100.1, timeout is 2 seconds:
.!!!!
Success rate is 80 percent (4/5), round-trip min/avg/max = 68/83/120 ms
```

② 在 R5 路由器上使用 ssh 方式远程管理 R4 路由器，如果测试结果如下，则说明在 R5 路由器上可以远程管理 R4 路由器。

```
R5♯ssh -l thxy 192.168.100.1
Password:
R4>
R4>
```

练 习 题

1. 选择题

（1）短时间内向网络中的某台服务器发送大量无效连接请求，从而导致合法用户暂时无法访问服务器的攻击行为是破坏了（　　　）。

    A. 机密性　　　　　B. 完整性　　　　　C. 可用性　　　　　D. 可控性

（2）对于 Alice 向 Bob 发送数字签名的消息 M，不正确的说法是（　　　）。

    A. Alice 可以保证 Bob 收到消息 M

    B. Alice 不能否认发送消息 M

    C. Bob 不能编造或改变消息 M

    D. Bob 可以验证消息 M 确实来源于 Alice

（3）入侵检测系统是对（　　　）的合理补充，以帮助系统对付网络攻击。

    A. 交换机　　　　　B. 路由器　　　　　C. 服务器　　　　　D. 防火墙

（4）根据统计显示，80%的网络攻击源于内部网络，因此，必须加强对内部网络的安全控制和防范。下面的措施中,不能提高局域网内安全性的措施是(　　)。

    A. 使用防病毒软件　　　　　　　　B. 使用日志审计系统

    C. 使用入侵检测系统　　　　　　　　D. 使用防火墙防止内部攻击

2. 填空题

(1) 网络安全的基本要素主要包括_____、_____、_____、可控性与不可抵赖性。

(2) _____是指在分布式网络环境中对信息载体(处理载体、存储载体、传输载体)和信息的处理、传输、存储、访问提供安全保护,以防止数据、信息内容遭到破坏、更改、泄露,并防止网络服务中断、拒绝服务、被非授权使用和篡改。

(3) _____是近年来兴起的另一种新型网络攻击手段,黑客建立一个网站,通过模仿银行、购物网站、炒股网站、彩票网站等,诱骗用户访问。

(4) _____是网络的第一道防线,它是设置在被保护网络和外部网络之间的一道屏障,以防止发生不可预测的、潜在破坏性的入侵。

(5) _____是网络的第二道防线,入侵检测是指通过对行为、安全日志、审计数据或其他网络上可以获得的信息进行操作,检测到对系统的闯入或闯入的企图。

(6) 虚拟机中的网络连接有 3 种,分别是桥接、_____和_____。

(7) 机密性指确保信息不暴露给_____的实体或进程。

3. 简答题

(1) 简述网络安全的基本要素。

(2) 简述网络安全主要研究哪些技术。

(3) 简述 Cisco Packet Tracer 与 GNS3 的区别。

第 2 章　网络攻击与防范

黑客,又称骇客,来源于英文单词 Hacker,原意是指那些精通操作系统和网络技术,并利用其专业知识编制新程序的人。这些人往往都掌握非凡的计算机知识和网络知识,除了无法通过正当的手段物理性地破坏他人的计算机和帮助他人重装操作系统外,其他几乎绝大部分的计算机操作他们都可以通过网络做到,例如监视他人计算机、入侵网站服务器并替换该网站的主页、攻击他人计算机、盗取计算机中的文件等。黑客攻击的方式层出不穷,但是常见的攻击方式并不多,本章重点讲解黑客常见的攻击方式,主要包括端口扫描、网络嗅探、破解密码、拒绝服务攻击、ARP 攻击以及木马攻击。

▶▶ **学习目标:**

- 了解常见的攻击方法。
- 掌握网络端口扫描技术。
- 掌握网络嗅探技术。
- 掌握密码破解技术。
- 掌握拒绝服务攻击技术。
- 掌握 ARP 攻防技术。
- 掌握木马攻范技术。

▶▶ **课业任务:**

本章通过 7 个实际课业任务,由浅入深、循序渐进地介绍黑客常见的攻击方法,以及对于常见攻击的一些防范技术。

➥ **课业任务 2-1**

Bob 是 WYL 公司的安全运维工程师,他想了解 10.0.8.12 服务器的主机状态、开放的端口信息、运行的操作系统类型、从本机到目标主机的拓扑图、最后启动时间等信息。

能力观测点

端口扫描概念;使用 Nmap 软件对目标主机扫描。

➥ **课业任务 2-2**

Bob 是 WYL 公司的安全运维工程师,他想了解 192.168.100.1 服务器开放的服务、NT-Server 弱口令、NetBios 信息、远程操作系统、FTP 弱口令、漏洞检测脚本等相关信息。

能力观测点

扫描软件原理;使用 X-Scan 软件对目标主机扫描。

➥ **课业任务 2-3**

Bob 是 WYL 公司的安全运维工程师,公司的交换机上有 4 个端口,1 口连接边界路由器至互联网,2、3 口连接内网的 PC,4 口连接 Bob 的 PC。现在 Bob 在自己的 PC 上安装了

Sniffer 软件,要实现捕获所有上网的数据和所有内网上的数据。

能力观测点

端口镜像原理;混杂模式概念;在交换机上如何实施端口镜像。

➥ **课业任务 2-4**

Bob 所使用计算机的 IP 地址是 192.168.145.1/24,公司 FTP 服务器的 IP 地址是 192.168.145.2/24,现 Bob 想利用 Wireshark 工具捕获访问 FTP 服务器的数据包并进行分析,以确保是授权用户访问 FTP 服务器。

能力观测点

嗅探技术原理;使用 Wireshark 软件捕获网络数据包。

➥ **课业任务 2-5**

Bob 所使用计算机的 IP 地址是 192.168.100.1,他在上面安装了一个 DDoS 攻击工具,模拟攻击 192.168.100.2 的目标主机来了解黑客的 DDoS 攻击的全过程,以更好地对网络进行安全维护。

能力观测点

DoS 攻击原理;使用 DDoS 攻击者实施对目标主机进行攻击。

➥ **课业任务 2-6**

Bob 所在公司的计算机经常受到 ARP 攻击,他利用绑定 IP 地址与 MAC 地址和安装 ARP 防火墙的方法来防范。

能力观测点

ARP 攻击原理;ARP 攻击的防范。

➥ **课业任务 2-7**

Bob 为了避免公司的计算机感染冰河木马,他给公司员工提供了几种防范木马的方法。

能力观测点

木马概念;木马攻击后的特征;木马攻击的防范。

2.1 端口扫描技术

2.1.1 端口扫描简介

一个端口就是一个潜在的通信通道,也就是一个入侵通道。对目标计算机进行端口扫描,能得到许多有用的信息。进行扫描的方法很多,可以手工进行扫描,也可以用端口扫描软件进行扫描。通过手工进行扫描时,需要熟悉各种命令,并能对命令执行后的输出进行分析。用扫描软件进行扫描时,许多扫描器软件都有分析数据的功能。本节主要讲解通过 nmap 命令与 X-Scan 扫描工具来对远程主机进行扫描。

扫描器是一种自动检测远程或本地主机安全性弱点的程序,通过使用扫描器扫描目标主机,可以不留痕迹地发现远程主机的各种端口分配及提供的服务和它们的软件版本,这就能间接或直观地了解到远程主机所存在的安全问题。

扫描器并不是直接攻击网络漏洞的程序,它仅能帮助系统管理员发现目标主机的某些内在的弱点。一个好的扫描器能对它得到的数据进行分析,帮助系统管理员查找目标主机的漏洞,但不会提供入侵一个系统的详细步骤。扫描器有 3 项功能:一是,发现一个主机或网络的能力;二是,一旦发现一台主机,就会发现运行在这台主机上的服务的能力;三是,通过测试这些服务,发现漏洞的能力。

2.1.2 Nmap 扫描

Nmap 是一款网络扫描软件,用来扫描主机开放的端口,确定哪些服务在运行,并且推断计算机运行哪个操作系统。正如大多数被用于网络安全的工具,Nmap 也是不少黑客爱用的工具。系统管理员利用 Nmap 来探测工作环境中不应开放的服务,黑客利用 Nmap 来搜集目标主机的网络配置,从而制定攻击方案。

Namp 有 3 个基本功能:

一是,探测一组主机是否在线;

二是,扫描主机端口,嗅探所提供的网络服务;

三是,推断主机所用的操作系统。

➥ 课业任务 2-1

Bob 是 WYL 公司的安全运维工程师,他想了解 10.0.8.12 服务器的主机状态、开放的端口信息、运行的操作系统类型、从本机到目标主机的拓扑图、最后启动时间等信息。具体操作步骤如下:

(1) 下载 Nmap-Zenmap GUI 软件。

(2) 安装 Nmap-Zenmap GUI 软件。

(3) 打开 Nmap-Zenmap GUI 软件,在 Target 文本框中输入要扫描的目标主机的 IP 地址,本任务输入"10.0.8.12",然后单击 Scan 按钮,进行扫描,扫描的结果如图 2.1 所示。

(4) 在如图 2.1 所示的窗口中选择 Nmap Output 选项卡,可以得到主机 10.0.8.12 的相关信息,具体如下。

① 主机 10.0.8.12 的域名为 dns1.thxy.edu.cn。

② 主机的状态是 up。

③ 主机开放的端口信息如表 2.1 所示。

④ 运行的操作系统类型:内核是 Linux 2.6.32,操作系统是 Red Hat Enterprise Linux。

表 2.1 主机开放的端口信息

Port	State	Service	Version
22/tcp	open	ssh	OpenSSH 4.3(protocol 2.0)
53/tcp	open	domain	ISC BIND 9.3.6-4.P1.el5_4.2
111/tcp	open	rpcbind	2(RPC #100000)
10000/tcp	open	http	MiniServ 1.530(Webmin httpd)

(5) 在如图 2.1 所示的窗口中选择 Ports/Hosts 选项卡,可以得到主机 10.0.8.12 开放端口的详细信息,如图 2.2 所示。

(6) 在如图 2.1 所示的窗口中选择 Topology 选项卡,可以得到本机到达主机 10.0.8.12 的拓扑图,如图 2.3 所示。

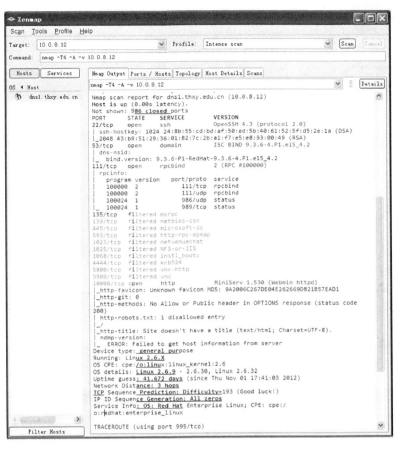

图 2.1　Nmap 扫描主机的结果

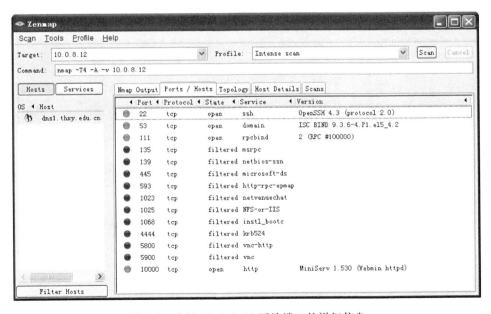

图 2.2　主机 10.0.8.12 开放端口的详细信息

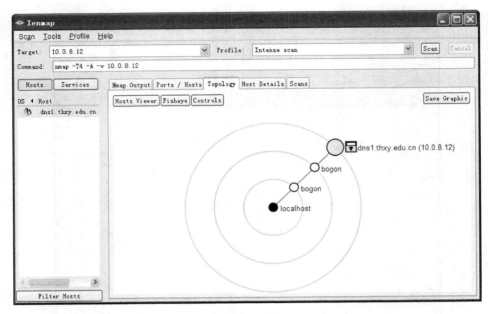

图 2.3　本机到达主机 10.0.8.12 的拓扑图

（7）在如图 2.1 所示的窗口中选择 Host Details 选项卡，可以得到主机 10.0.8.12 的详细信息，如图 2.4 所示，具体如下：

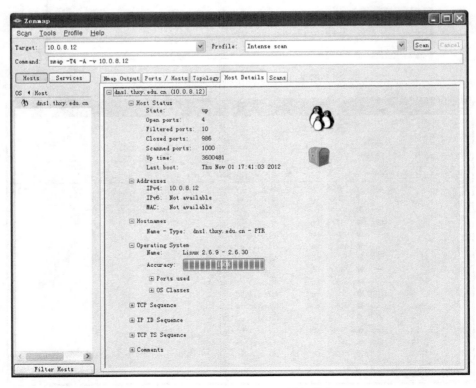

图 2.4　主机 10.0.8.12 的详细信息

① 主机的状态是 up。

② 打开的端口有 4 个。

③ 主机的 Up time 时间是 3 600 481s。

④ 主机最后启动的时间是 2012 年 11 月 1 日 17 点 41 分。

2.1.3 扫描器扫描

X-Scan 是"安全焦点"开发的一款国内相当出名的扫描工具,完全免费,无需注册,无需安装(解压缩即可运行),无需额外驱动程序支持。因为其拥有友好的操作界面和强大的扫描功能而深受用户喜爱。

X-Scan 采用多线程方式对指定 IP 地址段(或单机)进行安全漏洞检测,支持插件功能。扫描内容包括远程服务类型、操作系统类型及版本、各种弱口令漏洞、后门、应用服务漏洞、网络设备漏洞、拒绝服务漏洞等二十几个大类。对于多数已知漏洞,给出了相应的漏洞描述。

➥ 课业任务 2-2

Bob 是 WYL 公司的安全运维工程师,他想了解 192.168.100.1 服务器开放的服务、NT-Server 弱口令、NetBios 信息、远程操作系统、FTP 弱口令、漏洞检测版本等相关信息。具体操作步骤如下:

(1) 下载 X-Scan 并进行解压,通过双击打开 X-Scan 的启动程序 xscan_gui.exe,显示 X-Scan 主窗口,如图 2.5 所示。

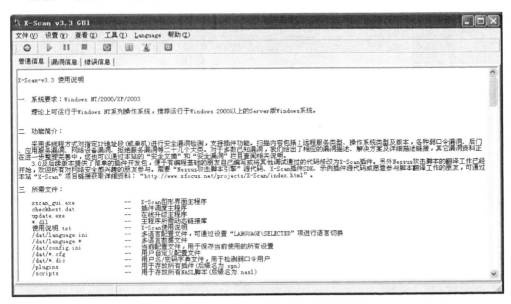

图 2.5   X-Scan 主窗口

(2) 在如图 2.5 所示的窗口中选择【设置】→【扫描参数】命令,在弹出的如图 2.6 所示的窗口中,在【指定 IP 范围】文本框中输入要扫描的 IP 地址,本任务输入"192.168.100.1"。在【指定 IP 范围】文本框可以输入独立的 IP 地址或域名,也可输入以"—"和","分隔的 IP

范围,如"192.168.0.1-20,192.168.1.10-192.168.1.254",或类似"192.168.100.1/24"的
掩码格式。

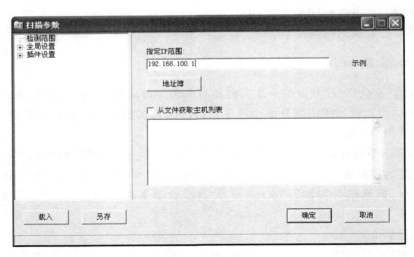

图 2.6   IP 地址设置

(3) 在如图 2.7 所示的窗口中选择【全局设置】选项,并将其展开,选择【扫描模块】选
项,本任务需要扫描加载的插件,选择【开放服务】、【NT-Server 弱口令】、【NetBios 信息】、
【远程操作系统】、【FTP 弱口令】、【漏洞检测脚本】复选框。选择好后,单击【确定】按钮,将
返回到 X-Scan 主界面。

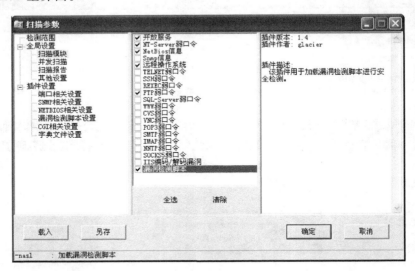

图 2.7   全局设置

(4) 在如图 2.5 所示的窗口中选择【文件】→【开始扫描】命令,开始扫描,扫描的结果如
图 2.8 所示。从图中可以得到开放的端口、操作系统类型、FTP 弱口令、漏洞检测结果等信息。

(5) 扫描完成后,将会弹出一个网页式的报表,如图 2.9 所示。从中列出了扫描时间、
检测结果、主机列表、安全漏洞及解决方案等信息。

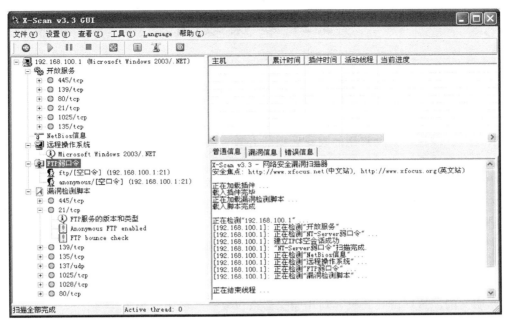

图 2.8　扫描结果

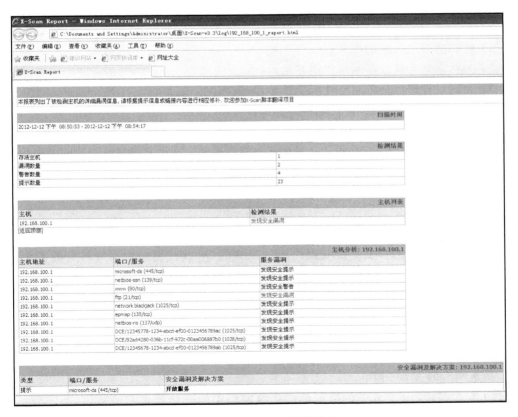

图 2.9　X-Scan漏洞检测报表

网络攻击与防范

2.2 嗅 探 攻 击

2.2.1 嗅探原理

嗅探器作为一种能够捕获网络数据包的设备,ISS(Internet Security System)是这样为其定义的:嗅探器(Sniffer)是利用计算机的网络接口截获目的地为其他计算机的数据报文的一种工具。嗅探是一种常用的收集数据的有效方法,这些数据可能是用户的账号或密码,也可能是一些商业机密数据等。

嗅探器捕获的数据是计算机间接传送的二进制数据。因此,嗅探程序必须使用特定的网络协议来分解嗅探到的数据,只有这样,嗅探器才能识别出哪个协议对应于这个数据片段,从而进行正确的解码。

网络嗅探器对信息安全的威胁在于其被动性与非干扰性,这使得网络嗅探具有很强的隐蔽性,往往让网络信息泄密变得不易被发觉。现在,基于 IPv4 的网络对所有的数据都使用明文传送,这也就是说,除非通信双方的应用程序自定义数据的加密、解密,否则这些信息都将是明文的。这样就导致黑客利用嗅探器来窃取一些私密的东西。

嗅探器的作用主要是分析网络流量,以便找出所关心的网络中潜在的问题。例如,网络上有拒绝服务攻击,可以通过捕获报文分析到底是哪一种拒绝服务攻击等。在网络中,嗅探器对网络管理员非常重要,网络管理员可以通过嗅探器诊断出网络中出现的不可见的模糊问题。总而言之,嗅探器的主要作用如下:

(1) 解码网络上传输的报文;

(2) 为网络管理员诊断网络提供帮助;

(3) 为网络管理员分析网络性能提供参考,发现网络瓶颈;

(4) 发现网络入侵迹象,为入侵检测提供参考。

嗅探器分为软件嗅探器与硬件嗅探器。硬件嗅探器是通过专门的硬件设备对网络数据进行捕获和分析的,也称为协议分析仪。它的优点是速度快。软件嗅探器基于不同的操作系统,通过对网卡进行编程——实现,成本较低,但速度慢。现在大多数嗅探器是基于软件的,常用的软件嗅探器有 Sniffer Pro 4.8、Wireshark、IRIS 等。下面主要介绍开源嗅探工具 Wireshark。

2.2.2 部署嗅探器

因为嗅探器是在网卡上来捕获网络上的报文的,所以首先必须了解网卡的工作原理。网卡是根据数据帧的 MAC 地址来决定是否接收该数据帧的。

对于网卡来讲有如下 4 种工作模式。

(1) 广播模式:该模式下的网卡能够接收网络中的广播信息。

(2) 组播模式:该模式下的网卡能够接收网络中的组播信息。

(3) 单播模式:该模式下的网卡能够接收网络中的单播信息,也就是数据帧的目的 MAC 是本网卡的 MAC 地址。

(4) 混杂模式:该模式下的网卡能够接收网络中的一切通过它的数据,而不管该数据是否是传给它的。

正常情况下,网卡只处于广播模式与单播模式下。

在物理介质上传送数据时,共享设备与交换设备在处理数据帧上是有区别的,下面分别讲解在共享环境与交换环境下如何部署嗅探器。

1. 在共享环境下的部署嗅探器

共享环境主要采用 Hub 组网,拓扑是总线的,在物理上是总线的,其工作方式为广播方式。也就是说,当 Hub 接收到一个数据时,当它不知道这个数据发送到何处时,将采用广播的方式进行发送,除接收端口之外的所有端口都发送。在这种广播环境下,主机 A 发送给主机 B 的数据,主机 C 就能收得到,但是主机 C 会比较一下,如果目标 MAC 地址不是自己,它将丢弃该帧。如果主机 C 要去捕获主机 A 与主机 B 之间的通信,只要把自己的网卡设置成混杂模式即可。

2. 在交换环境下部署嗅探器

交换网络使用交换机进行组网,所以数据包都是通过交换机进行转发的。而交换机主要根据其所维护的 MAC 地址表来进行数据的转发,而不是进行广播,因此,在交换环境下比在共享环境下复杂,具体部署嗅探器有两种方法:

(1) 使用 Hub 串连在网络当中。

(2) 在交换机上做端口镜像。

➥ **课业任务 2-3**

Bob 是 WYL 公司的安全运维工程师,公司的交换机上有 4 个端口,1 口连接边界路由器至互联网,2、3 连接内网的 PC,4 口连接 Bob 的 PC。现在 Bob 在自己的 PC 上安装了 Sniffer 软件,要实现捕获所有上网的数据和所有内网上的数据。

要捕获所有上网的数据,可采用上面讲的在交换环境下部署嗅探器方法(1)。在交换机与边界路由器之间放置一个 Hub,然后把 Bob 的 PC 接入到 Hub 的一个端口上,就可以实现捕获上网的所有数据。

要捕获所有内网上的数据,可以采用上面讲的在交换环境下部署嗅探器方法(2)。在交换机上做一个端口镜像,命令如下:

```
Switch(config)#monitor session 1 source interface fa0/2 - 3 both
Switch(config)#monitor session 1 destination interface fa0/4
```

此时就可以捕获所有内网上的数据。

2.2.3 嗅探器 Wireshark 的基本操作

Wireshark 是当前非常流行的网络协议分析工具之一,它的前身为 Ethereal,它与 Sniffer Pro 并称为网络嗅探双雄。

1. Wireshark 的安装

双击 Wireshark 安装程序,运行安装文件,只需一步步单击 Next 按钮,最后根据提示重启系统即可完成安装。不过需要特别注意,Wireshark 类网络嗅探软件都需要 Winpcap 的支持,因此需要安装 Winpcap 软件。

2. 使用 Wireshark 监测网络数据

启动 Wireshark 软件后,首先需要设置 Wireshark 要监视的网卡,选择 Capture→Options

网络攻击与防范

命令,或者使用快捷键 Ctrl＋K,弹出如图 2.10 所示的窗口,在 Interface 选项后的下拉列表框中选择要捕获的网卡,然后单击 Start 按钮,就可以开始捕获这块网卡上的数据包了。

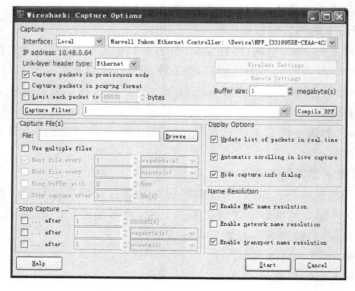

图 2.10　捕获选项窗口

3. 把网卡设置成混杂模式

在如图 2.10 所示的窗口中选择 Capture packets in promiscuous mode 复选框,即可把网卡设置成混杂模式。

4. 过滤数据包

要捕获某一种特定类型的数据包,就必须在如图 2.10 所示窗口中的 Capture Filter 组合框中设置过滤规则。Capture Filter 的过滤规则语法如表 2.2 所示。

表 2.2　Capture Filter 过滤规则语法

语法	Protocol	Direction	Host	Value	Logical Operations	Other experssion
例子	tcp	dst	10.1.1.1	80	and	src 192.168.1.1

（1）Protocol 的可能值：ether、fddi、ip、arp、rarp、decnet、lat、sca、moprc、mopdl、tcp and udp。如果没有特别指明是什么协议,则默认使用所有支持的协议。

（2）Direction 的可能值：src、dst、src and dst、src or dst。如果没有特别指明来源或目的地,则默认使用 src or dst 作为关键字。

例如,host 10.2.2.2 与 src or dst host 10.2.2.2 是一样的。

（3）Host(s)的可能值：net、port、host、portrange。

如果没有指定此值,则默认使用 host 作为关键字。

例如,src 10.1.1.1 与 src host 10.1.1.1 相同。

（4）Logical Operations 的可能值：not、and、or。

not 具有最高的优先级。or 和 and 具有相同的优先级,运算时从左至右进行。

例如：

not tcp port 3128 and tcp port 23 与（not tcp port 3128）and tcp port 23 相同。

not tcp port 3128 and tcp port 23 与 not（tcp port 3128 and tcp port 23）不同。

下面举例说明表达式的书写。

（1）tcp dst port 3128：显示目的 TCP 端口为 3128 的数据包。

（2）ip src host 10.1.1.1：显示源 IP 地址为 10.1.1.1 的数据包。

（3）host 10.1.2.3：显示目的或源 IP 地址为 10.1.2.3 的数据包。

（4）src portrange 2000-2500：显示源为 UDP 或 TCP，并且显示端口号在 2000 至 2500 范围内的数据包。

（5）not imcp：显示除了 icmp 以外的所有数据包。

（6）src host 10.7.2.12 and not dst net 10.200.0.0/16：显示源 IP 地址为 10.7.2.12，但目的地不是 10.200.0.0/16 的数据包。

（7）（src host 10.4.1.12 or src net 10.6.0.0/16）and tcp dst portrange 200-10000 and dst net 10.0.0.0/8：显示源 IP 为 10.4.1.12 或者源网络为 10.6.0.0/16，目的地 TCP 端口号在 200 至 10000 之间，并且目的地位于网络 10.0.0.0/8 内的所有数据包。

2.2.4 使用 Wireshark 捕获 FTP 数据包

➥ 课业任务 2-4

Bob 所使用计算机的 IP 地址是 192.168.145.1/24，公司 FTP 服务器的 IP 地址是 192.168.145.2/24，现 Bob 想利用 Wireshark 工具捕获访问 FTP 服务器的数据包并进行分析，以确保是授权用户访问 FTP 服务器。具体操作步骤如下：

（1）在 Bob 的计算机上启动 Wireshark 软件，选择 Capture→Options 命令，在弹出窗口中的 Interface 选项后的下拉列表框中选择要捕获的网卡，然后单击 Start 按钮，就可以开始捕获这块网卡上的数据包了，如图 2.11 所示。

图 2.11　设置 Capture Options

网络攻击与防范

（2）Bob 登录到 FTP 服务器后，输入用户名和密码，并下载文件 1.txt，如图 2.12 所示。

图 2.12　登录 FTP 并下载文件

（3）Bob 退出 FTP 服务器后，Bob 计算机上的 Wireshark 工具停止抓包。如图 2.13 所示，已经捕获到了 FTP 数据包，从图中可以分析刚才登录 FTP 服务器的用户名为 thxywang，密码为 123456。

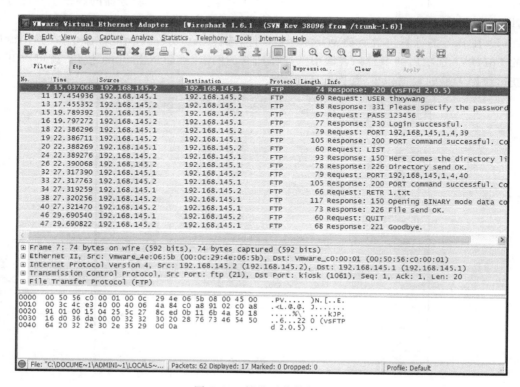

图 2.13　捕获后的数据包

(4) 在图 2.13 中右击选择的任何数据包，在弹出的快捷菜单中选择 Follow TCP Stream 命令，在弹出的窗口中就可以看到以上使用 FTP 服务器的全过程，如图 2.14 所示。

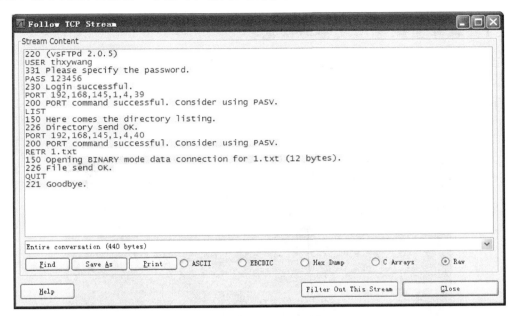

图 2.14　使用 FTP 服务器的全过程

(5) 要捕获某一种特定类型的数据包，就必须在如图 2.10 所示窗口中的 Capture Filter 组合框中设置过滤规则。本任务输入"ftp-data"，按 Enter 键确认后，即可看到如图 2.15 所示的界面。从图中分析可以看出，序号为 39 的数据包里面的 Data 部分为"I like thxy"，由此可见，FTP 的数据包在网络上传输时是以明文形式传输的，包括用户名、密码以及数据部分。

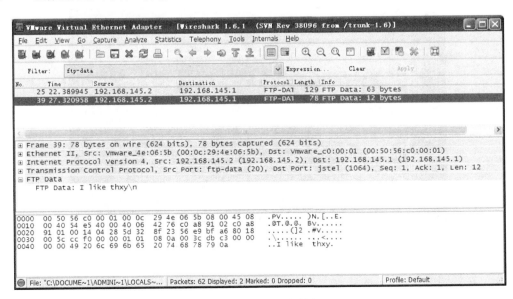

图 2.15　FTP 数据协议

2.3 密码攻防

2.3.1 操作系统密码攻击与防范

目前,流行的操作系统主要有两类:一类是大家熟悉的 Windows 操作系统,另一类是类 UNIX 操作系统。本小节以类 UNIX 操作系统 Red Hat Enterprise Linux 6 为例,讲解在其下如何破解 root 的密码,具体操作步骤如下:

(1) 启动 Linux 操作系统,进入 GRUB 菜单,如图 2.16 所示。

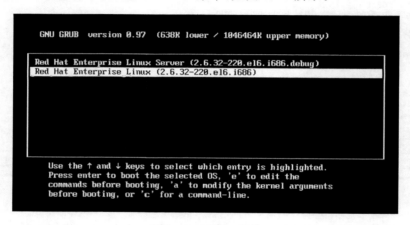

图 2.16　GRUB 菜单

(2) 在图 2.16 所示的界面中选择启动项,按 E 键,进入如图 2.17 所示的修改 GRUB 的选项界面,从中选择子菜单,再一次按 E 键,进入如图 2.18 所示的修改内核参数界面。

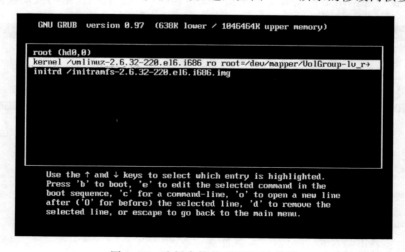

图 2.17　选择内核的 GRUB 子菜单

(3) 在如图 2.18 所示的修改内核参数界面中,在内核参数后按 Space 键,再按 1 键,按 Enter 键确认,返回如图 2.17 所示的修改 GRUB 的选项界面,按 B 键引导系统。

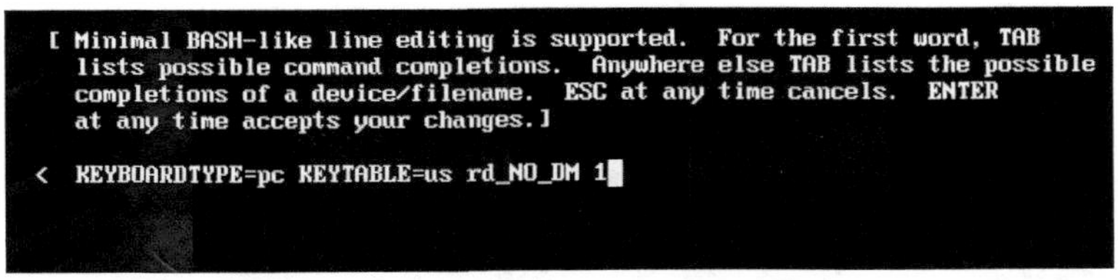

```
[ Minimal BASH-like line editing is supported.  For the first word, TAB
  lists possible command completions.  Anywhere else TAB lists the possible
  completions of a device/filename.  ESC at any time cancels.  ENTER
  at any time accepts your changes.]

<  KEYBOARDTYPE=pc KEYTABLE=us rd_NO_DM 1
```

图 2.18　修改内核参数界面

(4) 利用修改后的内核参数引导系统，将会进入 Linux 的单用户模式。在 Red Hat Enterprise Linux 6 中有一个 Bug，必须先把 SELinux 设置为允许的模式，才能使用 passwd 命令来修改密码，如图 2.19 所示。

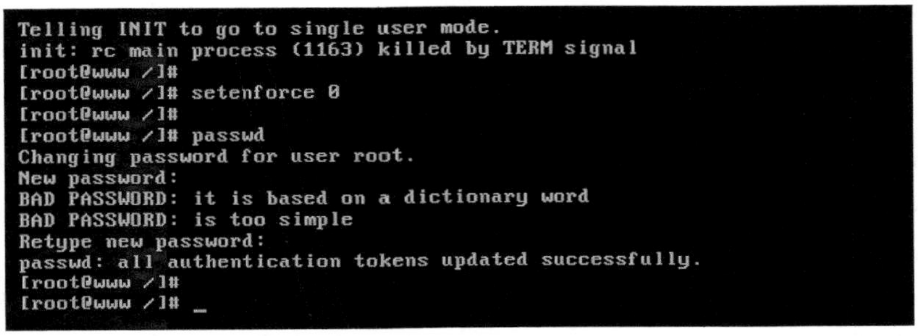

```
Telling INIT to go to single user mode.
init: rc main process (1163) killed by TERM signal
[root@www /]#
[root@www /]# setenforce 0
[root@www /]#
[root@www /]# passwd
Changing password for user root.
New password:
BAD PASSWORD: it is based on a dictionary word
BAD PASSWORD: is too simple
Retype new password:
passwd: all authentication tokens updated successfully.
[root@www /]#
[root@www /]# _
```

图 2.19　修改 root 密码

(5) 使用新设置的密码进入系统。如果要防范用户使用单用户模式破解密码，就必须在进入系统后修改 GRUB 配置文件/etc/grub.conf，在 title 所在的这行前加入 password 选项，如图 2.20 所示。

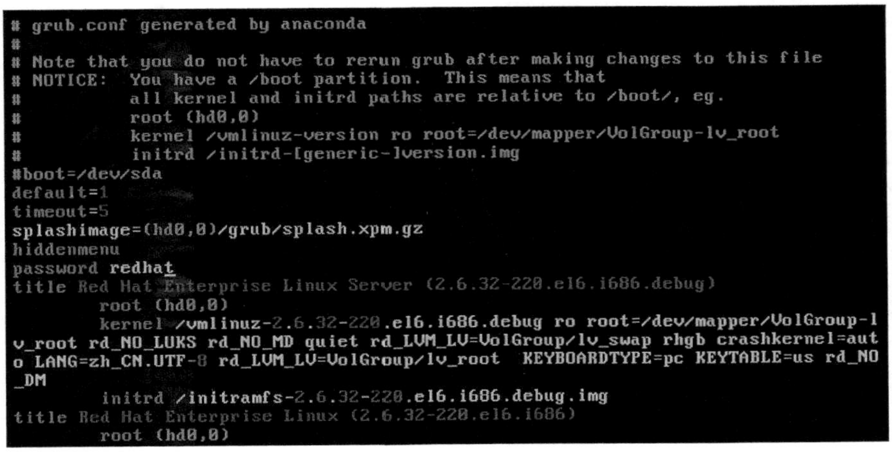

```
# grub.conf generated by anaconda
#
# Note that you do not have to rerun grub after making changes to this file
# NOTICE:  You have a /boot partition.  This means that
#          all kernel and initrd paths are relative to /boot/, eg.
#          root (hd0,0)
#          kernel /vmlinuz-version ro root=/dev/mapper/VolGroup-lv_root
#          initrd /initrd-[generic-]version.img
#boot=/dev/sda
default=1
timeout=5
splashimage=(hd0,0)/grub/splash.xpm.gz
hiddenmenu
password redhat
title Red Hat Enterprise Linux Server (2.6.32-220.el6.i686.debug)
        root (hd0,0)
        kernel /vmlinuz-2.6.32-220.el6.i686.debug ro root=/dev/mapper/VolGroup-l
v_root rd_NO_LUKS rd_NO_MD quiet rd_LVM_LV=VolGroup/lv_swap rhgb crashkernel=aut
o LANG=zh_CN.UTF-8 rd_LVM_LV=VolGroup/lv_root  KEYBOARDTYPE=pc KEYTABLE=us rd_NO
_DM
        initrd /initramfs-2.6.32-220.el6.i686.debug.img
title Red Hat Enterprise Linux (2.6.32-220.el6.i686)
        root (hd0,0)
```

图 2.20　修改 GRUB 配置文件

(6) 修改 GRUB 配置文件后，重新引导系统，此时要破解 root 密码就必须知道保护 GRUB 的密码才行，此时的 GRUB 菜单如图 2.21 所示。

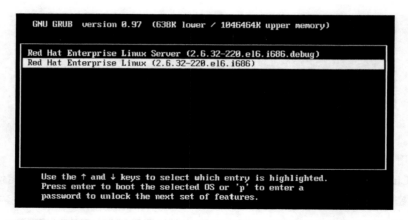

图 2.21　GRUB 菜单

2.3.2　Office 文档加密

为了保障系统中的 Office 文件安全,可以对不同的文件进行加密。下面以 Word 为例讲解 Word 文档的加密与解密。

1. Word 文档加密

启动 Word 2003,选择【工具】→【选项】命令,在弹出的【选项】对话框中选择【安全性】选项卡,从中可以为文档设置【打开文件时的密码】与【修改文件时的密码】选项,如图 2.22 所示。

在如图 2.22 所示的对话框中单击【高级】按钮,在弹出的对话框中可以设置文档加密类型,例如选择 RC4,Microsoft Base Cryptographic Provider v1.0 加密类型,如图 2.23 所示。

图 2.22　为 Word 文档加密

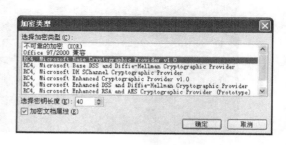

图 2.23　选择加密类型

2. 破解 Word 文档密码

有很多工具可以破解 Word 文档密码,本部分以 Advanced Office Password Recovery 工具为例,讲解 Word 文档的破解。

（1）启动 Advanced Office Password Recovery，弹出如图 2.24 所示的窗口。

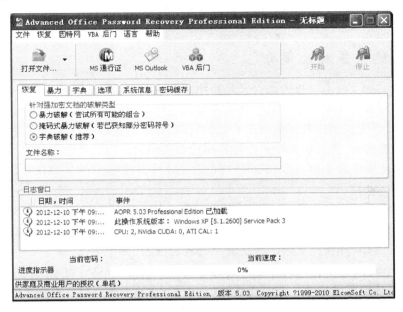

图 2.24　Advanced Office Password Recovery 窗口

　　（2）在如图 2.24 所示的窗口中单击【打开文件】按钮，选择要破解的文件，单击工具栏的【开始】按钮，进行破解，如图 2.25 所示，当前选择文件的打开密码是 asdf，写保护密码也是 asdf。

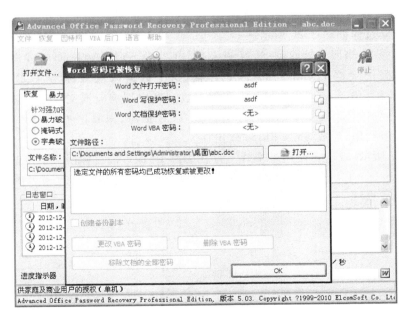

图 2.25　破解 Word 文档密码

2.4 拒绝服务攻防

2.4.1 拒绝服务攻击简介

DoS(Denial of Service)攻击的含义是拒绝服务攻击,这种攻击行动在众多的攻击技术中是一种简单有效且危害性很大的一种攻击方法。DoS 攻击是指故意攻击网络协议实现的缺陷,或直接通过野蛮手段耗尽被攻击对象的资源,目的是让目标计算机或网络无法提供正常的服务或资源访问,使目标系统服务停止响应甚至崩溃。

常见的拒绝服务攻击有 SYN Flood 攻击、Land 攻击、Smurf 攻击、UDP Flood 攻击等。

1. SYN Flood 攻击

SYN Flood 攻击是一种通过向目标服务器发送 SYN 报文,消耗其系统资源,削弱目标服务器的服务提供能力的行为。一般情况下,SYN Flood 攻击是在采用 IP 源地址欺骗行为的基础上,利用 TCP 连接建立时的 3 次握手过程形成的。

众所周知,一个 TCP 连接的建立需要双方进行 3 次握手,只有当 3 次握手都顺利完成,一个 TCP 连接才能成功建立。当一个系统(称为客户端)请求与另一个提供服务的系统(称为服务器)建立一个 TCP 连接时,双方要进行以下消息交互:

- 客户端向服务器发送一个 SYN 消息;
- 如果服务器同意建立连接,则响应客户端一个对 SYN 消息的回应消息(SYN/ACK);
- 客户端收到服务器的 SYN/ACK 以后,再向服务器发送一个 ACK 消息进行确认。
- 当服务器收到客户端的 ACK 消息以后,一个 TCP 的连接成功完成。

连接的建立过程如图 2.26 所示。

在上述过程中,当服务器收到 SYN 报文后,在发送 SYN/ACK 回应客户端之前,需要分配一个数据区记录这个未完成的 TCP 连接,这个数据区通常称为 TCB 资源,此时的 TCP 连接也称为半开连接。这种半开连接仅在收到客户端响应报文或连接超时后才断开,而客户端在收到 SYN/ACK 报文之后才会分配 TCB 资源,因此这种不对称的资源分配模式会被攻击者所利用,形成 SYN Flood 攻击。

如图 2.27 所示,攻击者使用一个并不存在的源 IP 地址向目标服务器发起连接,该服务器回应 SYN/ACK 消息作为响应,由于应答消息的目的地址并不是攻击者的实际地址,所

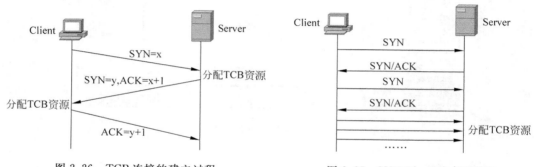

图 2.26　TCP 连接的建立过程　　　　　图 2.27　SYN Flood 攻击原理图

以这个地址将无法对服务器进行响应。因此，TCP 握手的最后一个步骤将永远不可能发生，该连接就一直处于半开状态，直到连接超时后被删除。如果攻击者用快于服务器 TCP 连接超时的速度连续对目标服务器开放的端口发送 SYN 报文，则服务器的所有 TCB 资源都将被消耗，以致不能再接收其他客户端的正常连接请求。

为保证服务器能够正常提供基于 TCP 协议的业务，防火墙必须能够利用有效的技术瓦解以及主动防御 SYN Flood 攻击。

如图 2.28 所示，管理员可以根据被保护服务器的处理能力设置半开连接数阈值。如果服务器无法处理客户端的所有连接请求，就会导致未完成的半开连接数(即客户端向服务器发起的所有半开连接数和完成了握手交互变成全连接的半开连接数之差)超过指定阈值，此时，防火墙可以判定服务器正在遭受 SYN Flood 攻击。

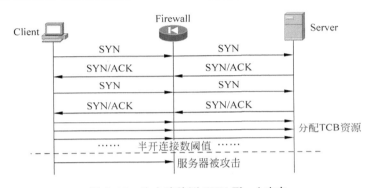

图 2.28　防火墙检测 SYN Flood 攻击

如图 2.29 所示，当防火墙检测到客户端与服务器之间的当前半开连接数目超过半开连接数阈值时，所有后续的新建连接请求报文都会被丢弃，直到服务器完成当前的半开连接处理，或当前的半开连接数降低到安全阈值，防火墙才会放开限制，重新允许客户端向服务器发起新建连接请求。

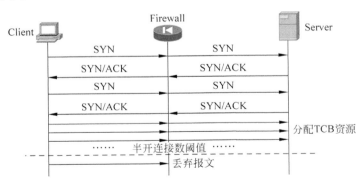

图 2.29　防火墙拦截 SYN Flood 攻击

2. Land 攻击

Land 攻击是一种使用相同的源和目的主机从端口发送数据包到某台机器的攻击，结果通常使存在漏洞的机器崩溃。在 Land 攻击中，一个特别打造的 SYN 包中的源地址和目标地址都被设置成某一个服务器地址，这时将导致接收服务器向它自己的地址发送 SYN/

ACK 消息,然后这个地址又发回 ACK 消息并创建一个空连接,每一个这样的连接都将保留直到超时删除。不同的系统对 Land 攻击的反应不同,许多 UNIX 系统将崩溃,而 Windows 系统会变得极其缓慢(大约持续五分钟)。

3. Smurf 攻击

Smurf 攻击是以最初发动这种攻击的程序名"Smurf"来命名的。这种攻击方法结合了 IP 欺骗和 ICMP 回复方法使大量网络传输充斥目标系统,导致目标系统拒绝为正常系统进行服务。Smurf 攻击通过使用将回复地址设置成受害网络的广播地址的 ICMP 应答请求(ping)数据包,来淹没受害主机,最终导致该网络的所有主机都对此 ICMP 应答请求做出答复,导致网络阻塞。更加复杂的 Smurf 攻击可将源地址改为第三方的受害者,最终导致第三方崩溃。

4. UDP Flood 攻击

UDP Flood 攻击是日渐猖獗的流量型 DoS 攻击,原理也很简单。常见的情况是利用大量 UDP 包冲击 DNS 服务器或 Radius 认证服务器、流媒体视频服务器。100kpps(每秒发送 10 万个数据包)的 UDP Flood 经常将线路上的骨干设备攻击致瘫痪,造成整个网段的瘫痪。由于 UDP 协议是一种无连接的服务,在 UDP Flood 攻击中,攻击者可发送大量的伪造源 IP 地址的 UDP 包。但是,由于 UDP 协议是无连接性的,所以只要开了一个 UDP 端口提供相关服务,那么就可针对相关的服务进行攻击。正常应用情况下,UDP 包的双向流量基本相等,而且大小和内容都是随机的,变化很大。出现 UDP Flood 攻击的情况下,针对同一目标 IP 的 UDP 包在一侧大量出现,并且内容和大小都比较固定。

2.4.2 UDP Flooder 软件

UDP Flooder 2.0 是一款发送 UDP packet 并进行拒绝服务攻击的软件,其界面如图 2.30 所示。它可以指定目标主机的 IP 和端口,攻击报文可以由文本、随机字节和数据文件等组成。

在如图 2.30 所示的窗口中,在 IP/hostname 文本框中可输入目标主机的 IP 地址;在 Port 文本框中可输入目标主机的端口;在 Transmission control 选项组中可输入最长攻击时间与最大的数据包,以及 UDP 包发送的速度;在 Data 选项组中可选择要发送的数据。本任务在 IP 为 192.168.100.1 的 PC 中模拟攻击 IP 为 192.168.100.2 目标主机的 53 端口,攻击时间为 60s,攻击的最大数据包为 10 000,攻击报文选择 Text 单选按钮,内容为 ***** UDP Flood Server stress test *****,单击 Go 按钮,实施对目标主机的模拟攻击。

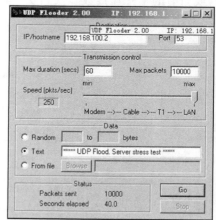

图 2.30 UDP Flooder 界面

在 IP 为 192.168.100.2 的目标主机中,打开【Windows 任务管理器】窗口,选择【联网】选项卡,发现接收数据的曲线呈明显上升趋势,60 秒后停止了攻击,在 UDP Flooder 界面中再次单击 Go 按钮,发现曲线第二次呈明显上升趋势,如图 2.31 所示。

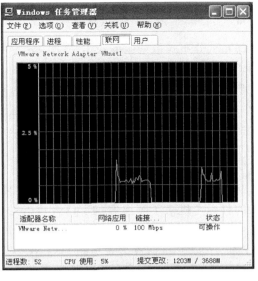

图 2.31　Windows 任务管理器中的曲线变化

　　在 IP 为 192.168.100.2 的目标主机中打开 Wireshark 工具,捕获被攻击的数据包,发现发送了大量的 UDP 包,其内容为 ***** UDP Flood Server stress test *****。由此可见,192.168.100.2 的目标主机已经遭遇到了 192.168.100.1 主机的 UDP Flood 攻击,如图 2.32 所示。

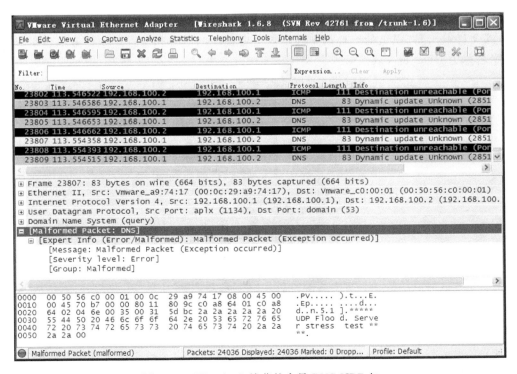

图 2.32　Wireshark 捕获的大量 DNS UDP 包

网络攻击与防范

2.4.3　DDoS 攻击者

DDoS 攻击者是一个 DDoS(分布式拒绝服务攻击)工具,分为生成器(DDoSMaker.exe)与 DDoS 攻击者程序(DDoSer.exe)两部分。其中,攻击者程序要通过生成器进行生成,它的唯一工作就是不断地对事先设定好的目标进行攻击。在【DDoS 攻击者 生成器】对话框中单击【生成】按钮,会自动生成一个 DDoSer.exe 的可执行文件,这个文件就是攻击程序,它在哪里运行,哪台主机就会自动向设定的目标发起攻击。另外,为了达到隐蔽性,可以任意命名。

↳ 课业任务 2-5

Bob 所使用计算机的 IP 地址是 192.168.100.1,他在上面安装了一个 DDoS 攻击工具,模拟攻击 192.168.100.2 的目标主机来了解黑客的 DDoS 攻击的全过程,以更好地对网络进行安全维护。具体操作步骤如下:

(1) Bob 在自己的计算机上(以下简称攻击者主机)运行 DDoSMaker.exe,即 DDoS 攻击者生成器,运行后的对话框如图 2.33 所示,根据课业任务 2-5 的需求,分别进行如下设置:

在【目标主机的域名或 IP 地址】文本框中输入目标主机的 IP 地址"192.168.100.2";

在【端口】文本框中输入"80";

在【并发连接线程数】文本框中输入"10";

在【最大 TCP 连接数】文本框中输入"1000";

在【注册表启动项键名】与【服务端程序文件名】文本框中,启用默认设置,分别输入"Kernel32"和"Kernel32.exe";

在【文件输出】选项组的组合框中确定攻击者程序的名称和位置。本任务最后生成的攻击程序名称为 DDoSer.exe。

图 2.33　【DDoS 攻击者 生成器】对话框

(2) 双击运行生成的攻击者程序 DDoSer.exe,启动后便开始实施对目标主机的攻击。

(3) 在攻击者的主机上运行 netstat 命令,查看攻击者主机与目标主机的连接状态。如

图 2.34 所示,攻击者主机与被攻击者主机建立了 10 个连接,此时的状态为 SYN_SENT。SYN_SENT 表示请求连接。当要访问其他计算机的服务时,首先需要发送同步信号给该端口,如果连接成功就变为 ESTABLISHED 状态。SYN_SENT 状态非常短暂。如果发现 SYN_SENT 非常多,则可能机器中了病毒或中了攻击。

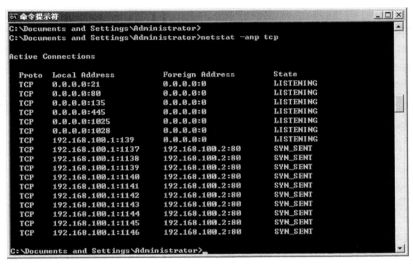

图 2.34　查看 TCP 连接

(4) 在攻击者的主机上打开 Windows 任务管理器,从中可以查看到 DDoS 攻击软件的进程 Kernel32.exe 已经运行在内存中了,如图 2.35 所示。

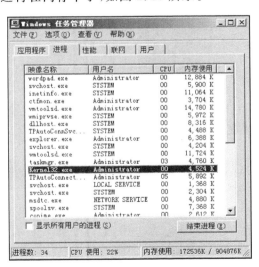

图 2.35　在 Windows 任务管理器中查看进程

(5) 在目标主机上打开 Wireshark 工具,捕获 DDoS 攻击者攻击的数据包,此时可以查看到不断地收到攻击者发送过来的 TCP 包,由此可见,目标主机受到了 TCP Flood 攻击,如图 2.36 所示。

网络攻击与防范

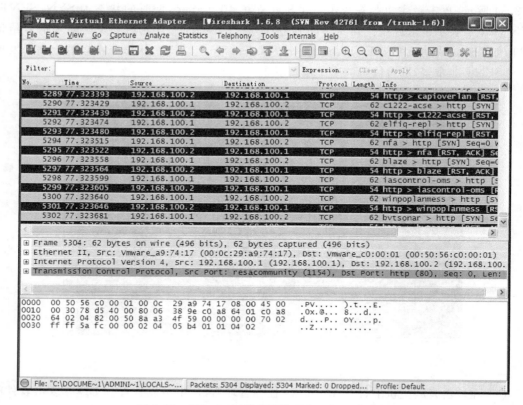

图 2.36　Wireshark 捕获到的 TCP Flood 攻击包

2.5　ARP　攻　防

2.5.1　ARP 欺骗

ARP 即地址解析协议,在知道目标主机 IP 地址的情况下,如果需要得到目标主机的 MAC 地址,ARP 协议可以做到。如果该协议被恶意地对网络进行攻击,其后果是非常严重的。

ARP 通常包括两个协议包,一个 ARP 请求包与一个 ARP 回应包。请求包如图 2.37 所示,ARP 请求包是一个广播包。在 ARP 请求包中,源主机发出"Who has 192.168.100.1? Tell 192.168.100.2"。

应答包如图 2.38 所示。在 ARP 应答包中,源主机接收目标主机发过来的应答包,即 "192.168.100.1 is at 00:0c:29:a9:74:17",非常明了,也就是 192.168.100.1 的 MAC 地址为 00:0c:29:a9:74:17。

常见的 ARP 欺骗有网关欺骗与主机欺骗两种:一种是对路由器 ARP 表的欺骗;另一种是对内网 PC 的网关欺骗。

第一种 ARP 欺骗的原理是截获网关数据。它通知路由器一系列错误的内网 MAC 地址,并按照一定的频率不断进行,使真实的地址信息无法通过更新保存在路由器中,结果使

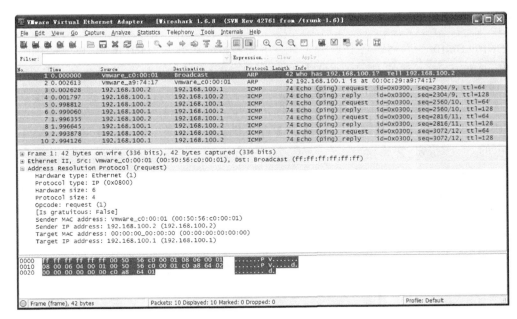

图 2.37 ARP 请求包

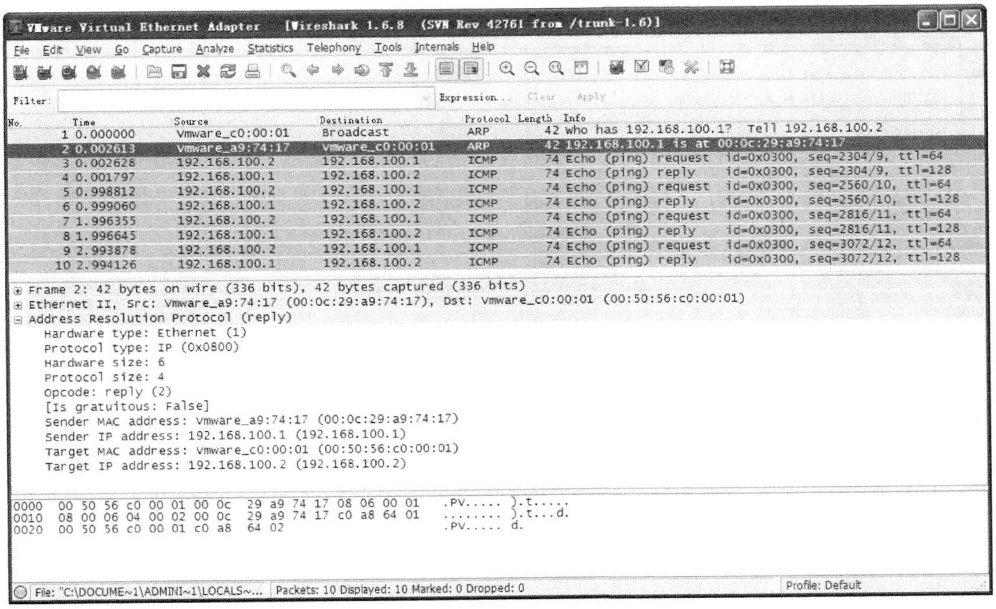

图 2.38 ARP 应答包

路由器的所有数据只能发送给错误的 MAC 地址,造成正常 PC 无法收到信息。

第二种 ARP 欺骗的原理是伪造网关。它的原理是建立假网关,让被它欺骗的 PC 向假网关发数据,而不是通过正常的路由器途径上网。在 PC 看来,就是上不了网了,网络掉线了。

2.5.2 ARP 欺骗工具

SwitchSniffer 是一款 ARP 欺骗工具。下面通过实验演示 ARP 欺骗,该实验的攻击者为 Windows Server 2008,其 IP 地址为 192.168.100.1;目标主机为 Windows XP,其 IP 地址为 192.168.100.2。具体操作步骤如下:

(1) 下载并安装 SwitchSniffer 工具,将其打开,单击工具栏中的 Scan 按钮,扫描整个网段,如图 2.39 所示,在局域网中扫描到了 3 台主机,选中目标主机 192.168.100.2,单击工具栏中的 Start 按钮,实施攻击。

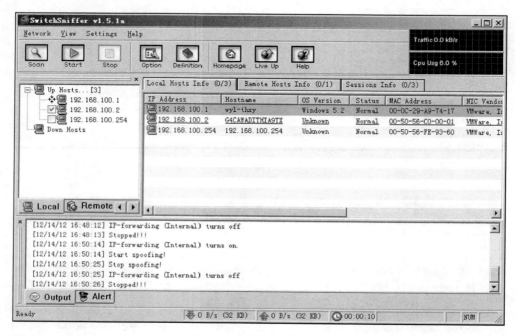

图 2.39　扫描主机并进行攻击

(2) 在目标主机上查询 ARP 表,实施攻击之前的 ARP 表项如下。

```
C:\Documents and Settings\Administrator > arp - a
Interface: 192.168.100.2 --- 0x10004
  Internet Address        Physical Address        Type
  192.168.100.1           00 - 0c - 29 - a9 - 74 - 17       dynamic
```

实施攻击之后的表项如下。

```
C:\Documents and Settings\Administrator > arp - a
Interface: 192.168.100.2 --- 0x10004
  Internet Address        Physical Address        Type
  192.168.100.1           00 - 00 - 00 - 00 - 00 - 00       dynamic
```

(3) 在目标主机上使用 Wireshark 工具捕获 ARP 欺骗包,如图 2.40 所示,攻击者告诉目标主机 192.168.100.1 的 MAC 地址为 00:00:00:00:00:00,从而达到欺骗的目的。此时,目标主机无法与攻击者之间进行通信。

图 2.40 使用 Wireshark 捕获 ARP 欺骗包

2.5.3 防范 ARP 攻击

课业任务 2-6

Bob 所在公司的计算机经常受到 ARP 攻击,他利用绑定 IP 地址与 MAC 地址和安装 ARP 防火墙的方法来防范 ARP 攻击。

具体步骤如下。

方法一:绑定 IP 地址与 MAC 地址。

在公司的计算机上绑定 IP 地址与 MAC 地址,通过"arp -s"命令进行绑定,如图 2.41 所示。

图 2.41 绑定 IP 地址与 MAC 地址

网络攻击与防范

方法二：安装 ARP 防火墙。

下载并安装 ARP 防火墙，启动后的界面如图 2.42 所示。ARP 防火墙的主要功能如下。

- 拦截外部 ARP 攻击。在系统内核层拦截接收到的虚假 ARP 数据包，保障本机 ARP 缓存表的正确性。
- 拦截对外 ARP 攻击。在系统内核层拦截本机对外的 ARP 攻击数据包，避免本机感染 ARP 病毒后成为攻击源。
- 拦截 IP 冲突。在系统内核层拦截接收到的 IP 冲突数据包，避免本机因 IP 冲突造成掉线等。
- 主动防御。主动向网关通告本机正确的 MAC 地址，确保网关不受 ARP 欺骗的影响。

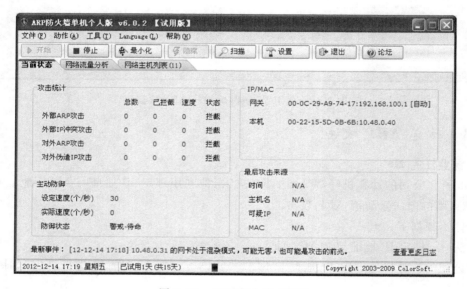

图 2.42　ARP 防火墙主界面

2.6　木马攻防

从严格意义上来说，木马程序不能算一种病毒，但越来越多的新版杀毒软件已可以查杀一些木马，所以也有不少人称木马程序为"病毒"。

特洛伊木马(Trojan horse)是古希腊传说。据说，特洛伊王子帕里斯访问希腊，诱走了王后海伦，希腊人因此远征特洛伊。围攻 9 年后，到第 10 年，希腊将领奥德修斯献了一计，就是把一批勇士埋伏在一匹巨大的木马腹内，放在城外后，佯装退兵。特洛伊人以为敌兵已退，就把木马作为战利品搬入城中。到了夜间，埋伏在木马中的勇士跳出来，打开了城门，希腊将士一拥而入攻下了城池。后来，人们在写文章时就常用"特洛伊木马"这一典故来比喻在敌方营垒里埋下伏兵的里应外合的活动。

完整的木马程序一般由两个部分组成：一部分是服务器程序；另一部分是控制器程序。感染了木马就是指安装了木马的服务器程序。若某人的计算机被安装了服务器程序，则拥有控制器程序的人就可以通过网络控制这个人的计算机,为所欲为,控制端将享有服务端的大部分操作权限,包括修改文件,修改注册表,控制鼠标、键盘等,这时这个人计算机上的各种文件、程序,以及使用的账号、密码就无安全可言了。

木马的种类有很多,大体可以分为破坏型木马、密码发送型木马、远程访问型木马、键盘记录木马、DoS 攻击木马、代理木马等。

作为优秀的木马,自启动功能是必不可少的,这样可以保证木马不会因为用户的一次关机操作而彻底失去作用。正因为该项技术如此重要,所以,很多编程人员都在不停地研究和探索新的自启动技术,并且时常有新的发现。一个典型的例子就是把木马加入到用户经常执行的程序(例如 explorer.exe)中,当用户执行该程序时,木马就会自动发生作用。当然,更加普遍的方法是通过修改 Windows 系统文件和注册表达到目的,现在经常用的方法主要有这么几种:在 Win.ini 中启动、在 System.ini 中启动、利用注册表加载运行、在 Autoexec.bat 和 Config.sys 中加载运行、在 Winstart.bat 中启动、在启动组中启动等。

木马被激活后,进入内存,并开启事先定义的木马端口,准备与控制端建立连接。这时服务端用户可以在 MS DOS 方式下,通过输入"netstat-an"命令查看端口状态。一般个人计算机在脱机状态下是不会有端口开放的,如果有端口开放,就要注意是否感染木马了。

对于一些常见的木马,如 SUB7、BO2000、冰河等,它们采用的都是打开 TCP 端口监听和写入注册表启动等方式。使用木马克星之类的软件可以检测到这些木马,这些检测木马的软件大多都是利用检测 TCP 连接、注册表等信息来判断是否有木马入侵,因此也可以通过手工来侦测木马。当前,最为常见的木马通常是基于 TCP/UDP 协议进行客户端与服务端之间的通信的。既然利用到这两个协议,就不可避免地要在服务端(就是被感染了木马的机器了)打开监听端口来等待连接。例如,大名鼎鼎的冰河木马使用的监听端口是 7626,Back Orifice 2000 使用的则是 54320 等。那么,可以利用查看本机开放端口的方法来检查自己的计算机是否被感染了木马或其他黑客程序。此时,使用 netstat 命令查看一下自己计算机开放的端口,看看哪些是非法的连接。表 2.3 中列出了常见木马的端口号。本书以冰河木马为例,来讲解对它的防范与查杀。

表 2.3　常见木马的端口号

木 马 名 称	端　口　号
冰河木马	7626
Gatecrasher 木马	6969.6970
INI Killer 木马	9989
Firehotcker 木马	5321
Master Paradise 木马	3129 40421.40425
Delta Source 木马	26274 47262
Donald Dick 木马	23467.23477
Attack Ftp 木马	666
netsphere 木马	30100.30102
Master Paradise 木马	3129 40421.40425
Blade Runner 木马	5400.5402
NetMonitor 木马	7300 7301 7306.7308

2.6.1 冰河木马概述

冰河是国产木马的鼻祖,也是传统木马的精品,它一出来就被吵得沸沸扬扬。1998 年的网络,就是冰河的天下,冰河可以说是最有名的木马了。标准版冰河的服务器端程序为 G. server. exe,客户端程序为 G. client. exe,默认连接端口为 7626。一旦运行 G. server. exe,那么该程序就会在 C:\Windows\system 目录下生成 Kernel32. exe 和 Sysexplr. exe,并删除自身。Kernel32. exe 在系统启动时自动加载运行,Sysexplr. exe 和 TXT 文件关联。即使删除了 Kernel32. exe,但只要打开 TXT 文件,Sysexplr. exe 就会被激活,并且将再次生成 Kernel32. exe,于是冰河又回来了! 这就是冰河屡删不止的原因。下面来看一下冰河是如何来操控别人的计算机的。图 2.43 和图 2.44 所示分别为感染了冰河后的症状,内存中多了一个 Kernel32. exe 的进程,CPU 的使用率此时变为了 100%,计算机的运行速度很慢。

图 2.43 感染冰河木马后的症状——进程

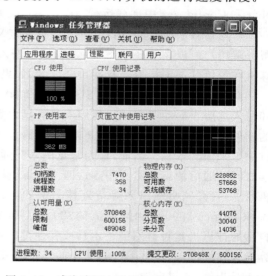

图 2.44 感染冰河木马后的症状——CPU 使用率

2.6.2 使用冰河木马攻击

黑客常常利用一些木马种植程序在别人的计算机上种植木马,图 2.45 所示是工具包里面带的“木马(IPC)种植机”。选择服务器端程序(G. server. exe)后,单击【开始】按钮,就在别人的计算机上种植了木马。种植木马的方法有很多。在很多时候,从网上下载一个软件并双击后,有的没反应,有的则弹出一个对话框,这些都有可能是感染了木马。

感染了冰河木马后,在目标计算机中便会开启一个服务器的端口 7626,这样黑客便可以通过客户端软件来对感染了木马的目标计算机来进行控制了,可以通过 netstat 命令查看控制端是否和被

图 2.45 木马(IPC)种植机图

控端已经建立了连接。如图 2.46 所示,目标端口 7626 已经建立好了两个连接,这时,黑客就可以通过客户端软件来对目标计算机进行控制了。图 2.47 和图 2.48 所示为冰河客户端的控制界面。

图 2.46 被感染木马的机器开启了 7626 端口

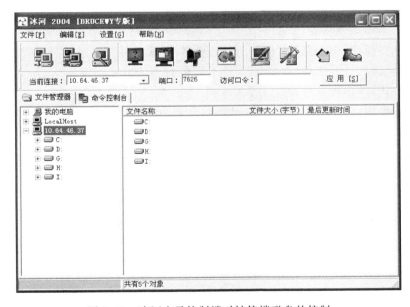

图 2.47 冰河木马控制端对被控端磁盘的控制

冰河客户端软件的具体功能如下:

- 自动跟踪目标机屏幕变化,同时可以完全模拟键盘及鼠标输入;
- 记录各种口令信息,包括开机口令、屏保口令、各种共享资源口令及绝大多数在对话框中出现过的口令信息;

第
2
章

网络攻击与防范

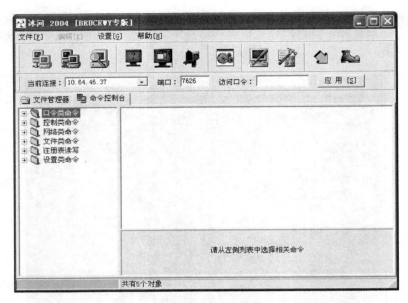

图 2.48   冰河木马控制端对被控端其他的控制

- 获取系统信息,包括计算机名、注册公司、当前用户、系统路径、系统版本、当前显示分辨率、物理及逻辑磁盘信息等多项系统数据;
- 限制系统功能,包括远程关机、远程重启计算机、锁定鼠标、锁定系统热键及锁定注册表等多项限制功能;
- 远程文件操作,包括创建、上传、下载、复制、删除文件或目录,文件压缩,快速浏览文本文件,远程打开文件(提供了 4 种不同的打开方式:正常方式、最大化、最小化和隐藏方式)等多种文件操作功能;
- 注册表操作,包括对主键的浏览、增删、复制、重命名和对键值的读写等所有注册表操作功能;
- 发送信息,以 4 种常用图标向被控端发送简短信息;
- 点对点通信,以聊天室形式同被控端进行在线交谈。

注意:如果某台计算机出现以上症状,请检测是否感染了木马。

2.6.3   冰河木马的防范

↘ 课业任务 2-7

Bob 为了避免公司的计算机感染冰河木马,他给公司员工提供了几种防范木马的方法。

(1) 人工防范。在计算机没有感染"冰河木马"程序的前提下,首先在控制面板的【文件夹选项】对话框中选择【查看】选项卡,取消选择系统默认的【隐藏已知文件扩展名】复选框,然后在 C:\Windows\system 的目录下新建两个 TXT 文本文件,将文件名(包括扩展名)改成 Kernel32. exe 和 Sysexplr. exe,最后将文件属性设置为只读、隐藏。

在 Windows XP 中,如果系统有多个用户,则将访问权限设置为 everyone 都拒绝访问,其他继承权限也进行相应的设置。这样,木马服务端程序在将要生成 Kernel32. exe 和 Sysexplr. exe 时会发现文件已经存在,就不会再次生成 Kernel32. exe 和 Sysexplr. exe,并认为木马已经在以前的某个时间成功种植,这样计算机也就不会感染上冰河木马,从而起到了免疫的作用。

（2）使用个人防火墙进行防范。

（3）使用杀毒软件进行查杀,图 2.49 所示为瑞星杀毒软件查杀到冰河木马的提示。

（4）使用木马专杀软件来进行查杀,图 2.50 所示为木马克星查杀到冰河木马的提示。

图 2.49　瑞星杀毒软件查杀到冰河木马的提示　　　图 2.50　木马克星查杀到冰河木马的提示

（5）利用手工来清除冰河木马。要清除冰河木马,首先要删除 C:\Windows\system 下的 Kernel32. exe 和 sysexplr. exe 文件;冰河木马会在注册表的 HKEY_LOCAL_MACHINE\software\microsoft\Windows\CurrentVersion\Run 分支下扎根,键值为 C:\Windows\system\Kernel32. exe 的要删除。在注册表的 HKEY_LOCAL_MACHINE\software\microsoft\Windows\Current Version\Runservices 分支下,键值为 C:\Windows\system\ Kernel32. exe 的也要删除。除此之外,还要恢复注册表中的 TXT 文件的关联功能,只要将注册表的 HKEY_CLASSES_ROOT\txtfile\shell\open\command 下的默认值由感染木马后的 C:\Windows\system\Sysexplr. exe %1 改为正常情况下的 C:\Windows\notepad. exe %1 即可。

对于木马,重在防范,一定要养成良好的上网习惯。不要随意运行邮件中的附件;安装一套杀毒软件,瑞星杀毒软件就是查杀病毒和木马的好帮手。从网上下载的软件先用杀毒软件检查一遍再使用,上网时打开网络防火墙和病毒实时监控,以保护自己的机器不感染木马。

练　习　题

1. 选择题

（1）在短时间内向网络中的某台服务器发送大量的无效连接请求,导致合法用户暂时无法访问服务器的攻击行为是破坏了（　　）。

　　A. 机密性　　　　B. 完整性　　　　C. 可用性　　　　D. 可控性

（2）有意避开系统访问控制机制,对网络设备及资源进行非正常使用属于（　　）。

　　A. 破坏数据完整性　　　　　　　B. 非授权访问

　　C. 信息泄露　　　　　　　　　　D. 拒绝服务攻击

（3）（　　）利用以太网的特点，将设备网卡设置为"混杂模式"，从而能够接收到整个以太网内的网络数据信息。

      A. 嗅探程序   B. 木马程序

      C. 拒绝服务攻击   D. 缓冲区溢出攻击

（4）字典攻击被用于（　　）。

      A. 用户欺骗   B. 远程登录   C. 网络嗅探   D. 破解密码

（5）ARP 属于（　　）协议。

      A. 网络层   B. 数据链路层   C. 传输层   D. 以上都不是

（6）使用 FTP 协议进行文件下载时（　　）。

      A. 包括用户名和口令在内，所有传输的数据都不会被自动加密

      B. 包括用户名和口令在内，所有传输的数据都会被自动加密

      C. 用户名和口令是加密传输的，而其他数据则以明文方式传输

      D. 用户名和口令是不加密传输的，其他数据则以加密方式传输的

（7）在下面 4 种病毒中，（　　）可以远程控制网络中的计算机。

      A. worm. Sasser. f   B. Win32. CIH

      C. Trojan. qq3344   D. Macro. Melissa

2. 填空题

（1）在以太网中，所有的通信都是＿＿＿＿＿＿＿的。

（2）网卡一般有 4 种接收模式：单播、＿＿＿＿＿＿＿、＿＿＿＿＿＿＿、＿＿＿＿＿＿＿。

（3）Sniffer 的中文意思是＿＿＿＿＿＿＿。

（4）＿＿＿＿＿＿＿攻击是指故意攻击网络协议实现的缺陷，或直接通过野蛮手段耗尽被攻击对象的资源，目的是让目标计算机或网络无法提供正常的服务或资源访问，使目标系统服务系统停止响应甚至崩溃。

（5）完整的木马程序一般由两个部分组成：一部分是服务器程序；另一部分是控制器程序。感染了木马就是指安装了木马的＿＿＿＿＿＿＿程序。

3. 综合应用题

木马发作时，计算机网络连接正常却无法打开网页。由于 ARP 木马发出大量欺骗数据包，导致网络用户上网不稳定，甚至网络短时瘫痪。根据要求，回答问题 1～问题 4，并把答案填入下表对应的位置。

(1)	(2)	(3)	(4)	(5)	(6)	(7)	(8)	(9)	(10)	(11)

【问题 1】

ARP 木马利用 ＿＿(1)＿＿ 协议设计之初没有任何验证功能这一漏洞而实施破坏。

（1）A. ICMP   B. RARP   C. ARP   D. 以上都是

【问题 2】

在以太网中，源主机以 ＿＿(2)＿＿ 方式向网络发送含有目的主机 IP 地址的 ARP 请求包，目的主机或另一个代表该主机的系统以 ＿＿(3)＿＿ 方式返回一个含有目的主机 IP 地址及其

MAC 地址对的应答包。源主机将这个地址对缓存起来,以节约不必要的 ARP 通信开销。ARP 协议___(4)___必须在接收到 ARP 请求后才可以发送应答包。

备选答案:

(2) A. 单播   B. 多播   C. 广播   D. 任意播

(3) A. 单播   B. 多播   C. 广播   D. 任意播

(4) A. 规定   B. 没有规定

【问题 3】

ARP 木马利用感染主机向网络发送大量虚假 ARP 报文,主机___(5)___导致网络访问不稳定。例如,向被攻击主机发送的虚假 ARP 报文中,目的 IP 地址为___(6)___,目的 MAC 地址为___(7)___。这样会将同网段内其他主机发往网关的数据引向发送虚假 ARP 报文的机器,并抓包截取用户口令信息。

备选答案:

(5) A. 只有感染 ARP 木马时才会   B. 没有感染 ARP 木马时也有可能
    C. 感染 ARP 木马时一定会   D. 感染 ARP 木马时一定不会

(6) A. 网关 IP 地址   B. 感染木马的主机 IP 地址
    C. 网络广播 IP 地址   D. 被攻击主机 IP 地址

(7) A. 网关 MAC 地址
    B. 被攻击主机 MAC 地址
    C. 网络广播 MAC 地址
    D. 感染木马的主机 MAC 地址

【问题 4】

网络正常时,运行如下命令,可以查看主机 ARP 缓存中的 IP 地址及其对应的 MAC 地址。

```
C:\> arp ___(8)___
```

备选答案:

(8) A. -s   B. -d   C. -all   D. -a

假设在某主机运行上述命令后,显示如图 2.51 所示的信息。

```
Interface: 172.30.1.13 --- 0x30002
  Internet Address       Physical Address       Type
  172.30.0.1             00-10-db-92-aa-30       dynamic
```

图 2.51 查看主机 ARP 缓存

00-10-db-92-aa-30 是正确的 MAC 地址,在网络感染 ARP 木马时,运行上述命令可能显示如图 2.52 所示的信息。

```
Interface: 172.30.1.13 --- 0x30002
  Internet Address       Physical Address       Type
  172.30.0.1             00-10-db-92-00-31       dynamic
```

图 2.52 查看感染木马后的主机 ARP 缓存

当发现主机 ARP 缓存中的 MAC 地址不正确时,可以执行如下命令清除 ARP 缓存。

```
C:\> arp   (9)
```

备选答案:

(9) A. -s   B. -d   C. -all   D. -a

之后,重新绑定 MAC 地址,命令如下。

```
C:\> arp -s   (10)     (11)
```

(10) A. 172.30.0.1   B. 172.30.1.13

     C. 00-10-db-92-aa-30   D. 00-10-db-92-00-31

(11) A. 172.30.0.1   B. 172.30.1.13

     C. 00-10-db-92-aa-30   D. 00-10-db-92-00-31

第 3 章　信息加密技术

加密学是一门古老而深奥的学科,其历史可以追溯到几千年前,长期被军事、外交等部门用来传递重要信息。计算机信息加密技术是研究计算机信息加密、解密及其变换的科学,是数学和计算机的交叉学科,它已经成为信息安全主要的研究方向,也是网络安全教学中的主要内容。

▶▶ **学习目标:**

- 熟悉加密技术的基本概念,包括明文、密文、加密变换、解密变换及密钥。
- 掌握对称加密算法的原理、典型的算法 DES 与 3DES,以及对称加密算法的优缺点。
- 掌握非对称加密算法的原理、典型的算法 RSA,以及非对称加密算法的优缺点。
- 掌握数据完整性原理、典型散列算法 MD5 与 SHA1,以及散列算法的特点。
- 掌握如何使用 PGP 软件,包括密钥管理、发送加密与解密邮件,以及使用 PGP 创建的加密磁盘。
- 掌握基于密钥认证方式进行远程管理 Red Hat Enterprise Linux 6(RHEL6)服务器。

▶▶ **课业任务:**

本章通过 4 个实际课业任务,由浅入深、循序渐进地学习信息加密技术的基本知识与相关原理,以及信息加密技术在现实当中的应用。

▶ **课业任务 3-1**

Bob 是 WYL 公司总部的技术开发人员,Alice 是 WYL 公司分部的技术开发人员。身处异地的 Bob 与 Alice 现需要共同开发一套软件,因此经常需要通过互联网使用邮件交换数据,而这套软件里的文件涉及公司的核心机密,故需要在传输的过程中注意保密性。

能力观测点

非对称加密算法原理;使用 PGP 软件发送加密邮件。

▶ **课业任务 3-2**

Bob 所用计算机的硬盘中有很多公司的核心文件,怕其被泄露,因此需要把这些文件保护起来。

能力观测点

使用 PGP 软件创建加密磁盘。

▶ **课业任务 3-3**

Bob 是 WYL 公司的 Web 开发人员,他的计算机客户端安装的是 Windows XP 操作系统,公司服务器放置在公司的网络中心,安装的都是 RHEL6 操作系统,Bob 需要在公司的任何 Windows XP 操作系统上都能安全地远程管理这些服务器。

能力观测点

密钥对生成;非对称加密算法原理;在 Windows XP 中使用基于密钥的认证方法远程管理 RHEL6 操作系统。

↘ 课业任务 3-4

Bob 是 WYL 公司的 Web 开发人员,他的计算机客户端安装的是 RHEL6 操作系统,公司服务器放置在公司的网络中心,安装的也是 RHEL6 操作系统,Bob 想要在他的 RHEL6 操作系统上安全地远程管理到这些服务器。

能力观测点

密钥对生成;非对称加密算法原理;在 RHEL6 中使用基于密钥的认证方法远程管理 RHEL6 操作系统。

3.1 加密技术概述

在计算机网络中,为了保护数据在传输或存储的过程中不被别人窃听、篡改或删除,必须对数据进行加密。随着网络应用技术的发展,加密技术已经成为网络安全的核心技术,而且融合到大部分安全产品之中。加密技术是对信息进行主动保护,是信息传输安全的基础,通过数据加密、消息摘要、数字签名及密钥交换等技术,可以实现数据保密性、数据完整性、不可否认性和用户身份真实性等安全机制,从而保证了在网络环境中信息传输和交换的安全。

密码学(Cryptology)是一门具有悠久历史的学科。密码技术是研究数据加密、解密及加密变换的科学,涉及数学、计算机科学及电子与通信等学科。加密是研究、编写密码系统,把数据和信息转换成不可识别的密文的过程,而解密则是研究密码系统的加密途径,恢复数据和信息本来面目的过程。

网络通信的双方称为发送者与接收者。发送者发送消息给接收者时,希望所发送的消息能安全到达接收者手里,并且确信窃听者不能阅读发送的消息。这里的消息(Message)被称为明文(Plain Text),用某种方法伪装消息以隐藏它的内容的过程称为加密(Encryption),加密后的消息称为密文(Cipher Text),而把密文转变为明文的过程称为解密(Decryption)。如图 3.1 所示,就是一个加密与解密的过程。

一个密码系统由算法和密钥两个基本组件构成。对于古典加密技术,其安全性依赖于算法,其保密性不易控制。比如,一个组织采用某种密码算法,一旦有人离开,这个组织的其他成员就不得不启用新的算法。另外,受限制的算法不能进行质量的控制和标准化,因为每个组织或个人都使用各自的算法。而对于现代加密技术,算法是公开的,其保密性完全依赖于密钥,这种算法称为基于密钥的算法。基于密钥的算法通常分为两类:对称加密算法与非对称加密算法。

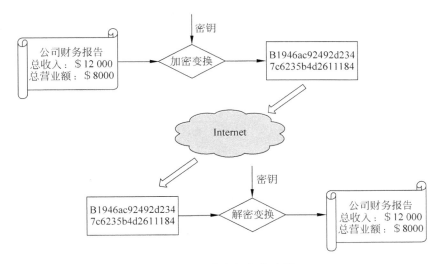

图 3.1　加密与解密的过程

3.2　对称加密算法

3.2.1　对称加密算法原理

对称加密算法(Synmetric Algorithm),也称为传统密码算法,其加密密钥与解密密钥相同或很容易相互推算出来,因此也称为秘密密钥算法或单钥算法。这种算法要求通信双方在进行安全通信前协商一个密钥,用该密钥对数据进行加密与解密。整个通信安全完全依赖于密钥的保密。对称加密算法的加密与解密过程可以用式子表示如下。

加密:$E_k(M)=C$

解密:$D_k(C)=M$

式中,E 表示加密运算,D 表示解密运算,M 表示明文(也有的用 P 表示),C 表示密文,K 表示密钥。

对称加密算法分为两类,一类为序列密码算法,另一类为分组密码算法。序列密码算法以明文中的单个位(有时是字节)为单位进行运算,分组密码算法则以明文的一组位(这样的一组位称为一个分组)为单位进行加密运算。相比之下,分组密码算法的适用性更强一些,适宜作为加密标准。

3.2.2　DES 算法

对称加密密码算法有很多种,如 DES、Triple DES、IDEA、RC2、RC4、RC5、RC6、GOST、FEAL、LOKI 等。下面以 DES 算法为例,讲述对称加密算法的实现过程。

DES(Data Encryption Standard)算法被称为数据加密标准,是美国 IBM 公司于 1972 年研制的对称密码体制加密算法。

DES 是一种分组密码。在加密前,先对整个明文进行分组;每组长为 64 位;然后对每组的 64 位二进制数据进行加密处理,产生一组 64 位密文数据;最后将各组密文串接起来,即得出整个密文。使用的密钥为 64 位,实际密钥长度为 56 位,其中 8 位用于奇偶校验。其加密算法如图 3.2 所示。

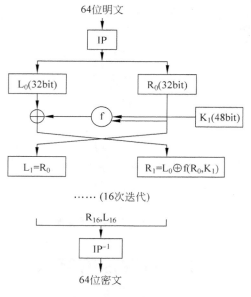

图 3.2　DES 算法流程

　　首先把明文分成若干个 64 位的分组,算法以一个分组作为输入,通过一个初始置换(IP)将明文分成左半部分(L_0)和右半部分(R_0),各为 32 位。然后进行 16 轮完全相同的运算,这些运算称为函数 f,在运算过程中,数据与密钥相结合。经过 16 轮运算后,左、右两部分合在一起,经过一个末转换(初始转换的逆置换 IP^{-1})输出一个 64 位的密文分组。

　　每一轮的运算过程为,密钥位移位,从密钥的 56 位中选出 48 位。首先,通过一个扩展置换将数据的左半部分扩展成 48 位;其次,通过一个异或操作与 48 位密钥结合;再次,通过 8 个 S 盒(Substitution Box)将这 48 位替代成新的 32 位;最后,再依照 P 盒置换一次。以上 4 步构成复杂函数 f,然后通过另一个异或运算,将复杂函数 f 的输出与左半部分结合成为新的右半部分。

　　每一轮中子密钥的生成:密钥通常表示为 64 位,但每个第 8 位用做奇偶校验,实际的密钥长度为 56 位。在 DES 的每一轮运算中,从 56 位密钥产生出不同的 48 位的子密钥(K_1,K_2,…,K_{16})。首先,56 位密钥分成两部分(以 C、D 分别表示这两部分),每部分 28 位,然后每部分分别循环左移 1 位或 2 位(从第 1 轮到第 16 轮,相应左移位数分别为 1、1、2、2、2、2、2、2、1、2、2、2、2、2、2、1),再将生成的 56 位经过一个压缩转换(Compression Permutation)舍掉其中的某 8 个位,并按一定方式改变位的位置,生成一个 48 位的子密钥 K_i。

3.2.3　DES 算法强度

　　DES 的设计是密码学历史上的一个创新。自从 DES 问世至今,对其进行的多次分析研究,从未发现其算法上的破绽。但直到 1998 年,电子边境基金会(EFF)使用一台价值 25

万美元的高速计算机,在56小时内利用穷尽搜索的方法破译出56位密钥长度的DES。这只能说明56位的密钥可能太少,DES的迭代次数可能太少。

1982年,已经有办法攻破4次迭代的DES系统了。1985年,对于6次迭代的DES系统也已破译。1990年,以色列学者发明并运用差分分析方法证明,通过已知明文攻击,任何少于16次迭代的DES算法都可以用比穷举法更有效的方法。

尽管如此,DES还是一个比较安全的算法,并且目前DES的软、硬件产品在所有的加密产品中占非常大的比重,是密码学史上影响最大、应用最广的数据加密算法。

3.2.4 3DES算法

3DES(Triple DES)是DES向AES过渡的加密算法(1999年,NIST将3DES指定为过渡的加密标准),是DES的一种更安全的变形。它以DES为基本模块,通过组合分组方法设计出分组加密算法,其具体实现如下。

设$E_k()$和$D_k()$代表DES算法的加密和解密过程,K代表DES算法使用的密钥,M代表明文,C代表密文,3DES算法表示如下。

3DES加密过程:$C=E_{k_3}(D_{k_2}(E_{k_1}(M)))$

3DES解密过程:$M=D_{k_1}(E_{k_2}(D_{k_3}(C)))$

其中,K_1、K_2、K_3决定了算法的安全性,若3个密钥互不相同,则本质上相当于用一个长为168位的密钥进行加密。多年来,它在对付强力攻击时是比较安全的。若数据对安全性要求不那么高,K_1可以等于K_3,在这种情况下,密钥的有效长度为112位。

3.3 非对称加密算法

3.3.1 非对称加密算法原理

非对称加密算法(Asymmetric Cryptographic Algorithm)又名公开密钥加密算法。非对称加密算法需要两个密钥:公开密钥(Public Key)和私有密钥(Private Key)。

公开密钥与私有密钥是成对存在的。如果用公开密钥对数据进行加密,那么只有用对应的私有密钥才能解密;如果用私有密钥对数据进行加密,那么只能用对应的公开密钥才能解密。因为加密和解密使用的是两个不同的密钥,所以这种算法叫非对称加密算法。非对称加密算法实现机密信息交换的基本过程是:接收方生成一对密钥并将其中的公开密钥向其他方公开;得到该公开密钥的发送方使用该密钥对机密信息进行加密后再发送给接收方;接收方再用自己保存的另一把私有密钥对加密后的信息进行解密,如图3.3所示。

另一方面,接收方可以使用自己的私钥对机密信息进行加密后再发送给发送方,发送方再用接收方的公钥对加密后的信息进行解密。接收方只能用其私钥解密由其公钥加密后的任何信息。非对称加密算法的保密性比较好,它消除了最终用户交换密钥的需要。由于非对称密码体制的算法复杂,强度大,使得加密和解密的速度没有对称加密和解密的速度快。对称密码体制中只有一种密钥,并且是非公开的,如果要解密,就得让对方知道密钥,所以保证其安全就是保证密钥的安全。而非对称密码体制有两种密钥,其中一个是公开的,这样就可以不需要像对称密码那样传输对方的密钥了,因此安全性就高了很多。

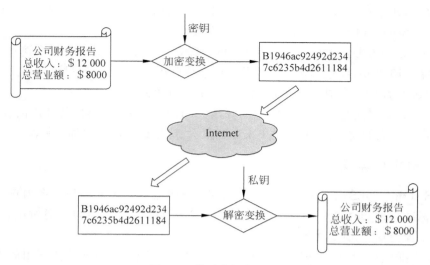

图 3.3　非对称加密过程

非对称加密算法主要典型的算法有 RSA、Elgamal、背包算法、Rabin、HD、ECC(椭圆曲线加密算法)。使用最广泛的是 RSA 加密算法。

3.3.2　RSA 加密算法

RSA 加密算法是 1977 年由 Ron Rivest、Adi Shamirh 和 Len Adleman 在美国麻省理工学院开发的。RSA 的名称来自 3 位开发者的名字。RSA 加密算法是目前最有影响力的公钥加密算法,它能够抵抗到目前为止的已知的所有密码攻击,已被 ISO 推荐为公钥数据加密标准。RSA 加密算法基于一个十分简单的数论事实:将两个大素数相乘十分容易,但对其乘积进行因式分解极其困难,因此可以将乘积公开作为加密密钥。

RSA 加密算法的思路:为了产生两个密钥,先取两个大素数 p 和 q,为了获得最大程度的安全性,两数的长度应一样,计算乘积 $n = p \times q$,然后随机选取加密密钥 e,使 e 和 $(p-1) \times (q-1)$ 互素,最后用欧几里得(Euclidean)扩展算法计算解密密钥 d,d 满足 $ed \equiv 1 \bmod [(p-1)(q-1)]$,即 $d \equiv e^{-1} \bmod [(p-1)(q-1)]$。则 e 和 n 为公开密钥,d 是私人密钥。两个大素数 p 和 q 应该立即丢弃,不让任何人知道。一般选择的公开密钥 e 比私人密钥 d 小。最常选用的 e 值有 3 个:3、17、65537。

加密消息时,首先将消息分成比 n 小的数据分组(采用二进制数,选到小于 n 的 2 的最大次幂),设 m_i 表示消息分组,c_i 表示加密后的密文,它与 m_i 具有相同的长度。

加密过程:$c^i = m_i^e \bmod n$

解密过程:$m^i = c_i^d \bmod m$

3.3.3　RSA 的安全性与速度

RSA 的安全性依赖于大数分解,但是否等同于大数分解,一直未能得到理论上的证明。因为没有证明,破解 RSA 就一定需要进行大数分解。假设存在一种无须分解大数的算法,那它肯定可以修改为大数分解算法。目前,RSA 的一些变种算法已被证明等价于大数分解。不管怎样，分解 n 是最显然的攻击方法。现在，人们已能分解多个十进制位的大素数。因此，模数 n 必须大一些，应视具体适用情况而定。

由于进行的都是大数计算，使得 RSA 最快的情况也比 DES 慢上好几倍。无论是软件还是硬件实现，速度一直是 RSA 的缺陷。一般来说，RSA 只用于少量数据加密。

3.3.4 非对称加密算法与对称加密算法的比较

对于非对称加密算法，首先，用于消息解密的密钥值与用于消息加密的密钥值不同；其次，非对称加密算法比对称加密算法慢数千倍，但在保护通信安全方面，非对称加密算法却具有对称加密算法难以企及的优势。为说明这种优势，使用对称加密算法的例子来强调：Alice 使用密钥 K 加密消息并将其发送给 Bob，Bob 收到加密的消息后，使用密钥 K 对其解密以恢复原始消息。这里存在一个问题，即 Alice 如何将用于加密消息的密钥值发送给Bob？答案是，Alice 发送密钥值给 Bob 时必须通过独立的安全通信信道（即没人能监听到该通信的信道）。这种使用独立安全信道来交换对称加密算法密钥的需求会带来更多问题：首先，有独立的安全信道，但是安全信道的带宽有限，不能直接用它发送原始消息；其次，Alice 和 Bob 不能确定他们的密钥值可以保持多久而不泄露（即不被其他人知道），以及何时交换新的密钥值。当然，这些问题不只 Alice 会遇到，Bob 和其他每个人都会遇到，他们都需要交换密钥并处理这些密钥管理问题（事实上，X9.17 是一项 DES 密钥管理 ANSI 标准［ANSIX9.17］）。如果 Alice 要给数百人发送消息，那么事情将更麻烦，她必须使用不同的密钥值来加密每条消息。例如，要给 200 个人发送通知，Alice 需要加密消息 200 次，即对每个接收方加密一次消息。显然，在这种情况下，使用对称加密算法来进行安全通信的开销相当大。非对称加密算法的主要优势就是使用两个密钥值：一个密钥值用来加密消息，另一个密钥值用来解密消息。这两个密钥值在同一个过程中生成，称为密钥对。用来加密消息的密钥称为公钥，用来解密消息的密钥称为私钥。用公钥加密的消息只能用与之对应的私钥来解密，私钥除了持有者之外无外人知道，而公钥却可通过非安全通道来发送或在目录中发布。当 Alice 需要通过电子邮件给 Bob 发送一个机密文档时，首先，Bob 使用电子邮件将自己的公钥发送给 Alice，然后，Alice 用 Bob 的公钥对文档加密并通过电子邮件将加密消息发送给 Bob。由于任何用 Bob 的公钥加密的消息只能用 Bob 的私钥解密，因此即使窥探者知道 Bob 的公钥，消息也仍是安全的。Bob 在收到加密消息后，用自己的私钥进行解密，从而恢复原始文档。

3.4　数据完整性

仅用加密方法实现消息的安全传输是不够的，攻击者虽无法破译加密消息，但如果攻击者篡改或破坏了消息，则仍会使接收者无法收到正确的消息。因此，需要有一种机制来保证接收者能够辨别收到的消息是否是发送者发送的原始数据，这种机制称为数据完整性机制。

数据完整性验证是通过下述方法来实现的。消息的发送者用要发送的消息和一定的算法生成一个附件，并将附件与消息一起发送出去。消息的接收者收到消息和附件后，用同样的算法把接收到的消息生成一个新的附件，并把新的附件与接收到的附件相比较。如果相同，则说明收到的消息是正确的，否则说明消息在传送中出现了错误。其一般过程如图 3.4

所示,Hash 是一种单向的散列函数,通过这种函数可以生成一个固定长度的值,此值即为校验值。

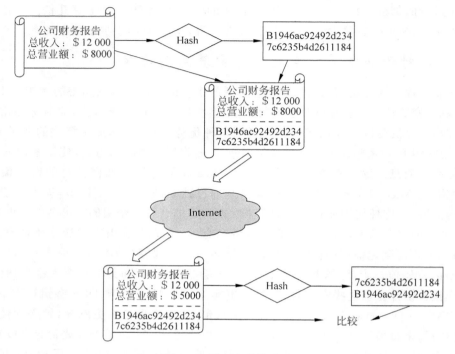

图 3.4　消息完整性验证

所有散列函数都有如下的一个基本特性:如果两个散列值是不相同的(根据同一函数得到的散列值),那么这两个散列值的原始输入也是不相同的。这个特性使散列函数具有确定性的结果。但另一方面,散列函数的输入和输出不是一一对应的,如果两个散列值相同,那么两个输入值很可能是相同的,但并不能绝对肯定二者一定相等。输入一些数据并计算出散列值,然后部分改变输入值,则一个具有强混淆特性的散列函数会产生完全不同的散列值。

MD5 和 SHA1 可以说是目前应用最广泛的 Hash 算法,而它们都是以 MD4 为基础设计的。

1. MD4

MD4(RFC 1320)是 MIT 的 Ronald L. Rivest 在 1990 年设计的,MD 是 Message Digest 的缩写。它可在 32 位字长的处理器上用高速软件实现,它是基于 32 位操作数的位操作来实现的。

2. MD5

MD5(RFC 1321)是 Rivest 于 1991 年对 MD4 进行改进的版本。它对输入仍以 512 位分组,其输出是 4 个 32 位字的级联,与 MD4 相同。MD5 比 MD4 来得复杂,并且速度要慢一点,但更安全,在抗分析和抗差分方面表现更好。

3. SHA1

SHA1 是由 NIST 和 NSA 设计的,是同 DSA 一起使用的,它对长度小于 264 的输入产生长度为 160 位的散列值,因此抗穷举性更好。SHA1 的设计基于和 MD4 相同的原理,并且模仿了该算法。

3.5　PGP 加密系统

3.5.1　PGP 简介

　　PGP(Pretty Good Privacy)是一种在信息安全传输领域的首选加密软件,其技术特性是采用了非对称的加密体系。由于美国对信息加密产品有严格的法律约束,特别是对向美国、加拿大之外的国家散播该类信息的约束,以及出售、发布该类软件约束更为严格,因此限制了 PGP 的一些发展和普及,现在该软件的主要使用对象为情报机构、政府机构、信息安全工作者(例如,较有水平的安全专家和有一定资历的黑客)。PGP 最初的设计主要用于邮件加密,如今已经发展到了可以加密整个硬盘、分区、文件、文件夹,甚至可以对 ICQ 的聊天信息实时加密。用户和对方只要安装了 PGP,就可利用其 ICQ 加密组件在聊天的同时加密或解密,和正常使用没有什么区别,从而最大程度地保证了和对方的聊天信息不被窃取或监视。现版本最大能支持 4096 位加密强度。

　　虽然 PGP 的最新版本为 10.0,但是由于版本变动不大,按常理推断,不会有什么功能上的增强,只是修正一些小 Bug。这里以 PGP 8.1 为例进行讲解,所采用的系统为Windows XP。

3.5.2　PGP 安装

　　下载 PGP 后,双击 PGP 自解压文件,运行安装文件,系统自动进入安装向导,主要步骤如下:

　　(1) 是否同意 PGP Licence。

　　(2) 选择用户类型。

　　(3) 选择安装的路径。

　　(4) 选择需要安装的组件。

　　(5) 是否需要重新启动计算机。

　　(6) 汉化安装。

　　如图 3.5 所示,选择 No,I'm a New User 单选按钮,这是告诉安装程序,需要创建并设置一个新的用户信息。单击 Next 按钮,进入到程序的安装目录对话框(安装程序会自动检测用户的系统,并生成以用户的系统名为目录名的安装文件夹),建议将 PGP 安装在安装程序默认的目录,也就是计算机的系统盘内,程序很小,不会对系统盘有什么大的影响。继续单击 Next 按钮,出现选择 PGP 组件的对话框,安装程序会检测用户系统内所安装的程序,如果存在 PGP 可以支持的程序,它将自动为用户选中该支持组件,如图 3.6 所示。

　　注意:对于图 3.6 中的组件,第一个是磁盘加密组件;第二个是 ICQ 实时加密组件;第三个是微软的 Outlook 邮件加密组件;第四个是有大量使用者的 Outlook Express,简称OE;第五个和第六个组件很少用到。

　　后面的安装过程只需一步步单击 Next 按钮,最后根据提示重启系统即可完成安装。

信息加密技术

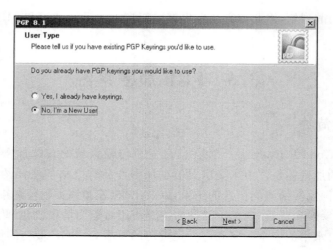

图 3.5　选择用户类型

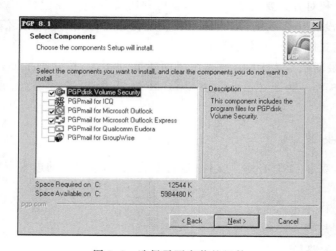

图 3.6　选择需要安装的组件

注意：务必根据提示尽快重启，否则可能会出现一些错误。

3.5.3　创建密钥对

计算机重启后，进入系统时会自动启动 PGPtray.exe，这个程序是用来控制和调用 PGP 的全部组件的。如果用户觉得没有必要每次启动时都加载它，可以按以下步骤进行取消：选择【开始】→【所有程序】→【启动】命令，在这里删除 PGPtray 的快捷方式即可。启动 PGPtray 后，会弹出 PGP 密钥生成向导，单击【下一步】按钮，弹出【分配姓名和电子信箱】对话框，在【全名】文本框中输入想要创建的用户名，在【Email 地址】文本框中输入用户所对应的电子邮件地址。虽然真实的姓名不是必需的，但是输入一个朋友或同事看得懂的名字，会使他们在加密时很快找到想要的密钥。【分配姓名和电子信箱】对话框如图 3.7 所示。

在图 3.7 所示的对话框中单击【下一步】按钮，弹出【分配密码】对话框，在【密码】和【确认】文本框中输入需要的密码。建议密码大于 8 位，并且最好包括大小写字母、空格、数字、

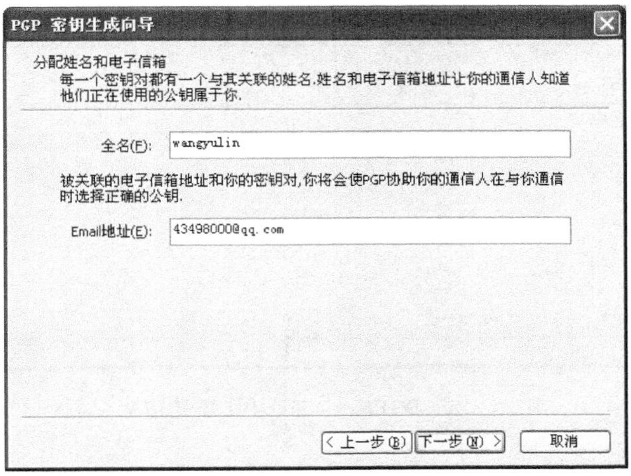

图 3.7 【分配姓名和电子信箱】对话框

标点符号等。为了方便记忆，可以用一句话作为密钥，如 I am a boy。最妙的是，PGP 支持中文作为密码，所以也可以输入"我是一个男孩"等。【隐藏键入】复选框提示是否显示输入的密码，【分配密码】对话框如图 3.8 所示。

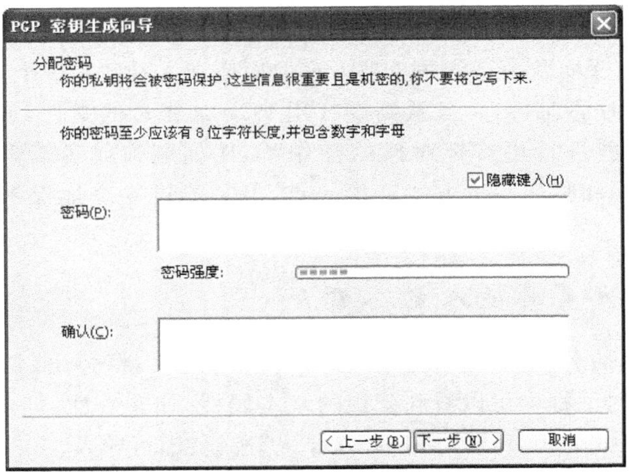

图 3.8 【分配密码】对话框

在图 3.8 所示的对话框中单击【下一步】按钮，进入【密钥生成进程】对话框，等待主密钥（Key）和次密钥（Subkey）生成。单击【下一步】按钮，进入【完成该 PGP 密钥生成】对话框，单击【完成】按钮，用户密钥就创建好了。

3.5.4　导出并分发密钥

启动 PGPkeys，在弹出的 PGPkeys 窗口中将看到密钥的一些基本信息，如有效性（PGP 系统检查是否符合要求，如符合，就显示为绿色）、信任度、大小、描述、密钥 ID、创建时间、到期时间等，如图 3.9 所示。

信息加密技术

图 3.9　PGPKeys 窗口中的密钥信息

　　注意：这里的用户其实是以一个"密钥对"的形式存在的，也就是说，其中包含了一个公钥（公有密钥，可分发给任何人，别人可以用此密钥来对要发给其他人的文件或者邮件等进行加密）和一个私钥（私人密钥，只有一人所有，不可公开分发，此密钥用来解密别人用公钥加密的文件或邮件）。

　　用私钥加密文件，再把公钥发给其他人的方法是，导出公钥，扩展名为.asc（对方选择【文件】→【导入】命令即可）。导出后，就可以将此公钥放在用户的网站上（如果有的话），或者发给信任的其他人，并告诉他们以后为发送者发邮件或者重要文件时，通过 PGP 使用此公钥加密后再发送。这样做一是能防止被人窃取而使别人看到一些个人隐私或者商业机密的东西；二是能防止病毒邮件，一旦看到没有用 PGP 加密过的文件，或者是无法用私钥解密的文件或邮件，就能进行更有针对性的操作了，比如删除或者杀毒。这种方式虽然比以前的文件发送方式和邮件阅读方式麻烦一点，但是能更安全地保护用户的隐私或公司的秘密。

3.5.5　导入并设置其他人的公钥

　　在接收到朋友发的公钥后，双击扩展名为.asc 的公钥，将弹出【选择密钥】对话框，如图 3.10 所示。在该对话框中可以看到公钥的基本属性，如有效性、创建时间，信任度等，便于了解是否应该导入此公钥。选好后，单击【导入】按钮，即可导入。

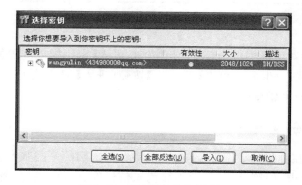

图 3.10　【选择密钥】对话框

打开 PGPkeys,在弹出的窗口中就能在密钥列表里看到刚才导入的密钥,如图 3.11 所示。

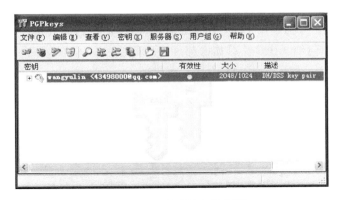

图 3.11　查看刚导入的密钥

在图 3.11 所示的窗口中右击选中的密钥,在弹出的快捷菜单中选择【密钥属性】命令, 便能查看到该密钥的全部信息,如是否是有效的密钥、是否可信任等,如图 3.12 所示。

注意:在图 3.12 所示的密钥属性对话框中,如果直接拖动【不信任的】滑块到【信任的】处,将会出现错误信息。正确的做法应该是,首先关闭此对话框,然后在图 3.11 所示的窗口中右击选中的密钥,在弹出的快捷菜单中选择【签名】命令,在弹出的【PGP 密钥签名】对话框中单击 OK 按钮,将会弹出要求为该公钥输入密码的对话框,输入设置用户时的那个密码短语,继续单击 OK 按钮,即可完成签名操作。在图 3.11 所示的窗口中查看密钥列表中公钥的属性,其【有效性】显示为绿色,表示该密钥有效。右击选中的密钥,在弹出的快捷菜单中选择【密钥属性】命令,再一次在弹出的对话框中将【不信任的】滑块拖到【信任的】处,此时将不会再出错,单击【关闭】按钮即可完成密钥属性的设置。在图 3.11 所示的窗口中,此时密钥列表里的那个公钥【信

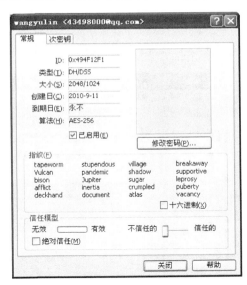

图 3.12　查看密钥属性

任度】处不再是灰色了,说明这个公钥被 PGP 加密系统正式接受,可以投入使用了。关闭 PGPkeys 窗口时,可能会出现要求备份的窗口,建议单击【现在备份】按钮并选择一个路径进行保存,比如【我的文档】(备份的作用是防止下次使用时意外删除了重要用户)。

3.5.6　使用 PGP 发送加密邮件

📥 **课业任务 3-1**

Bob 是 WYL 公司总部的技术开发人员,Alice 是 WYL 公司分部的技术开发人员。身处异地的 Bob 与 Alice 现需要共同开发一套软件,因此经常需要通过互联网使用邮件交换

数据,而这套软件里的文件涉及公司的核心机密,故需要在传输的过程当中注意保密性。

现在采用 PGP 来发送公司的核心机密,Bob 的邮箱为 43498000@qq.com,Alice 的邮箱为 11403404@qq.com,操作步骤如下:

(1) Bob 与 Alice 分别利用 PGP 生成密钥对,然后把各自的公钥导出给对方。

(2) 下面讲解如何给 Alice 发送加密邮件。Bob 接收到 Alice 导出的公钥后,导入到自己的 PGPKeys 窗口中,如图 3.13 所示。

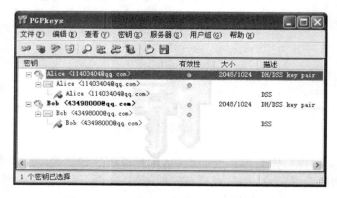

图 3.13　Bob 导入 Alice 的密钥后的窗口

(3) Bob 打开自己的邮箱,把要加密的邮件原文写好,如图 3.14 所示。

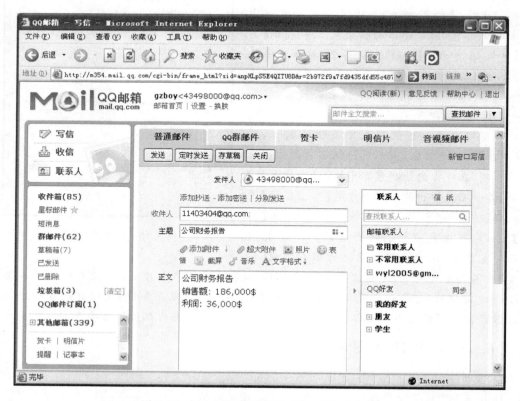

图 3.14　Bob 写好要发送给 Alice 的机密邮件

（4）Bob 采用 PGP 加密的操作步骤是，首先把邮件的 IE 窗口设置成当前窗口，然后单击 Windows 任务栏的 PGP 托盘，选择【当前窗口】→【加密】命令，在弹出的 PGPtray 密钥选择对话框中选择 Alice 的公钥，如图 3.15 所示，单击【确定】按钮，加密后的内容如图 3.16 所示，单击【发送】按钮，把邮件发送给 Alice。

图 3.15　选择加密邮件所需要的公钥

图 3.16　加密后的邮件

（5）当 Alice 收到 Bob 发给自己的邮件后，把邮件的 IE 窗口置成当前窗口，然后单击 Windows 任务栏右下角的 PGP 托盘，选择【当前窗口】→【解密 & 校验】命令，在弹出的如图 3.17 所示的对话框中，输入 Alice 创建密钥时保护私钥的密码，单击【确定】按钮，将弹出

信息加密技术

如图 3.18 所示的解密后的 PGP 文本查看器,明文即是被选中的部分。

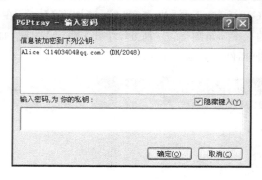

图 3.17　输入保护私钥的密码

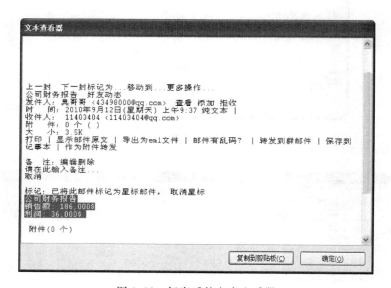

图 3.18　解密后的文本查看器

至此,一次加密邮件的发送就结束了。

3.5.7　使用 PGP 加密磁盘

➡ 课业任务 3-2

Bob 所用计算机的硬盘中有很多公司的核心文件,因怕其被泄露,因此需要把这些文件保护起来。

Bob 现在要做是采用 PGP 创建加密磁盘,把重要的文件放到 PGPdisk 中,操作步骤如下:

(1) 单击任务栏上的 PGP 托盘,选择 PGPdisk→【新建磁盘】命令,如图 3.19 所示。

(2) 在弹出的创建向导中单击【下一步】按钮,将弹出【PGPdisk 位置和大小】对话框,如图 3.20 所示,选择 PGPdisk 所保存的位置,并设置 PGPdisk 大小,本任务选择的是 1024MB。

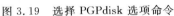

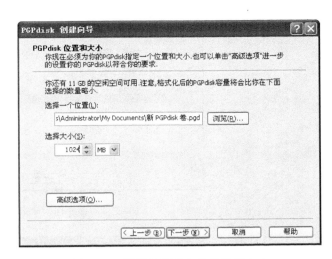

图 3.19　选择 PGPdisk 选项命令　　　　　　图 3.20　设置 PGPdisk 的位置和大小

　　(3) 在图 3.20 所示的对话框中单击【高级选项】按钮,在弹出的【选项】对话框中确定一个驱动器名,本任务选择的是 Z:,再选择一个加密算法,本任务选择的是 CAST5(128bits),最后选择一个文件系统格式,本任务选择的是 FAT32,如图 3.21 所示。

　　(4) 在图 3.20 所示的对话框中单击【下一步】按钮,弹出【选择一个保护方法】对话框,该对话框中有两种选择,一是密码,二是公钥,本任务选择的是 Bob 的公钥,如图 3.22 和图 3.23 所示。

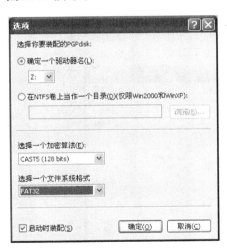

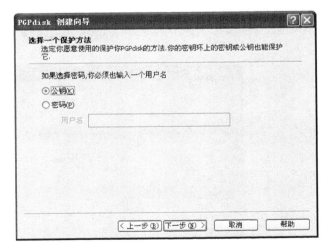

图 3.21　设置 PGPdisk 的高级选项　　　　　图 3.22　选择保护磁盘的方法

　　(5) 在图 3.23 所示的对话框中单击【下一步】按钮,弹出【PGPdisk 创建进程】对话框。用户可分两步创建 PGPdisk,第一步是加密磁盘,第二步是格式化磁盘,如图 3.24 所示。

　　(6) 磁盘创建完成后,就会在【我的电脑】窗口中多出一个 Z 盘,此盘就是 PGP 所创建的加密磁盘,如图 3.25 所示。

信息加密技术

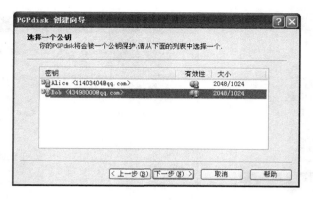

图 3.23　选择保护磁盘的公钥

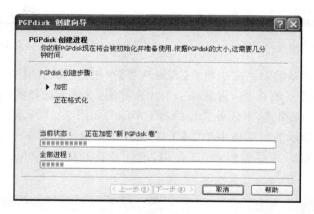

图 3.24　加密与格式化磁盘

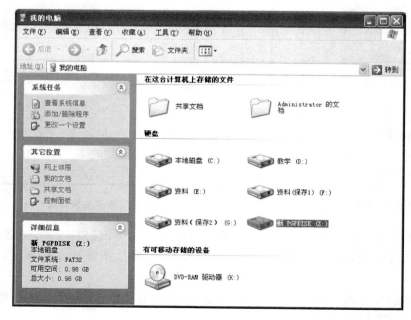

图 3.25　Z 盘为 PGP 创建的加密磁盘

（7）此磁盘与一般的磁盘使用方法一样，在不使用此磁盘时，要进行反装配，操作步骤是，先选择此磁盘，然后右击，在弹出的快捷菜单中选择 PGP→【反装配 PGPdisk】命令，此时 Z 盘就隐藏了，如图 3.26 所示。

（8）如果要使用此磁盘中的文件，要进行装配磁盘。操作步骤是，单击任务栏上的 PGP 托盘，选择 PGPdisk→【装配磁盘】命令，如图 3.19 所示，选择要装配磁盘的文件，确定后会弹出如图 3.27 所示的【输入密码】对话框，正确输入保护 PGPdisk 的密码后，就可以正常使用此磁盘中的文件了。

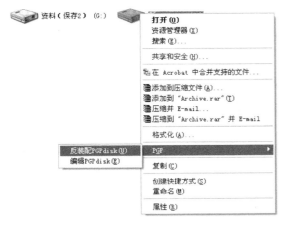

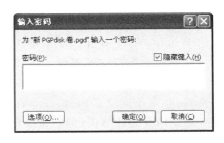

图 3.26　选择【反装配 PGPdisk】命令　　　　　　图 3.27　【输入密码】对话框

3.6　基于密钥的 SSH 安全认证

3.6.1　SSH 概述

SSH 为 Secure Shell 的缩写，由 IETF 的网络工作小组（Network Working Group）所制定。SSH 为建立在应用层上的安全协议。SSH 是目前较可靠的专为远程登录会话和其他网络服务提供安全性的协议。利用 SSH 协议可以有效防止远程管理过程中的信息泄露问题。

传统的网络服务程序，如 FTP、POP3 和 Telnet，在本质上都是不安全的，因为它们在网络上用明文传送口令和数据，别有用心的人可以非常容易地截获这些口令和数据。而且，这些服务程序的安全验证方式也是有其弱点的，就是很容易受到"中间人"（Man In The Middle）这种方式的攻击。通过使用 SSH，用户可以把所有传输的数据进行加密，这样"中间人"这种攻击方式就不可能实现了。而且，使用 SSH 也能够防止 DNS 和 IP 欺骗。另外，还有一个额外的好处就是传输的数据是经过压缩的，所以可以加快传输的速度。SSH 有很多功能，它既可以代替 Telnet，又可以为 FTP、POP3 甚至 PPP 提供一个安全的"通道"。

从客户端来看，SSH 提供两种级别的安全验证。

第一种级别是基于口令的安全验证，只要用户知道自己账号和口令，就可以登录到远程主机。所有传输的数据都会被加密，但是不能保证正在连接的服务器就是用户想连接的服务器，可能会有别的服务器在冒充真正的服务器，也就是受到"中间人"这种方式的攻击。

第二种级别是基于密钥的安全验证，需要依靠密钥，也就是用户必须为自己创建一对密

信息加密技术

钥,并把公用密钥放在需要访问的服务器上。如果要连接到 SSH 服务器上,客户端软件就会向服务器发出请求,请求用用户的密钥进行安全验证。服务器收到请求之后,会先在该服务器上的主目录下寻找用户的公钥,然后把它和用户发送过来的公钥进行比较。如果两个密钥一致,服务器就用公钥加密“质询”(Challenge)并把它发送给客户端软件。客户端软件收到“质询”之后就可以用用户的私钥解密把它发送给服务器。用这种方式时,用户必须知道自己密钥的口令。与第一种级别相比,第二种级别不需要在网络上传送密码。

第二种级别不仅可以加密所有传送的数据,而且“中间人”这种攻击方式也是不可能成功的(因为攻击者没有私人密匙)。

3.6.2　基于密钥的 SSH 安全认证(Windows 环境)

↘ 课业任务 3-3

Bob 是 WYL 公司的 Web 开发人员,他的计算机客户端安装的是 Windows XP 操作系统,公司服务器放置在公司的网络中心,安装的都是 RHEL6 操作系统,Bob 需要在公司的任何 Windows XP 操作系统上都能安全地远程管理这些服务器。

在前面的章节中了解到,远程管理 Telnet 是一种不安全的协议,它所有的数据包都是以明文的形式在网络上进行传输的,只要有人使用嗅探软件,就可以侦听到服务器的用户名与密码,非常不安全。因此,Bob 在本任务中采用 SSH 认证的方法来实现安全地远程管理服务器。Bob 的计算机(即下文操作步骤中提到的客户机)需要下载 PuTTY 与 PuTTYgen这两个软件,首先使用 PuTTYgen 产生一对密钥,把公钥上传至装有 RHEL6 的服务器,私钥保存在自己的计算机中,然后,Bob 就可以使用 PuTTY 这个软件安全地远程管理RHEL6 服务器,具体操作步骤如下:

(1)设置好服务器与客户机的 IP 地址,保证它们的连通性,假设服务器的 IP 地址为192.168.255.2/24,客户机的 IP 地址为 192.168.255.1/24。

(2)在客户机上使用 PuTTYgen 软件产生密钥对。PuTTYgen 是一款可以产生密钥的工具,可以生成 RSA 及 DSA 类型的密钥,如图 3.28 所示。在产生密钥的过程中,为了产

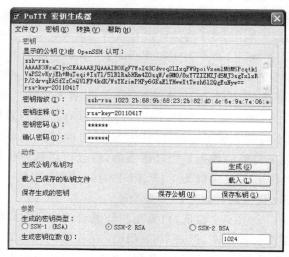

图 3.28　使用 PuTTYgen 生成密钥对

生一些随机的数据,应在程序的窗口随机移动鼠标指针(否则进度条不会改变)。密钥生成后,出于安全性考虑,程序会提示输入保护私钥的密码。

(3)保存密钥。分别单击【保存公钥】按钮和【保存私钥】按钮,公钥文件名为 public,私钥文件名为 secret.ppk。

(4)在客户机上传输公钥文件 public 到 RHEL6 服务器。因为公钥文件是可以公开的,传输时不必考虑安全问题,可以使用 FTP、电子邮件、U 盘复制的方法。

(5)转换公钥文件格式。因为 PuTTYgen 产生的公钥文件格式与 OpenSSH 程序所使用的格式不一样,因此应输入"ssh.keygen-i-f public > authorized_keys"命令进行转换,转换后的文件名为 authorized_keys,并将此文件复制到/root/.ssh/目录中。

(6)在客户机上使用 PuTTY 远程登录到服务器上,在使用 PuTTY 进行远程登录时,必须选择私钥 secret.ppk,如图 3.29 所示。

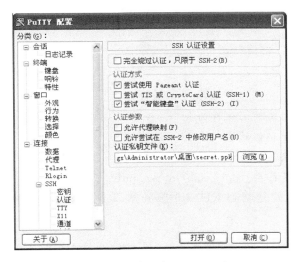

图 3.29　选择私钥 secret.ppk

(7)远程登录成功后,界面如图 3.30 所示,在输入"root"之后,并不是要求输入 root 的密码,而是询问私钥的密码。至此,Bob 就不必担心用户名、密码以及所输入的命令被窃听,可以安全地管理 RHEL6 服务器了。

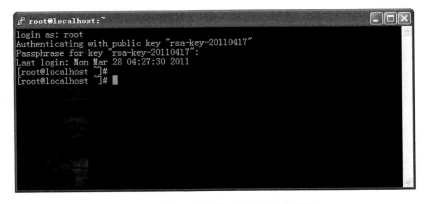

图 3.30　使用密钥管理 RHEL6 的界面

第 3 章

信息加密技术

3.6.3 基于密钥的 SSH 安全认证(Linux 环境)

↘ 课业任务 3-4

Bob 是 WYL 公司的 Web 开发人员,他的计算机客户端安装的是 RHEL6 操作系统,公司服务器放置在公司的网络中心,安装的也是 RHEL6 操作系统,Bob 想要在他的 RHEL6 操作系统上安全地远程管理这些服务器,操作步骤如下:

(1) 在 Bob 计算机的 RHEL6 操作系统中产生密钥对。

```
①[root@localhost ~]# ssh-keygen-t rsa
Generating public/private rsa key pair.
②Enter file in which to save the key (/root/.ssh/id_rsa):
③Enter passphrase (empty for no passphrase):
④Enter same passphrase again:
⑤Your identification has been saved in /root/.ssh/id_rsa.
⑥Your public key has been saved in /root/.ssh/id_rsa.pub.
The key fingerprint is:
23:7c:02:8b:09:b5:35:25:a2:db:7c:d1:31:15:cc:14 root@localhost.localdomain
```

注意:

① 为输入"ssh-keygen-t rsa"命令产生公钥对。

② 询问是否将私钥文件名保存为 id_rsa。

③和④ 为输入保护私钥的密码。

⑤ 为将私钥文件保存至/root/.ssh/id_rsa。

⑥ 为将公钥文件保存至/root/.ssh/id_rsa.pub。

(2) Bob 将公钥文件复制到 RHEL6 服务器,RHEL6 服务器的 IP 地址为 192.168.255.3/24。

```
[root@localhost .ssh]# ssh-copy-id -i id_rsa.pub root@192.168.255.3
```

(3) 步骤(2)将 Bob 的公钥文件复制到了 RHEL6 服务器的/root/.ssh/目录下,将公钥文件更名为 authorized_keys,Bob 就可以在客户机上远程管理 RHEL6 服务器了,操作如下。

```
①[root@localhost ~]# ssh -i /root/.ssh/id_rsa root@192.168.255.3
②Enter passphrase for key '/root/.ssh/id_rsa':
Last login: Mon Mar 28 04:20:22 2011
[root@WebServer ~]#
```

注意:

① 为使用私钥去管理 RHEL6 服务器的命令。

② 为输入保护私钥的密码。

通过以上操作后,Bob 就可以在 Linux 客户端下安全地去管理 RHEL6 服务器了。

练 习 题

1. 选择题

(1) 就目前计算机设备的计算能力而言,数据加密标准 DES 不能抵抗对密钥的穷举搜索攻击,其原因是(　　)。

    A. DES 算法是公开的

    B. DES 的密钥较短

    C. DES 除了其中的 S 盒是非线性变换外,其余变换均为线性变换

    D. DES 算法简单

(2) 数字签名可以做到(　　)。

    A. 防止窃听

    B. 防止接收方的抵赖和发送方伪造

    C. 防止发送方的抵赖和接收方伪造

    D. 防止窃听者攻击

(3) 下列关于 PGP(Pretty Good Privacy)的说法不正确的是(　　)。

    A. PGP 可用于电子邮件,也可以用于文件存储

    B. PGP 可选用 MD5 和 SHA 两种 Hash 算法

    C. PGP 采用了 ZIP 数据压缩算法

    D. PGP 不可使用 IDEA 加密算法

(4) 为了保障数据的存储和传输安全,需要对一些重要数据进行加密。由于对称加密算法(　①　),所以特别适合对大量的数据进行加密。DES 实际的密钥长度是(　②　)位。

    ① A. 比非对称加密算法更安全

    B. 比非对称加密算法密钥长度更长

    C. 比非对称加密算法效率更高

    D. 还能同时用于身份认证

    ② A. 56   B. 64   C. 128   D. 256

(5) 使用 Telnet 协议进行远程管理时,(　　)。

    A. 包括用户名和口令在内,所有传输的数据都不会被自动加密

    B. 包括用户名和口令在内,所有传输的数据都会被自动加密

    C. 用户名和口令是加密传输的,其他数据则是以明文方式传输的

    D. 用户名和口令是不加密传输的,其他数据则是以加密传输的

(6) 以下不属于对称加密算法的是(　　)。

    A. IDEA   B. RC   C. DES   D. RSA

(7) 以下算法中属于非对称算法的是(　　)。

    A. Hash 算法   B. RSA 算法

    C. IDEA   D. 三重 DES

(8) 以下不属于公钥管理的方法是(　　)。

    A. 公开发布   B. 公用目录表

    C. 公钥管理机构   D. 数据加密

(9) 以下不属于非对称加密算法特点的是(　　)。

    A. 计算量大   B. 处理速度慢

    C. 使用两个密码   D. 适合加密长数据

2. 填空题

(1) _____的重要性在于赋予消息 M 唯一的"指纹",其主要作用是验证消息 M 的完整性。

(2) 非对称加密算法有两把密钥,一把称为私钥,另一把称为_____。

(3) IDEA 是目前公开的非常好的和非常安全的分组密码算法之一,它采用_____位密钥对数据进行加密。

(4) RSA 算法的安全是基于_____分解的难度。

(5) _____技术是指一种将内部网络与外部网络隔离的技术,以防止外部用户对内部用户进行攻击。

(6) MD5 把可变长度的消息哈希成_____位固定长度的消息。

(7) 在 DES 算法的加密过程中,输入的明文长度是_____位,整个加密过程需经过_____轮的子变换。

(8) 在密码学中通常将源消息称为_____,将加密后的消息称为_____。这个变换处理过程称为_____过程,它的逆过程称为_____过程。

3. 简答题

(1) 对称加密算法与非对称加密算法有哪些优缺点?

(2) 如何验证数据完整性?

(3) 散列算法有何特点?

(4) 简要说明 DES 加密算法的关键步骤。

(5) 什么情况下需要数字签名?简述数字签名的算法。

(6) 什么是身份认证?用哪些方法可以实现?

(7) DES 算法的基本原理和主要步骤是什么?

(8) RSA 算法的基本原理和主要步骤是什么?

4. 综合应用题

WYL 公司的业务员甲与客户乙通过 Internet 交换商业电子邮件。为保障邮件内容的安全,采用安全电子邮件技术对邮件内容进行加密和数字签名。安全电子邮件技术的实现原理如图 3.31 所示。根据要求,回答问题 1 至问题 4,并把答案填入下表对应的位置。

(1)	(2)	(3)	(4)	(5)	(6)	(7)	(8)	(9)	(10)

【问题 1】

为图 3.31 中的(1)~(4)处选择合适的答案。

(1)~(4)的备选答案如下:

A. DES 算法   B. MD5 算法   C. 会话密钥   D. 数字证书

E. 甲的共钥   F. 甲的私钥   G. 乙的共钥   H. 乙的私钥

【问题 2】

以下关于报文摘要的说法正确的有___(5)___、___(6)___。

(5)和(6)的备选答案如下:

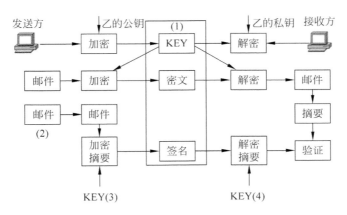

图 3.31 安全电子邮件技术的实现原理

A. 不同的邮件很可能生成相同的摘要　　B. 由邮件计算出其摘要的时间非常短
C. 由邮件计算出其摘要的时间非常长　　D. 摘要的长度比输入邮件的长度长
E. 不同邮件计算出的摘要长度相同　　　F. 仅根据摘要很容易还原出原邮件

【问题 3】

甲使用 Outlook Express 撰写发送给乙的邮件,他应该使用 ___(7)___ 的数字证书来添加数字签名,使用 ___(8)___ 的数字证书来对邮件加密。

(7)和(8)的备选答案如下:

A. 甲　　　　　　B. 乙　　　　　　C. 第三方　　　　D. CA 认证中心

【问题 4】

乙收到了地址为甲的含数字签名的邮件,他可以通过验证数字签名来确认的信息有 ___(9)___ 、 ___(10)___ 。

(9)和(10)的备选答案如下:

A. 邮件在传送过程中是否加密　　　B. 邮件中是否含病毒
C. 邮件是否被篡改　　　　　　　　D. 邮件的发送者是否是甲

第4章　防火墙技术

防火墙是一种综合性技术,用于加强网络间的访问控制,防止外部用户非法使用内部资源,保护企业内部网络的设备不被破坏,防止企业内部网络的敏感数据被窃取。防火墙在物理上表现为一个或一组带特殊功能的网络设备,它在内部网和外部网之间的边界上构造一个保护层,强制所有的访问和连接都必须经过这一层,并在此进行检查和连接,只有被授权的通信才能通过这一层。在各种网络安全产品中,成熟最早、用得最多的应属防火墙产品。本章主要讲解包过滤防火墙、应用网关型防火墙与状态检测防火墙的工作原理,并通过6个实际课业任务,学习这3类防火墙的应用与配置。

▶ **学习目标:**

- 熟悉防火墙技术的基本概念,包括信任区、非信任区、DMZ 区、SNAT、DNAT、ACL 等。
- 掌握 SNAT 的工作原理,以及使用防火墙让内部网络用户访问互联网的配置。
- 掌握 DNAT 的工作原理,以及使用防火墙发布内部网络的服务器的配置。
- 掌握应用网关型防火墙的工作原理,以及使用 Squid 实现基本的代理与用户认证的方法。
- 掌握状态检测防火墙的工作原理,以及 UTM 防火墙的配置与应用。

▶ **课业任务:**

本章通过6个实际课业任务,由浅入深、循序渐进地介绍包过滤防火墙、应用网关型防火墙与状态检测防火墙的相关原理,以及防火墙技术在现实中的应用。

➥ **课业任务 4-1**

WYL 公司使用 RHEL6 操作系统作为公司的 Web 服务器,为了保护 Web 服务器的安全,使用包过滤防火墙 Netfilter/Iptables 对其进行保护,并达到以下要求:

(1) 把防火墙的策略设置成没有被允许,就全部被拒绝。

(2) 用户只能访问 Web 服务器。

(3) 只允许管理员对其进行远程管理。

能力观测点

包过滤防火墙原理;使用 iptables 进行基本的包过滤设置。

➥ **课业任务 4-2**

WYL 公司在设计公司局域网时,规划了一台 Netfilter/Iptables 防火墙,防火墙的 eth1 接口连接内部网络,eth0 接口连接外部网络,现在的需求是,使用防火墙使内网所有用户都共享一个出口 IP 地址访问互联网。

能力观测点

SNAT 原理；使用 Iptables 让内网所有用户上网。

💠 **课业任务 4-3**

WYL 公司在设计公司内部 Web 服务器时，规划了一台 Netfilter/Iptables 防火墙，防火墙的 eth1 接口连接内部网络，eth0 接口连接外部网络，现在的需求是，使用防火墙使内网的 Web 服务器通过防火墙发布至互联网。

能力观测点

DNAT 原理；使用 Iptables 发布内网中的服务器。

💠 **课业任务 4-4**

WYL 公司通过应用网关型防火墙来提高企业内部用户访问互联网的速度和保护企业内部用户的安全。WYL 公司的网络拓扑如图 4.7 所示，企业内部用户的客户端均使用 Windows XP 操作系统，其中设计部位于 192.168.0.0/24 网段，财务部位于 192.168.1.0/24 网段，市场部位于 192.168.2.0/24 网段，企业代理服务器安装的是 RHEL6 操作系统，现要求在代理服务器上进行相关配置，以达到以下要求：

(1) 财务部不允许访问互联网。

(2) 市场部可以在工作时间(周一至周五的 9：00—18：00)内访问互联网，但只能下载与工作有关的文件(TXT、DOC、XLS、PPT、PDF)。

(3) 其他用户没有上网限制。

能力观测点

应用代理型防火墙原理；Squid 的基本配置。

💠 **课业任务 4-5**

在课业任务 4-4 中配置的代理服务器实现了让内网用户访问互联网、屏蔽内部网络、提高内网的安全性与访问速度等功能。为了实现更高的安全性，可以在代理服务器上启用用户认证功能，这样只有合法的用户才可以通过验证访问互联网，非法的用户则通过不了认证，也就无法访问互联网。

能力观测点

用户认证原理；用户认证的配置。

💠 **课业任务 4-6**

图 4.14 所示是 WYL 公司构建的拓扑，防火墙选择 Fortinet 公司的 UTM 产品 FortiGate 3600，其中防火墙的 internal 接口连接的是内部网络，port1 接口连接的是外部网络，external 接口连接的是 DMZ 区域。现在要求内部用户能通过防火墙的 NAT 功能访问互联网资源，并将内部网络中的 Web Server 通过防火墙发布出去。

能力观测点

状态检测防火墙原理；UTM 防火墙的配置与应用。

4.1　防火墙技术概述

4.1.1　防火墙的定义

在古代，房子多是木制的，为了防止一个房屋着火而蔓延到其他房屋，在房屋与房屋之间用石头堆砌一堵墙,称为防火墙,如图 4.1 所示。

网络里的防火墙不是指为了防火而设置的墙,而是指隔离在本地网络与外界网络之间的一道防御系统,如图 4.2 所示。防火墙是指设置在信任程度不同的网络(如公共网和企业内部网)或网络安全域之间的一系列的软件或硬件设备的组合。

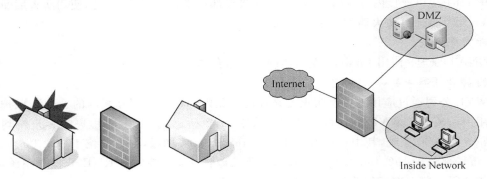

图 4.1 古代用于防火的墙   图 4.2 网络里的防火墙

防火墙是设置在被保护网络和外部网络之间的一道屏障,以防止发生不可预测的、潜在破坏性的侵入。它是不同网络或网络安全域之间信息的唯一出入口,能根据企业的安全策略控制(允许、拒绝、监测)出入网络的信息流,且本身具有较强的抗攻击能力。它是提供信息安全服务、实现网络和信息安全的基础设施。在逻辑上,防火墙是一个分离器,一个限制器,也是一个分析器,它有效地监控了内部网络和互联网之间的任何活动,保证了内部网络的安全。

4.1.2 防火墙的发展

防火墙技术经历了包过滤防火墙、应用网关型防火墙、状态检测防火墙 3 个阶段。

1. 包过滤防火墙

包过滤防火墙工作在网络层,对数据包的源及目地 IP 具有识别和控制作用,但对于传输层,只能识别数据包是 TCP 还是 UDP 及所用的端口信息。现在的路由器、三层交换机及某些操作系统已经具有了使用包过滤控制的能力。本章主要以 Netfilter/Iptables 为例,讲解包过滤防火墙。

由于只对数据包的 IP 地址、TCP/UDP 协议和端口进行分析,因此包过滤防火墙的处理速度较快,并且易于配置。

包过滤防火墙具有的根本缺陷如下:

(1) 不能防范黑客攻击。包过滤防火墙的工作基于一个前提,就是网管知道哪些 IP 是可信网络,哪些 IP 是不可信网络。但是随着远程办公等新应用的出现,网管不可能区分出可信网络与不可信网络。对于黑客来说,只需将源 IP 包改成合法 IP,即可轻松通过包过滤防火墙进入内网,而任何一个初级水平的黑客都能进行 IP 地址欺骗。

(2) 不支持应用层协议。假如内网用户提出这样一个需求,只允许内网员工下载外网网页中的 Office 文档,不允许下载 EXE 格式的文件。此时,包过滤防火墙便无能为力了,因为它不认识数据包中的应用层协议,访问控制粒度太粗糙。

（3）不能处理新的安全威胁。它不能跟踪 TCP 状态，所以对 TCP 层的控制有漏洞。当它配置了仅允许从内到外的 TCP 访问时，一些以 TCP 应答包的形式从外部对内网进行的攻击仍可以穿透防火墙。

综上可见，包过滤防火墙技术面太过初级，就好比一位保安只能根据访客来自哪个省市来判断是否允许他进入一样，难以履行保护内网安全的职责。

2. 应用网关型防火墙

应用网关型防火墙彻底隔断内网与外网的直接通信，内网用户对外网的访问变成防火墙对外网的访问，然后由防火墙转发给内网用户。所有通信都必须经应用层代理软件转发，访问者在任何时候都不能与服务器建立直接的 TCP 连接，应用层的协议会话过程必须符合代理的安全策略要求。

应用网关型防火墙的优点是可以检查应用层、传输层和网络层的协议特征，对数据包的检测能力比较强。

缺点也非常突出，主要如下：

（1）难于配置。由于每个应用都要求单独的代理进程，这就要求网管能了解每项应用协议的弱点，并能合理地配置安全策略。由于配置烦琐，难于理解，容易出现配置失误，最终影响内网的安全防范能力。

（2）处理速度非常慢。断掉所有的连接，由防火墙重新建立连接，理论上可以使应用网关型防火墙具有极高的安全性，但是实际应用中并不可行。因为对于内网的每个 Web 访问请求，应用代理都需要开一个单独的代理进程，它要保护内网的 Web 服务器、数据库服务器、文件服务器、邮件服务器、业务程序等，从而需要建立一个个的服务代理，以处理客户端的访问请求。这样，应用代理的处理延迟会很大，内网用户的正常 Web 访问不能及时得到响应。

总之，应用网关型防火墙不能支持大规模的并发连接，在对速度敏感的行业使用这类防火墙简直是灾难。另外，防火墙核心要求预先内置一些已知应用程序的代理，使得一些新出现的应用在代理防火墙内被阻断，不能很好地支持新应用。

在 IT 领域中，新应用、新技术、新协议层出不穷，代理防火墙很难适应这种局面。因此，在一些重要的领域和行业的核心业务应用中，代理防火墙正逐渐被疏远。

但是，自适应代理技术的出现让应用防火墙技术出现了新的转机，它结合了代理防火墙的安全性和包过滤防火墙的高速度等优点，在不破坏安全性的基础上将代理防火墙的性能提高了。

3. 状态检测防火墙

Internet 上传输的数据都必须遵循 TCP/IP 协议。根据 TCP 协议，每个可靠连接的建立需要经过"客户端同步请求"、"服务器应答"、"客户端再应答"3 个阶段。人们最常用到的 Web 浏览、文件下载、收发邮件等都要经过这 3 个阶段。这反映出数据包并不是独立的，而是前后之间有着密切的状态联系。基于这种状态变化，引出了状态检测技术。

状态检测防火墙摒弃了包过滤防火墙仅考查数据包的 IP 地址等参数，而不关心数据包连接状态变化的缺点，在防火墙的核心部分建立状态连接表，并将进出网络的数据当成一个个的会话，利用状态表跟踪每一个会话状态。状态检测不仅根据规则表，而且考虑了数据包是否符合会话所处的状态，因此提供了完整的对传输层的控制能力。

应用网关型防火墙的一个挑战就是处理的流量，状态检测技术在大为提高安全防范能力的同时也改进了流量处理速度。状态检测技术采用了一系列优化技术,使防火墙性能大幅度提升,从而能应用在各类网络环境中,尤其是在一些规则复杂的大型网络上。

任何一款高性能的防火墙,都会采用状态检测技术。

从 2000 年开始,国内外的著名防火墙公司,如 Jniper 公司、Cisco 公司、北京天融信公司等,都开始采用这一最新的体系架构。在此基础上,天融信 NGFW4000 创新推出了核检测技术,在操作系统内核模拟出典型的应用层协议,在内核实现对应用层协议的过滤,在实现安全目标的同时可以得到极高的性能。支持的协议有 HTTP、FTP、SMTP、POP3、MMS、H. 232 等。

4.1.3　防火墙的功能

防火墙技术是网络安全策略的重要组成部分,它通过控制、检测网络之间的信息交换和访问行为来实现对网络的安全管理。从总体上看,防火墙应具有以下五大基本功能:

(1) 过滤进出网络的数据包。

(2) 管理进出网络的访问行为。

(3) 封堵某些禁止的访问行为。

(4) 记录通过防火墙的信息内容和活动。

(5) 对网络攻击进行检测和告警。

4.1.4　防火墙的局限性

防火墙不是解决所有网络安全问题的万能药,只是网络安全政策和策略中的一个组成部分。防火墙有以下三个方面的局限:

(1) 防火墙不能防范绕过防火墙的攻击。

(2) 防火墙不能防范来自内部人员的恶意攻击。

(3) 防火墙不能阻止被病毒感染的程序或文件的传递。

4.2　包过滤防火墙 Netfilter/Iptables

4.2.1　Netfilter/Iptables 工作原理

在 Linux 环境中,Netfilter/Iptables 应用程序被认为是 Linux 中实现包过滤功能的第四代应用程序。Netfilter/Iptables 包含在 2.4 版以后的内核中,可以实现防火墙、NAT(网络地址转换)和数据包的分割等功能。

Netfilter 工作在内核内部,Iptables 则是让用户定义规则集的表结构。Netfilter 由 3 个表组成,分别为 Filter、NAT、Mangle。这也是 Netfilter 目前所提供的三大功能,Filter 表是 Netfilter 的最重要的表,其功能是进行数据包过滤,也就是所谓的防火墙功能;NAT 表是进行网络地址转换的,让内部用户上网与发布内部服务器需要用这个表;Mangle 表的功能是修改经过防火墙的数据包内容。每个表都由不同的链组成。Filter 表由 INPUT、FORWARD 与 OUTPUT 这 3 个链组成,每一个链都有不同的作用。INPUT 链是指网络上其他主机送给本机进程的数据包;FORWARD 是指经过防火墙的流量;OUTPUT 是指本机进程送往网络内其他主机的流量。规则就写到链里面,每一个链都由若干规则与最后一条默认策略组成,那么,规划又是如何来匹配这些数据包的呢? 下面以 INPUT 链为例,讲解数据包是如何被匹配的。在防火墙上添加新的规则时,这些规则是依"先后顺序"一条一条地被加入到 INPUT 链里的,因此,第一个被加进来的规则就会存放在 INPUT 链内的第一条规则中,即 rule 1,最后被加进来的规则,当然就是 INPUT 链中的最后一条规则。当第一个数据包进入 INPUT 链后,Filter 表就会以这个数据包的特征依照 INPUT 链中的规则从第一条逐一地向下匹配。假如数据包被第一条规则匹配到,那么该数据包的行为就由第一条规则来决定,如果第一条规则设置的是丢弃该数据包,那么此数据包就会被丢弃,不管下面的规则有多重要。相反,如果第一条规则接受该数据包,那么该数据包将会被送往本机进程,当然就不管下面的规则了,这就是所谓的优先匹配。如果数据包在 INPUT 链中从第一条规则对比到最后一条规则都没有匹配成功,最后匹配的就是默认策略,默认策略永远都是在最后面匹配的,而且只有一种状态,要么是 ACCEPT,要么是 DROP。如果是 ACCEPT,那么数据包将会被送往本机进程;如果是 DROP,那么数据包将会被丢弃,默认策略的默认状态是 ACCEPT。

数据在 Iptables 中的流动如图 4.3 所示,分为以下 3 种情况。

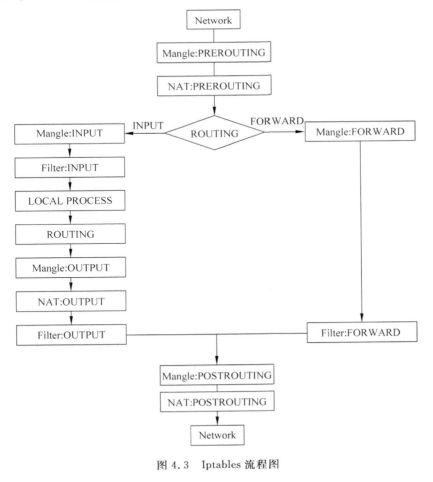

图 4.3　Iptables 流程图

防火墙技术

1. 以本地机器为目标的数据包在 Iptables 内的流动和被处理的步骤

(1) 进入本地接口。

(2) 进入 Mangle 表的 PREROUTING 链。

(3) 进入 NAT 表的 PREROUTING 链。

(4) 查找路由表,识别此数据包是送给本机进程的。

(5) 进入 Manlge 表的 INPUT 表。

(6) 进入 Filter 表的 INPUT 链。

(7) 送往本机进程。

2. 以目标地址为另一个网络的数据包在 Iptables 内的流动和被处理的步骤

(1) 进入本地接口。

(2) 进入 Mangle 表的 PREROUTING 链。

(3) 进入 NAT 表的 PREROUTING 链。

(4) 查找路由表,识别此数据包是发往其他网段的。

(5) 进入 Mangle 表的 FORWARD 链。

(6) 进入 Filter 表的 FORWARD 链。

(7) 进入 Mangle 表的 POSTROUTING 链。

(8) 进入 NAT 表的 POSTROUTING 链。

(9) 离开接口,送往另一网络。

3. 本机进程产生的数据包发送给另一台 PC 的流动和被处理的步骤

(1) 本机进程产生数据包。

(2) 查找路由表,识别此数据包通过哪个网卡送往另一台 PC。

(3) 进入 Mangle 表的 OUTPUT 链。

(4) 进入 NAT 表的 OUTPUT 链。

(5) 进入 Filter 表的 OUTPUT 表。

(6) 进入 Mangle 表的 POSTROUTING 链。

(7) 进入 NAT 表的 POSTROUTING 链。

(8) 离开接口,送往另一台 PC。

4.2.2　Iptables 语法

要很好地运用 Iptables,必须把 Iptables 的规则写好,书写规则的基本语法结构如下:

iptables [-t 表名] 选项 [链名] [条件] [-j 控制类型]

1. 表名

Iptables 中共有三类表,分别是 Mangle、NAT 和 Filter。每个表都包含相应的链,也包含用户定义的链。每个链都是一个规则列表,可对对应的包进行匹配,即每条规则都指定了如何处理与之相匹配的包。如果未指定,则 Filter 表作为默认表。

(1) Mangle 表。如果数据包及其数据包头部进行了任何更改,比如 TTL、TOS 或 MARK,则使用该表。注意,Mangle 表不能进行任何 NAT(网络地址转换),即不能改变数据包中的源 IP 地址与目标 IP 地址,而修改 IP 地址则是在 nat 表中操作的。

（2）Filter 表。Filter 表是专门过滤包的，内建 3 个链，可以毫无问题地对包进行 DROP、LOG、ACCEPT 和 REJECT 等操作。FORWARD 链过滤所有不是本地产生的并且目的地不是本地（所谓本地就是防火墙）的包，而 INPUT 恰恰针对那些目的地是本地的包。OUTPUT 是用来过滤所有本地生成的包的。如果无特别指定，此表为默认表。

（3）NAT 表。NAT 表的主要作用是网络地址转换，即 Network Address Translation，缩写为 NAT。进行过网络地址转换操作的数据包的地址就改变了，当然这种改变是根据规则进行的。属于一个流的包只会经过这个表一次。如果第一个包被允许做网络地址转换，那么余下的包都会自动地被做相同的操作。也就是说，余下的包不会再通过这个表一个一个地进行网络地址转换，而是自动地完成。PREROUTING 链的作用是在包刚刚到达防火墙时改变它的目的地址，在 4.2.5 小节有详细的讲解。OUTPUT 链可改变本地产生的包的目的地址。POSTROUTING 链在包就要离开防火墙之前改变其源地址，在 4.2.4 小节有详细的讲解。

2. 链名

Iptables 把 IP 过滤规则写到链中，IP 报文遍历规则链接受处理，还可以送到另外的链接受处理，或最后由默认策略（ACCEPT、DROP、REJECT）处理。因此，可以把链理解为 IP 过滤规则的集合。

下面介绍 Iptables 各个链中的操作。

如前所述，链是 IP 过滤规则的集合。需要对链进行操作时，例如增加一条规则或删除一条规则，都需要用命令（command）完成。命令（command）指定 Iptables 对所提交规则的操作。这些操作可能是在某个表中增加或删除一些东西，还可能是其他操作，具体的操作如下。

（1）-A：在所选择的链末添加规则。当源地址或目的地址是以名称而不是以 IP 地址的形式出现时，若这些名称可以被解析为多个地址，则这条规则会和所有可用的地址结合。

（2）-D：从所选链中删除规则。有两种方法指定要删除的规则：一是把规则完完整整地写出来，再就是指定规则在所选链中的序号（每条链的规则都从 1 开始编号）。

（3）-R：在所选中的链中指定的行上（每条链的规则都从 1 开始编号）替换规则。它主要的作用是试验不同的规则。当源地址或目的地址是以名称而不是以 IP 地址的形式出现时，若这些名称可以被解析为多个地址，则这条命令会失败。

（4）-I：根据给出的规则序号向所选链中插入规则。如果序号为 1，则规则会被插入链的头部。其实，默认序号就是 1。

（5）-L：显示所选链的所有规则。如果没有指定链，则显示指定表中的所有链。如果什么都没有指定，就显示默认表的所有链。精确输出受其他参数影响，如-n 和-v 等参数。

（6）-F：清空所选的链。如果没有指定链，则清空指定表中的所有链。如果什么都没有指定，就清空默认表的所有链。当然，也可以一条一条地删除，但用这个命令会快些。

（7）-Z：把指定链（如未指定，则认为是所有链）的所有计数器归零。

（8）-X：删除指定的用户自定义链。这个链必须没有被引用，如果被引用，在删除之前必须删除或者替换与之有关的规则。如果没有给出参数，这条命令将会删除默认表中所有非内建的链。

（9）-P：为链设置默认的策略（DROP 或 ACCEPT）。所有不符合规则的包都会被强制使用这个策略。

（10）-N：根据用户指定的名称建立新的链。

3. 条件

包过滤防火墙主要针对 5 项信息过行过滤，5 项信息就是在条件中给出来的，包括协议、源 IP 地址、目标 IP 地址、源端口、目标端口。当然，这里的条件还会更多，比如进入的接口、ICMP 协议类型、数据连接的状态等。

（1）-p：匹配指定的协议，如 UDP、TCP、ICMP 等。

（2）-s：可以是 IP、NET、DOMAIN，也可为空（任何地址）。

例如：

-s 192.168.0.1　　表示匹配来自 192.168.0.1 的数据包。

-s 192.168.1.0/24　　表示匹配来自 192.168.1.0/24 网络的数据包。

-s 192.168.0.0/16　　表示匹配来自 192.168.0.0/16 网络的数据包。

（3）-d：以 IP 目的地址匹配包。地址的形式与-s 完全一样。

（4）--sport：以源端口进行匹配，可以是个别端口，可以是端口范围。

例如：

--sport 1000 表示匹配源端口是 1000 的数据包。

--sport 1000:3000 表示匹配源端口为 1000～3000 的数据包（含 1000、3000）。

--sport :3000 表示匹配源端口是 3000 以下的数据包（含 3000）。

--sport 1000:表示匹配源端口是 1000 以上的数据包（含 1000）。

（5）--dport：以目的端口进行匹配，端口表达形式与--sport 一样。

4. 控制类型

（1）ACCEPT：允许通过。

（2）DROP：拒绝通过。

（3）REJECT：工作方式与 DROP 相同，不同的是，REJECT 会将错误的消息回送给发送方。

（4）SNAT：源地址转换，可使内网用户共享一个公有 IP 地址访问互联网。

（5）DNAT：目标地址转换，主要用于发布内网的服务器。

使用 iptables 命令建立的规则临时保存在内存中，重新引导系统时将丢失这些规则，因此，如果将没有错误的且有效的规则集保存下来，也就是希望在重新引导后再次使用这些规则，就必须将这些规则集保存在文件中，命令为 service iptables save。

4.2.3　Iptables 实例

➷ 课业任务 4-1

WYL 公司使用 RHEL6 操作系统作为公司的 Web 服务器，为了保护 Web 服务器的安全，使用包过滤防火墙 Netfilter/Iptables 对其进行保护，并达到以下要求：

（1）把防火墙的策略设置成没有被允许，就全部被拒绝。

（2）用户只能访问 Web 服务器。

（3）只允许管理员对其进行远程管理。

WYL 公司的局域网网段地址为 192.168.1.0/24，Web 服务器的 IP 地址为 192.168.1.80/24，

管理员的 IP 地址为 192.168.1.100/24。具体操作步骤如下：

（1）配置 Web 服务器 IP 地址。

```
[root@localhost ~]# ifconfig eth0 192.168.1.80
```

（2）对防火墙进行基本配置。

```
[root@localhost ~]# iptables − F
[root@localhost ~]# iptables − P INPUT DROP
[root@localhost ~]# iptables − P OUTPUT DROP
[root@localhost ~]# iptables − t − A INPUT − p tcp − s 192.168.1.0/24 − d 192.168.1.80 −−
dport 80 − j ACCEPT
[root@localhost ~]# iptables − t − A OUTPUT − p tcp − s 192.168.1.80 −− sport 80 − j ACCEPT
[root@localhost ~]# iptables − t − A INPUT − p tcp − s 192.168.1.100 − d 192.168.1.80 −−
dport 22 − j ACCEPT
[root@localhost ~]# iptables − t − A OUTPUT − p tcp − s 192.168.1.80 −− sport 22 − j ACCEPT
```

（3）测试。
- 在局域网中的任何计算机上打开 IE 浏览器，查看是否可以访问 Web 服务器。如果能够访问，就说明规则设置成功了。
- 在局域网中的任何计算机上用 SSH 查看是否可以远程管理 Web 服务器。如果只有管理员可以访问，说明实验成功了。

（4）查看并保存配置。

```
[root@localhost ~]# ipables − L
[root@localhost ~]# service iptables save
```

4.2.4 使用防火墙让内网用户上网

互联网使用公有 IP 地址，企业内网使用私有 IP 地址，当企业内网中的 PC 去访问互联网服务时，是可以正常把请求送出去的，但是如果互联网上的某台主机响应此请求，目标主机就变成了内网 PC 的 IP 地址，互联网是没有到达内部局域网的路由，因此，就不知道该把数据包送往哪里去。

针对以上情况，解决的办法是在企业内部 PC 发出请求时，在网络的边界，也就是防火墙的出口，把企业私有 IP 地址转换成防火墙的出口公有 IP 地址。这样，互联网上的某台主机响应请求时，目标主机就变成了防火墙的出口 IP 地址了，当响应的数据包到达防火墙的出口时，再经过防火墙的地址转换，把其转变为企业内网的某台 PC 的 IP 地址，这样就能正常地访问互联网了。

把内部网络 PC 的 IP 地址转变成公有 IP 地址，这种转换在 Netfilter/Iptables 中称为 SNAT，即源地址转换。而源地址转换一般做在 Iptables 的 NAT 表的 POSTROUTING 链里面。

➦ **课业任务 4-2**

WYL 公司在设计公司局域网时，规划了一台 Netfilter/Iptables 防火墙，防火墙的 eth1 接口连接内部网络，eth0 接口连接外部网络，现在的需求是，使用防火墙使内网所有用户都共享一个出口 IP 地址访问互联网。WYL 公司的网络拓扑如图 4.4 所示。

防火墙技术

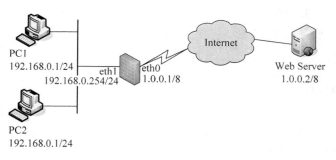

图 4.4　WYL 公司的网络拓扑

具体实现步骤如下：

（1）IP 地址规划。

PC1 与 PC2：需要配置 IP 地址、掩码、网关。

eth0（外口）：需要配置 IP 地址与掩码。eth1（内口）：需要配置 IP 地址与掩码。

Web Server：需要配置 IP 地址与掩码。

（2）防火墙配置。

```
[root@localhost ~]# echo "1" >/proc/sys/net/ipv4/ip_forward
[root@localhost ~]# iptables - t nat - A POSTROUTING - s 192.168.0.0/24 - j SNAT -- to 1.0.0.1
```

（3）测试。

在客户机 PC1 或 PC2 上打开 IE 浏览器，在地址栏中输入 Web 服务器的 IP 地址，查看是否能访问互联网上的网页。如果能访问到 Web 服务器，就说明配置成功了。

（4）查看并保存配置。

```
[root@localhost ~]# ipables - L - t nat
[root@localhost ~]# service iptables save
```

4.2.5　使用防火墙发布内网服务器

众所周知，企业内部服务器用的是私有 IP 地址，而互联网上的用户使用的是公有 IP 地址，这样，互联网上的用户是不能直接访问企业内部的服务器的，互联网上的用户只能访问到企业的边界，也就是防火墙的出口。

针对以上情况，解决的办法是在防火墙上进行网络地址转换。当互联网上的用户访问内部服务器时，首先访问企业出口 IP 地址，然后防火墙根据网络地址转换表，把这样的请求数据包的目标 IP 地址转换成企业内部服务器的私有 IP 地址，这样，请求就可以到达企业内部的服务器了。

把目标地址是出口的公有 IP 地址转换成企业内私有 IP 地址称为 DNAT，即目标地址转换。而目的地址转换一般做在 Iptables 的 NAT 表的 PREROUTING 链里面。

➥ **课业任务 4-3**

WYL 公司在设计公司内部 Web 服务器时，规划了一台 Netfilter/Iptables 防火墙，防火墙的 eth1 接口连接内部网络，eth0 接口连接外部网络，现在的需求是，使用防火墙使内网的 Web 服务器通过防火墙发布至互联网。WYL 公司的网络拓扑如图 4.5 所示。

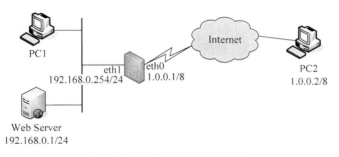

图 4.5　WYL 公司的网络拓扑

具体实现步骤如下：

（1）IP 地址规划。

PC1：需要配置 IP 地址、掩码、网关。

Web Server：需要配置 IP 地址、掩码、网关。

PC2：需要配置 IP 地址、掩码。

eth0（外口）：需要配置 IP 地址与掩码。

eth1（内口）：需要配置 IP 地址与掩码。

（2）防火墙配置。

```
[root@localhost ~]# echo "1" >/proc/sy/net/ipv4/ip_forward
[root@localhost ~]# iptables − t nat − A PREROUTING − d 1.0.0.1 − p tcp −− dport 80 − j DNAT −−
to 192.168.0.1
```

（3）测试。

在 PC2 上打开 IE 浏览器，在地址栏中输入"http://1.0.0.1"，查看是否能正常访问到公司内部网站。如果能访问到，就说明配置是成功的。

（4）查看并保存配置。

```
[root@localhost ~]# iptables − L − t nat
[root@localhost ~]# service iptables save
```

4.3　应用网关型防火墙

4.3.1　应用网关型防火墙工作原理

应用网关型防火墙工作在 OSI 的最高层，即应用层。本节主要讲解第一代应用网关型防火墙，即通过代理（Proxy）技术参与到一个 TCP 连接的全过程。从内部发出的数据包经过这样的防火墙后，就好像是源于防火墙的外部网卡一样，从而达到隐藏内部网结构的作用。这种类型的防火墙被网络安全专家和媒体公认为是最安全的防火墙。它的核心就是代理服务器技术。

代理服务是一类应用广泛的网络服务，传统的著名代理服务软件有 Sygate 和 Wingate 等。Microsoft 推荐的代理服务软件是其自己的产品，即 ISA 系列；而在 Linux 下，使用

防火墙技术

Squid 实现代理服务功能。本节将向读者介绍 Squid 代理服务软件的安装、配置、管理及应用。

代理服务器的工作流程分两种情况,第一种是在有 Cache 的情况,第二种是没有 Cache 的情况,如图 4.6 所示。

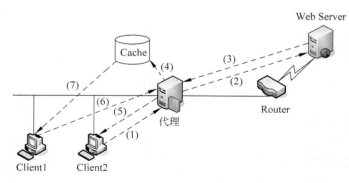

图 4.6　代理服务器的工作流程

1. 要访问的资源存放在 Cache 时的工作原理

(1) 如图 4.6 中的(6),客户端向代理服务器端发送一个请求数据包,代理服务器端接收到请求数据包后,先查看这个数据包是否在访问控制列表中是被允许的。如果不允许,此数据包将会被丢弃;如果允许,代理服务器就会开始代替客户机去访问资源。

(2) 如图 4.6 中的(4),代理服务器检查自己的 Cache,如果有客户机所需的资源,则会直接将资源取出,而不经过互联网。

(3) 如图 4.6 中的(7),最后将资源传到客户机上。

2. 要访问的资源没有存放在 Cache 时的工作原理

(1) 如图 4.6 中的(1),客户端向代理服务器端发送一个请求数据包,代理服务器端接收到请求数据包后,先查看这个数据包是否在访问控制列表中是被允许的。如果不允许,此数据包将会被丢弃;如果允许,代理服务器就会开始代替客户机去取得资源。

(2) 如图 4.6 中的(2),代理服务器端发现 Cache 并没有客户端所需的资源,就准备把请求数据包发往互联网;代理服务器端开始发送请求数据包给互联网上的目标主机去取得相关资源。

(3) 如图 4.6 中的(3)、(5),最后代理服务器将取回的资料响应给客户机。

(4) 如图 4.6 中的(4),复制一份送往 Cache。

代理服务器的基本功能就是代理网络用户去取得网络信息。在一般情况下,使用浏览器直接去连接 Web 站点,以取得网络信息。而代理服务器是介于浏览器和 Web 服务器之间的一台服务器。有了它,浏览器不是直接到 Web 服务器去取回网页,而是向代理服务器发出请求,请求信号会先送到代理服务器,由代理服务器取回用户所需要的信息并传送给用户的浏览器。而且,大部分代理服务器都具有缓存的功能,就好像一个大的缓存池,它有很大的存储空间,它不断地将新取得的数据存储到它本机的存储器上。如果用户的浏览器所请求的数据就在它本机的存储器上而且是最新的,那么它就不重新从 Web 服务器取数据,而直接将存储器上的数据传送给用户的浏览器。一般用户的可用带宽都较小,但是通过带宽较大的代理服务器与目标主机相连,能大大提高浏览速度和效率。更重要的是它所提供的安全功能,通过代理服务器访问目标主机,可以将用户本身的 IP 地址隐藏起来,目标主机能看到的只是代理服务器的 IP 地址。很多网络黑客就是通过这种办法隐藏自己的真实 IP 的,从而逃过监视;大型网站还可以利用反向代理大大增加客户端的访问速度,如搜狐等很多大型门户网站都是采用 Squid 作为其新闻服务的缓存服务器。另外,代理服务同其他软件配合起来使用,还可以实现流量控制和计费功能等。

如上所述,Squid 的基本功能是缓存互联网数据,它接收用户的下载申请,并自动处理所下载的数据。当一个用户要访问一个页面时,向 Squid 发出请求,然后 Squid 连接所申请的网站并请求该页面,接着把该页面传给用户,同时保留一个备份,当别的用户申请同样的页面时,Squid 会把保存的备份立即传给用户,这样用户会感觉到访问速度很快。

Squid 不仅仅只能代理访问网页需要的 HTTP 协议,它还可以代理 FTP、GOPHER、SSL 和 WAIS 协议。现在它暂时还不能代理 RSTP、MMS、POP、NNTP 等协议,但随着技术人员对 Squid 的不断修改,Squid 会支持更多的协议。

注意,Squid 不是在支持的协议下能够缓存任何数据,像信用卡账号、密码,可以远方执行的脚本,经常变换的主页等,都是不合适的数据,也是不安全的数据。对于这些数据,一般 Squid 会自动进行处理,用户也可以根据需要设置 Squid,使之过滤掉不想要的东西。

Squid 可以工作在很多常用的操作系统平台中,如 Linux、AIX、FreeBSD、HPUX、NetBSD、SCO UNIX、Solaris 及 OS/2 等。

Squid 对硬件的要求:一是内存要大,不应小于 128 MB;二是要求硬盘转速要快,最好使用服务器专用 SCSI 硬盘。但其对处理器的要求不高,频率在 400 MHz 以上即可。

4.3.2　Squid 的配置与应用

➥ 课业任务 4-4

WYL 公司需要通过配置代理服务器来提高企业内部用户访问互联网的速度和保护企业内部用户的安全。WYL 公司的网络拓扑如图 4.7 所示,企业内部用户的客户端均使用 Windows XP 操作系统,其中设计部位于 192.168.0.0/24 网段,财务部位于 192.168.1.0/24 网段,市场部位于 192.168.2.0/24 网段,企业代理服务器安装的是 RHEL6 操作系统,现要求在代理服务器上进行相关配置,以达到以下要求:

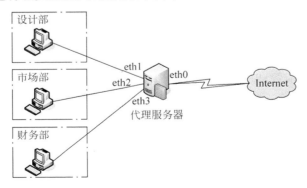

图 4.7　WYL 公司的网络拓扑

（1）财务部不允许访问互联网。

（2）市场部只可以在工作时间（周一至周五的 9：00—18：00）内访问互联网，并且只能下载与工作有关的文件（TXT、DOC、XLS、PPT、PDF）。

（3）其他用户没有上网限制。

1. 代理服务器的具体配置步骤

（1）在代理服务器上安装 Squid。首先查询是否安装好 Squid。

```
[root@localhost ~]# rpm - q squid
squid.2.5.STABLE6.3.4E.12
```

如果没有安装好 Squid，把 YUM 客户端配置好后，再使用下面命令安装。

```
[root@localhost ~]# yum install squid
```

（2）在代理服务器上修改其配置文件/etc/squid/squid.conf，内容如下。

```
http_port 3128
cache_mem 512 MB
cache_dir ufs /var/spool/squid 512 16 254
acl finance src 192.168.1.0/255.255.255.0
acl market src 192.168.2.0/255.255.255.0
acl all src 0.0.0.0/0.0.0.0
acl markettime MTWHF 09:00.18:00
acl marketfile urlpath_regex - i \.txt $ \.doc $ \.xls $ \.ppt $ \.pdf $
http_access deny market !marketfile
http_access allow market marktime
http_access deny finance
http_access allow all
visible_hostname 192.168.0.254
cache_mgr hcmaner@qq.cn
```

（3）初始化 Squid。

```
[root@localhost ~]# squid - z
[root@localhost ~]# cd /var/spool/squid
[root@localhost squid]# ls
00 01 02 03 04 05 06 07 08 09 0A 0B 0C 0D 0E 0F
```

（4）启动 Squid。

```
[root@localhost squid]# service squid start
```

2. 客户端的具体配置，以市场部的 PC 为例

（1）通过双击打开 IE 浏览器，选择【工具】→【Internet 选项】命令，如图 4.8 所示。

（2）在弹出的【Internet 属性】对话框中单击【局域网设置】按钮，如图 4.9 所示。

（3）在弹出的【局域网（LAN）设置】对话框中的【地址】文本框中输入客户机的网关 IP 地址，设置【端口】为 3128。例

图 4.8　选择【Internet 选项】命令

如,输入本任务中市场部的客户机的代理 IP 地址为"192.168.2.254",如图 4.10 所示。

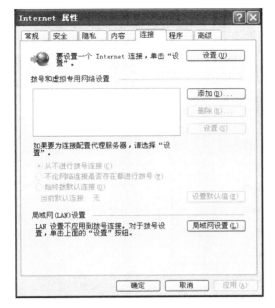 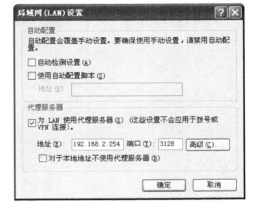

图 4.9　单击【局域网设置】按钮　　　　图 4.10　设置代理服务器

　　完成以上操作后,市场部可以在工作时间(周一至周五的 9:00—18:00)内访问互联网,并且只能下载与工作有关的文件(TXT、DOC、XLS、PPT、PDF),财务部不允许访问互联网。

4.3.3　用户认证

➥ **课业任务 4-5**

　　在课业任务 4-4 中配置的代理服务器实现了让内网用户访问互联网、屏蔽内部网络、提高内网的安全性与访问速度等功能。为了实现更高的安全性,可以在代理服务器上启用用户认证功能,这样只有合法的用户才可以通过验证访问互联网,非法的用户则通过不了认证,也就无法访问互联网。

　　用户认证的实验步骤是在课业任务 4-4 的基础上来实现的,具体实现步骤如下:

　　(1) 在课业任务 4-4 的基础上,再在代理服务器上修改其配置文件/etc/squid/squid.conf,内容如下。

```
auth_param basic program /usr/lib/squid/ncsa_auth /etc/squid/passwd
auth_param basic basic children 5
auth_param basic credentialsttl 2 hours
auth_param basic realm WYL's
acl mypc src 192.168.100.1/255.255.255.255
acl auth_user proxy_auth REQUIRED
http_access allow mypc
http_access allow auth_user
```

　　(2) 建立账号文件/etc/squid/passwd,并添加用户 user01 与 user02。

```
[root@localhost ~]# htpasswd – c /etc/squid/passwd user01
```

防火墙技术

[root@localhost ～]＃htpasswd/etc/squid/passwd user02

（3）测试。

打开 IE 浏览器，在地址栏中输入要访问的网页地址后，按 Enter 键，将弹出如图 4.11 所示的对话框，要求输入合法的用户名与密码进行认证。只有合法的用户才可以通过验证访问互联网，非法的用户则通过不了认证，也就无法访问互联网。

图 4.11　用户认证界面

4.4　状态检测防火墙

4.4.1　状态检测防火墙工作原理

状态检测防火墙采用了状态检测包过滤的技术，是传统包过滤的功能扩展。状态检测防火墙在网络层有一个检查引擎，截获数据包并抽取出与应用层状态有关的信息，并以此为依据决定对该连接进行接受还是拒绝。对新建的应用连接，状态检测检查预先设置的安全规则，允许符合规则的连接通过，并在内存中记录下该连接的相关信息，生成状态表。对该连接的后续数据包，只要符合状态表，就可以通过。它允许受信任的客户机和不受信任的主机建立直接连接，不依靠与应用层有关的代理，而是依靠某种算法来识别进出的应用层数据，这些算法通过已知合法数据包的模式来比较进出数据包，这样从理论上就比应用级代理在过滤数据包上更有效。

状态检测防火墙可监测 RPC 和 UDP 端口信息，而包过滤和代理都不支持此类端口。它将所有通过防火墙的 UDP 分组视为一个虚连接，当反向应答分组送达时，就认为一个虚拟连接已经建立。状态检测防火墙克服了包过滤防火墙和应用代理服务器的局限性，不仅仅检测"to"和"from"的地址，而且不要求每个访问的应用都有代理。目前，大部分用户使用状态监测防火墙，它对用户透明，在 OSI 最高层上加密数据，而无须修改客户端程序，也无须对每个需要在防火墙上运行的服务额外增加一个代理。这种技术提供了高度安全的解决方案，同时具有较好的适应性和扩展性。

4.4.2　状态检测防火墙的优点

1. 安全性好

状态检测防火墙工作在数据链路层和网络层之间，它从这里截取数据包，因为数据链路层是网卡工作的真正位置,网络层是协议栈的第一层,这样防火墙确保了截取和检查所有通过网络的原始数据包。防火墙截取到数据包后就对其处理。首先根据安全策略从数据包中提取有用信息,保存在内存中;然后将相关信息组合起来,进行一些逻辑或数学运算,获得相应的结论,进行相应的操作,如允许数据包通过、拒绝数据包、认证连接、加密数据等。状态检测防火墙虽然工作在协议栈较低层,但它检测所有应用层的数据包,从中提取有用信息,如 IP 地址、端口号、数据内容等,这样安全性得到很大提高。

2. 性能高效

状态检测防火墙工作在协议栈的较低层,通过防火墙的所有数据包都在低层处理,而不需要协议栈的上层处理任何数据包,这样减少了高层协议头的开销,执行效率提高很多。另外,在这种防火墙中一旦一个连接建立起来,就不用再对这个连接做更多工作,系统可以去处理别的连接,执行效率明显提高。

3. 扩展性好

状态检测防火墙不像应用网关型防火墙那样,每一个应用对应一个服务程序,这样所能提供的服务是有限的。而且,当增加一个新的服务时,必须为新的服务开发相应的服务程序,这样系统的可扩展性就降低了。状态检测防火墙不区分每个具体的应用,只是根据从数据包中提取的信息、对应的安全策略及过滤规则处理数据包。当有一个新的应用时,它能动态产生新应用的新规则,而不用另外写代码,所以具有很好的伸缩性和扩展性。

4. 配置方便,应用范围广

状态检测防火墙不仅支持基于 TCP 的应用,而且支持基于无连接协议的应用,如RPC、基于 UDP 的应用(DNS、WAIS、Archie 等)。对于无连接的协议,连接请求和应答没有区别,包过滤防火墙和应用网关型防火墙对此类应用要么不支持,要么开放一个大范围的UDP 端口,这样就暴露了内部网,降低了安全性。

状态检测防火墙实现了基于 UDP 应用的安全,通过在 UDP 通信之上保持一个虚拟连接来实现。防火墙保存通过网关的每一个连接的状态信息,允许穿过防火墙的 UDP 请求包被记录。当 UDP 包在相反方向上通过时,依据连接状态表确定该 UDP 包是否是被授权的,若已被授权,则通过,否则拒绝。如果在指定的一段时间内响应数据包没有到达,连接超时,则该连接被阻塞,这样所有的攻击都被阻塞。状态检测防火墙可以控制无效连接的连接时间,以避免大量的无效连接占用过多的网络资源,可以很好地降低 DoS 和 DDoS 攻击的风险。

状态检测防火墙也支持 RPC,因为对于 RPC 服务来说,其端口号是不固定的,因此简单地跟踪端口号是不能实现该种服务的安全的。状态检测防火墙通过动态端口映射图记录端口号,为了验证该连接,还保存连接状态、程序号等,通过动态端口映射图来实现此类应用的安全。

4.4.3 状态检测防火墙的缺点

包过滤防火墙得以进行正常工作的一切依据都在于过滤规则的实施,但因其不能满足建立精细规则的要求,因此并不能分析高级协议中的数据。应用网关型防火墙的每个连接都必须建立在为之创建的具有一套复杂的协议分析机制的代理程序进程上,这会导致数据延迟的现象。状态检测防火墙虽然继承了包过滤防火墙和应用网关型防火墙的优点,克服了它们的缺点,但它仍只是检测数据包的第三层信息,无法彻底地识别数据包中大量的垃圾邮件、广告及木马程序等。

4.4.4 状态检测防火墙与普通包过滤防火墙对比

如果允许内网用户访问公网的 Web 服务,则针对普通包过滤防火墙应该建立一条类似图 4.12 所示的规则。

动作	源地址	源端口	目标地址	目标端口	方向(此栏为备注)
允许	*	*	*	80	出

图 4.12 普通包过滤防火墙规则 1

以上规则只是允许内网向公网请求 Web 服务,但 Web 服务响应数据包怎么进来呢?还必须建立一条允许相应响应数据包进入的规则。如果按上面的规则增加,由于现在的数据包是从外进来的,所以源地址应该是所有外部的,在源端口输入"80",目标地址暂不限定。访问网站时,本地端口是临时分配的,也就是说,这个端口是不固定的,只要是 1023 以上的端口都有可能,所以要把大于 1023 的所有端口都开放,于是在目标端口输入"1024—65 535",规则如图 4.13 所示,这就是普通包过滤防火墙所采用的方法。

动作	源地址	源端口	目标地址	目标端口	方向(此栏为备注)
允许	*	*	*	80	出
允许	*	80	*	1024—65 535	进

图 4.13 普通包过滤防火墙规则 2

当包过滤防火墙要实现内网用户访问公网的 Web 服务时,入站的高端口全开放了,而很多危险的服务使用的也是高端口,比如微软的终端服务/远程桌面监听的端口就是 3389,当然对这种固定的端口还好说,把进站的 3389 封了就行,但对于同样使用高端口却是动态分配端口的 RPC 服务就没那么容易处理了,因为是动态的,所以不便封住某个特定的 RPC服务。

针对状态检测防火墙,当实现内网用户访问公网的 Web 服务时,需要建立一条类似图 4.12 所示的规则,但不需要建立图 4.13 所示的规则。如果有内网用户在客户端打开 IE浏览器并向某个网站请求 Web 页面,当数据包到达防火墙时,状态检测引擎会检测到这是一个发起连接的初始数据包(由 SYN 标志),然后它就会把这个数据包中的信息与防火墙规则作比较。如果没有相应规则允许,防火墙就会拒绝这次连接;如果有相应规则允许,那么就会允许数据包通过并且在状态表中新建一条会话。通常,这条会话包括此连接的源地址、源端口、目标地址、目标端口、连接时间等信息。对于 TCP 连接,它还应该包含序列号和标志位等信息。当后续数据包到达时,如果这个数据包不含 SYN 标志,也就是说,这个数据包不是发起一个新的连接时,状态检测引擎就会直接把它的信息与状态表中的会话条目进行比较。如果信息匹配,就直接允许数据包通过,这样不再接受规则的检查,提高了效率;如果信息不匹配,数据包就会丢弃或连接被拒绝,并且每个会话还有一个超时值,过了这个时间,相应会话条目就会在状态表中被删除。外部 Web 网站对内网用户的响应包来说,由于状态检测引擎能检测出返回的数据包属于 Web 连接的哪个会话,所以它会动态打开端口以允许返回包进入,传输完毕后又动态地关闭这个端口,这样就避免了普通包过滤防火墙那种静态地开放所有高端端口的危险做法。同时,由于有会话超时的限制,因此它能够有效地避免外部的 DoS 攻击,并且外部伪造的 ACK 数据包也不会进入,因为它的数据包信息不会匹配状态表中的会话条目。

上面针对的是 TCP(Web 服务)连接的状态检测,但对 UDP 协议同样有效,虽然 UDP 不是像 TCP 那样有连接的协议,但状态检测防火墙会为它创建虚拟的连接。相对于 TCP 和 UDP 来说,ICMP 的处理要难一些,但它仍然有一些信息来创建虚拟的连接,关键是有些 ICMP 数据包是单向的,也就是当 TCP 和 UDP 传输有错误时会有一个 ICMP 数据包返回。对于 ICMP 的处理,不同的防火墙产品可能有不同的方法。在 ISA Server 2000 中,不支持 ICMP 的状态检查,只能静态地允许或拒绝 ICMP 包的进出。

4.4.5　复合型防火墙

复合型防火墙是指综合了状态检测与透明代理的新一代防火墙,进一步基于 ASIC 架构,把防病毒、内容过滤整合到防火墙中,其中还包括 VPN、IDS 功能,多单元融为一体,是一种新突破。常规的防火墙并不能防止隐蔽在网络流量里的攻击,但复合型防火墙可在网络界面对应用层扫描,把防病毒、内容过滤与防火墙结合起来,这体现了网络与信息安全的新思路。2004 年 9 月,IDC 首度提出"统一威胁管理"的概念,即将防病毒、入侵检测和防火墙安全设备划归统一威胁管理(Unified Threat Management,UTM)新类别。UTM 的典型代表是 Fortinet 公司的产品 FortiGate。

4.4.6　UTM 防火墙的配置与应用

📥 课业任务 4-6

图 4.14 所示是 WYL 公司构建的拓扑,防火墙选择 Fortinet 公司的 UTM 产品 FortiGate 3600,其中防火墙的 internal 接口连接的是内部网络,port1 接口连接的是外部网络,external 接口连接的是 DMZ 区域。现在要求内部用户能通过防火墙的 NAT 功能访问互联网资源,并将内部网络中的 Web Server 通过防火墙发布出去。

具体实现步骤如下:

(1) 登录到 FortiGate 3600 主界面,根据任务要求设置网络接口参数,如图 4.15 所示。

port1 接口:需要配置 IP 地址、掩码。

internal 接口:需要配置 IP 地址、掩码。

external 接口:需要配置 IP 地址、掩码。

(2) port1、internal、external 这 3 个网络接口参数设置完成的界面如图 4.16 所示。

(3) 设置两条静态路由。到达互联网的静态路由设置如图 4.17 所示,到达内部局域网的静态路由设置完成界面如图 4.18 所示。

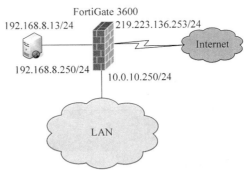

图 4.14　WYL 公司的网络拓扑

第 4 章

防火墙技术

图 4.15 接口参数设置

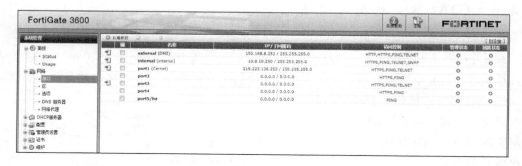

图 4.16 网络接口参数设置完成的界面

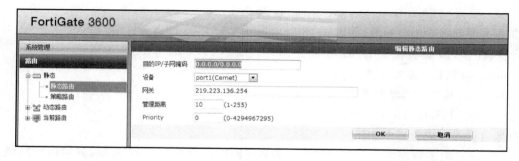

图 4.17 静态路由设置

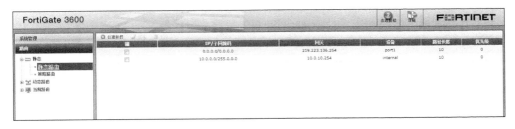

图 4.18　静态路由设置完成界面

（4）设置静态 NAT 和动态 PAT 转换。设置虚拟 IP 地址，将 219.223.136.6 映射到 DMZ 区域中的 Web 服务器 192.168.8.13，参数设置如图 4.19 所示。设置一个 IP 地址池，IP 地址范围为 219.223.136.10-219.223.136.100，参数设置如图 4.20 所示。

图 4.19　虚拟 IP 设置

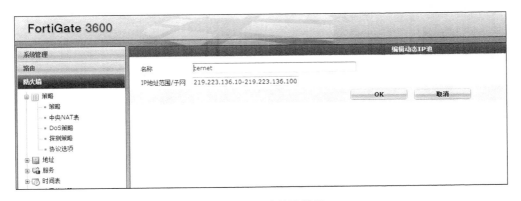

图 4.20　IP 地址池设置

（5）定义上网策略。实现内网用户访问互联网，同时启动 UTM 功能，并实现病毒检测和开户 IPS 功能，参数设置如图 4.21 所示。

（6）定义对外发布服务器策略。对外发布 Web 服务器，同时启动 UTM 功能，保护 Web 免受互联网用户的攻击，参数设置如图 4.22 所示。所有策略设置完成后的界面如图 4.23 所示。

第 4 章

防火墙技术

图 4.21 定义上网策略

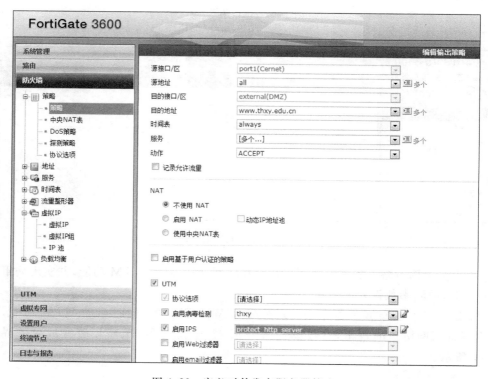

图 4.22 定义对外发布服务器策略

图 4.23　所有策略设置完成后的界面

练　习　题

1. 选择题

(1) 一般而言,Internet 防火墙建立在一个网络的(　　)。

    A. 内部网络与外部网络的交叉点

    B. 每个子网的内部

    C. 部分内部网络与外部网络的结合处

    D. 内部子网之间传送信息的中枢

(2) 下面关于防火墙的说法中,正确的是(　　)。

    A. 防火墙可以解决来自内部网络的攻击

    B. 防火墙可以防止受病毒感染的文件的传输

    C. 防火墙会削弱计算机网络系统的性能

    D. 防火墙可以防止错误配置引起的安全威胁

(3) 包过滤防火墙工作在(　　)。

    A. 物理层　　　　　　　　　　　B. 数据链路层

    C. 网络层　　　　　　　　　　　D. 会话层

(4) 防火墙中地址翻译的主要作用是(　　)。

    A. 提供代理服务　　　　　　　　B. 隐藏内部网络地址

    C. 进行入侵检测　　　　　　　　D. 防止病毒入侵

(5) WYL 公司申请到 5 个 IP 地址,要使公司的 20 台主机都能联到 Internet 上,需要使用防火墙的(　　)功能。

    A. 假冒 IP 地址的侦测　　　　　B. 网络地址转换技术

    C. 内容检查技术　　　　　　　　D. 基于地址的身份认证

(6) 根据统计显示,80%的网络攻击源于内部网络,因此,必须加强对内部网络的安全控制和防范。下面的措施中,对避免内部用户之间的攻击无作用的是(　　)。

    A. 使用防病毒软件　　　　　　　B. 使用日志审计系统

    C. 使用入侵检测系统　　　　　　D. 使用防火墙防止内部攻击

防火墙技术

(7) 关于防火墙的描述不正确的是（　　）。

    A. 防火墙不能防止内部攻击

    B. 如果一个公司的信息安全制度不明确，拥有再好的防火墙也没有用

    C. 防火墙是 IDS 的有利补充

    D. 防火墙既可以防止外部用户攻击，也可以防止内部用户攻击

(8) 包过滤是有选择地让数据包在内部与外部主机之间进行交换，根据安全规则有选择地路由某些数据包。下面不能进行包过滤的设备是（　　）。

    A. 路由器　　　　　　　　　　　B. 一台独立的主机

    C. 二层交换机　　　　　　　　　D. 网桥

2. 简答题

(1) 防火墙的两条默认准则是什么？

(2) 防火墙技术可以分为哪些基本类型？各有何优缺点？

(3) 防火墙产品的主要功能是什么？

3. 综合应用题

图 4.24 所示的拓扑图中是某公司在构建公司局域网时所设计的一个方案，中间的一台设备是用 Netfilter/Iptables 构建的防火墙，eth1 连接的是内部网络，eth0 连接的是外部网络，请对照图回答下面的问题。

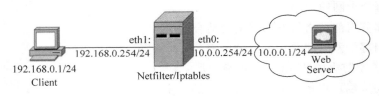

图 4.24　公司局域网拓扑

【问题 1】

从技术的角度来分，防火墙可分为哪几种类型？请问上面的拓扑属于哪一种类型的防火墙？

【问题 2】

如果想让内部网络的用户上网，则需要网络地址转换才能实现，请问 Iptables 上的 NAT 有哪几种类型？想让内部网络的用户上网，要做的是哪一种类型？

【问题 3】

如果想让内部网络的用户上网，请完成下面的配置。

(1) 打开 IP 转发功能。

```
# echo "_____" >/proc/sy/net/ipv4/ip_forward
```

(2) 做 NAT。

```
# iptables － t nat － A _____ － o eth0 － s 192.168.0.0/24 － j _____ －－ to 10.0.0.254
```

(3) 查看配置。

```
# ipables _____ － t nat
```

第5章 计算机病毒及其防治

随着计算机技术的普及和发展,计算机系统的安全已成为计算机用户普遍关注的问题。而计算机病毒是计算机系统的巨大威胁之一,计算机病毒一旦发作,轻则破坏文件、损害系统,重则造成网络瘫痪。因此,势必要了解计算机病毒,使计算机免受其恶意的攻击与破坏。

▶ **学习目标**
- 了解计算机病毒的定义及特征。
- 熟悉计算机病毒的传播途径及其主要危害。
- 熟悉计算机病毒发作后的症状。
- 掌握 CIH 病毒、宏病毒、蠕虫病毒、特洛伊木马的主要特征及防治对策。
- 掌握木马程序的工程原理,以及手工清除木马的常见方法。
- 掌握企业版杀毒软件的安装及配置。

▶ **课业任务**
本章通过一个实际课业任务,介绍企业版杀毒软件部署的相关原理,以及如何安装企业杀毒软件的服务器端与客户端。

➤ **课业任务 5-1**
WYL 公司采用 Symantec Endpoint Protection 作为安全防护解决方案,网络管理员需要在一台安装 Windows Server 2008 操作系统的计算机上安装 Symantec Endpoint Protection 服务器端软件,然后对其受管的所有客户端进行部署。

能力观测点
企业版杀毒软件部署原理;企业版杀毒软件服务器端的安装;企业版杀毒软件客户端的生成与安装。

5.1 计算机病毒概述

5.1.1 计算机病毒的概念

1994 年 2 月 18 日,计算机病毒(Computer Virus)在《中华人民共和国计算机信息系统安全保护条例》中进行了明确的定义:"指编制或者在计算机程序中插入的破坏计算机功能或者毁坏数据,影响计算机使用,并能自我复制的一组计算机指令或者程序代码。"

也就是说,计算机病毒就是一段程序,但是它具有自己的特殊性。首先,计算机病毒利用计算机资源的脆弱性破坏计算机系统;其次,计算机病毒不断地进行自我复制,在潜伏期内,通过各种途径传播到其他系统并隐藏起来,当达到触发条件时被激活,从而导致系统被恶意破坏。

5.1.2 计算机病毒的发展

1. 计算机病毒的起源

20 世纪 60 年代初,在美国贝尔实验室里,3 个年轻的程序员编写了一个名为"磁芯大战"的游戏,游戏中通过复制自身来摆脱对方的控制,这就是所谓"病毒"的第一个雏形。

20 世纪 70 年代,美国作家雷恩在其出版的《P.1 的青春》一书中构思了一种能够自我复制的计算机程序,并第一次称为"计算机病毒"。

2. 第一个病毒

1983 年 11 月,在国际计算机安全学术研讨会上,美国计算机专家首次将病毒程序在 VAX/750 计算机上进行了实验,世界上第一个计算机病毒就这样出生在实验室中。

20 世纪 80 年代后期,巴基斯坦有两个以编软件为生的兄弟为了打击那些盗版软件的使用者,设计出了一个名为"巴基斯坦"的病毒,该病毒只传染软盘引导。这就是最早在世界上流行的一个真正的病毒。

3. DOS 阶段

1988—1989 年,我国也相继出现了能感染硬盘和软盘引导区的 Stoned(石头)病毒。该病毒体代码中有明显的标志"Your PC is now Stoned!"、"LEGALISE MARIJUANA!",也称为"大麻病毒"等。该病毒感染软硬盘 0 面 0 道 1 扇区,并修改部分中断向量表。该病毒不隐藏也不加密自身代码,所以很容易被查出和解除。类似这种特性的还有小球、Azusa/Hong Kong/2708、Michaelangelo,这些都是从国外传染进来的。国产的 Bloody、Torch、Disk Killer 等病毒,实际上它们大多数是 Stoned 病毒的翻版。

20 世纪 90 年代初,感染文件的病毒有 Jerusalem(黑色 13 号星期五)、YankeeDoole、Liberty、1575、Traveller、1465、2062、4096 等,主要感染.com 和.exe 文件。这类病毒修改了部分中断向量表,被感染的文件明显地增加了字节数,并且病毒代码主体没有加密,也容易被查出和解除。在这些病毒中,略有对抗反病毒手段的只有 YankeeDoole 病毒,当发现用户用 DEBUG 工具跟踪它时,它会自动从文件中逃走。

接着,一些能对自身进行简单加密的病毒相继出现,有 1366(DaLian)、1824(N64)、1741(Dong)、1100 等病毒。它们加密的目的主要是防止跟踪或掩盖有关特征等。

以后又出现了引导区、文件型"双料"病毒,这类病毒既感染磁盘引导区,又感染可执行文件,常见的有 Flip/Omicron(颠倒)、XqR(New Century 新世纪)、Invader/侵入者、Plastique/塑料炸弹、3584/郑州(狼)、3072(秋天的水)、ALFA/3072.2、Ghost/One_Half/3544(幽灵)、Natas(幽灵王)、TPVO/3783 等。如果只解除了文件上的病毒,而没解除硬盘主引导区的病毒,系统引导时又将病毒调入内存,会重新感染文件。如果只解除了主引导区的病毒,而可执行文件上的病毒没解除,一执行带病毒的文件,就会又将硬盘主引导区感染。

1992 年以来,DIR2.3、DIR2.6、NEW DIR2 病毒以一种全新的面貌出现,具有的感染力极强,无任何表现,不修改中断向量表,而直接修改系统关键中断的内核,修改可执行文件的首簇数,将文件名称与文件代码主体分离。在系统有此病毒的情况下,一切就像没发生一样。而在系统无病毒时,当用户用无病毒的文件去覆盖有病毒的文件时,灾难就会发生,全盘所有被感染的可执行文件内容都是刚覆盖进去的文件内容,这就是病毒"我死你也活不成"的罪恶伎俩。该病毒的出现,使病毒又多了一种新类型。

20 世纪的绝大多数病毒是基于 DOS 系统的,约 80% 的病毒能在 Windows 中传染。TPVO/3783 病毒是"双料性"(传染引导区、文件)、"双重性"(DOS、Windows)病毒,这就是病毒随着操作系统发展而发展起来的病毒。

4．Windows 阶段

随着 Windows 9x、Windows 2000 操作系统的发展,病毒种类也随着它的变化而变化。下面介绍几种典型的 Windows 病毒。

(1) Win32.CAW.1XXX 病毒。Win32.CAW.1XXX 病毒是驻留内存的 Win32 病毒,它感染本地和网络中的 PE 格式文件。该病毒来源于一种 32 位的 Windows "CAW 病毒生产机",该"CAW 病毒生产机"是国际上一家有名的病毒编写组织开发的。

"CAW 病毒生产机"能生产出各种各样的 CAW 病毒,有加密的和不加密的,其字节数一般在 1000～2000。目前在国内流行的有 CAW.1531、CAW.1525、CAW.1457、CAW.1419、CAW.1416、CAW.1335、CAW.1226 等,在国际上流行的 CAW.1XXX 病毒种类更多。

Win32.CAW.1XXX 病毒可进行以下破坏。

当病毒驻留在内存中时,病毒会在每日的整点时间,如 1:00、6:00、10:00 等,删除一些特定的文件,如.bmp、.jpg、.doc、.wri、.bas、.sav、.pdf、.rtf、.txt 文件,以及 WINWORD.EXE。

当 7 月 7 日的时候,CAW 病毒就会发作,删除硬盘上的所有文件。

某些 CAW.1XXX 病毒有缺陷,当感染上该病毒的文件被破坏后,杀毒后的文件也无法修复,只能用正常文件覆盖坏文件。有些病毒还有重复多层次感染文件的缺陷,容易将文件写坏。

(2) Win32.Funlove.4099 病毒。Win32.Funlove.4099 病毒感染本地和网络中的 PE.EXE 文件。

病毒本身就是只具有".code"部分 PE 格式的可执行文件。

当染毒的文件被运行时,该病毒将在 Windows\system 目录下创建 FLCSS.EXE 文件,在其中只写入病毒的纯代码部分,并运行这个生成的文件。

一旦在创建 FLCSS.EXE 文件时发生错误,病毒将从感染病毒的主机文件中运行传染模块。该传染模块将作为独立的线程在后台运行,主机程序在执行时几乎没有可察觉的延时。

传染模块将扫描本地从 C:到 Z:的所有驱动器,然后搜索网络资源,扫描网络中的子目录树并感染具有.ocx、.scr 或者.exe 扩展名的 PE 文件。

这个病毒类似于 Bolzano 病毒,可修补 NTLDR 和 Winnt\system32\ntoskrnl.exe,被修补的文件自己不可以恢复,只能通过备份来恢复。

(3) Win32.KRIZ.4250 病毒。Win32.KRIZ.4250 病毒已大面积传播,这是一种变形病毒,变化多端。每年的 12 月 25 日,该病毒可像 CIH 病毒一样,破坏硬盘数据与主板 BIOS。该病毒目前也有许多字节数不同的变种。

病毒的种类、传染和攻击的手法越来越高超,在 Windows 环境下最为知名的就属寄存在文档或模板的宏中的宏病毒。

近几年,出现了近万种 Word(Macro 宏)病毒,并以迅猛的势头发展,已形成了病毒的

第 5 章

另一大派系。由于宏病毒编写容易,不分操作系统,再加上 Internet 上的 Word 格式文件的大量交流,宏病毒会潜伏在这些 Word 文件里,被人们在 Internet 上传来传去。

5. Internet 阶段

随着 Internet 的发展,激发了病毒更加广泛的活力。病毒通过网络的快速传播,为世界带来了一次一次的巨大灾难。

1999 年 3 月 6 日,一个名为"美丽杀"的计算机病毒席卷了欧、美各国的计算机网络。这种病毒利用邮件系统大量复制、传播,造成网络阻塞,甚至瘫痪。并且,这种病毒在传播过程中还会泄密。在美国,白宫等政府部门、微软和 Intel 等一些大公司,为了避免更大的损失,紧急关闭了网络服务器,检查、清除"美丽杀"病毒。由于"美丽杀"病毒损害了美国政府和大型企业的利益,美国联邦调查局(FBI)迅速行动。经过四五天的技术侦察,将病毒制造者史密斯抓获。但是"美丽杀"病毒已使 300 多家大型公司的服务器瘫痪,这些公司的业务依赖于计算机网络,服务器瘫痪后造成公司正常业务停顿,损失巨大。并且,随后"美丽杀"病毒的源代码在互联网上公布,功能类似于"美丽杀"的其他病毒或蠕虫接连出台,如 PaPa、Copycat 等。然而,这仅仅是计算机病毒肆虐网络的序曲。

1998 年 2 月,台湾的陈盈豪编写出了破坏性极大的 Windows 恶性病毒 CIH v1.2 版,并定于每年的 4 月 26 日发作,然后悄悄地潜伏在网上的一些供人下载的软件中。

可是,两个月的时间内,被人下载得不多,到了 4 月 26 日,病毒只在台湾省少量发作,并没引起重视。心理扭曲的陈盈豪不甘心,又炮制了 CIH v1.3 版,并将破坏时间设在 6 月 26 日。

还是两个月的时间,CIH v1.3 版被人下载得也不多,6 月 26 日也没多大破坏。心理扭曲到极点的陈盈豪有点恼怒,没看到很大的破坏,心里很不痛快。7 月,他又炮制出了 CIH v1.4 版。这次,他干脆将破坏时间设为每月的 26 日,他要月月看到人们遭殃。

很不巧的是,就在那一年,在国内外上映的台湾电视剧女主角"小龙女"的肖像被广泛用在计算机的屏幕保护程序中,CIH v1.2、CIH v1.4 病毒也被悄悄注进该程序,大量的用户从网上下载使用。同时,该程序也被广泛地装进各种各样的盗版光盘中,3 种版本的 CIH 病毒被广泛地扩散,当时的反病毒公司也没有及时发现。因此,这种全新的 Windows 病毒到处传播,危机的阴影迅速笼罩着四方。

一个月后,也就是 1998 年 8 月 26 日,CIH v1.4 病毒首先跳出来发作,我国部分地区遭到袭击,但损害面积不大。事后,为了避免更大灾害,我国政府职能部门公安部发出了通缉 3 种 CIH 病毒的通告。当时,使用正版杀毒软件不被一些用户重视,又不经常升级杀毒软件,又经过一年的传播,CIH v1.2 病毒已传遍全世界,世界性的巨大杀机潜伏下来了,一场人类史无前例的信息大劫难即将暴发。

1999 年 4 月 26 日,一个计算机行业难以忘却的日子,也就是到了 CIH v1.2 病毒第二年的发作日,人们一上班便轻松地打开计算机准备工作,可是,打开一台计算机后,屏幕一闪就黑暗一片。再打开另外几台,也同样一闪后就再也启动不起来。计算机史上,病毒造成的又一次巨大的浩劫发生了。

一大早,反病毒软件公司所有的电话铃声响个不停,急促的报警电话蜂拥而来。门外,需要修复数据而手持硬盘和抬着机器的人们排列得一条长龙,从楼上到楼下,一直排到大街上。"谁能给我修复好数据,我出高价!"的叫喊声到处可听见。

据报道,此次病毒的浩劫在东方的亚洲国家最严重。欧美国家嘲笑东方国家,一种说法是该病毒由于盗版严重而带来的,第二种说法是反病毒软件落后。可是,在此前的一个月,欧美的"美丽杀"病毒在西方造成了更为严重的灾难,其经济损失远远超过 CIH 病毒对亚洲造成的损失,而 CIH 病毒造成的破坏绝大部分可以修复。

由于欧美国家早一个月发生"美丽杀"病毒灾难,引起欧亚国家媒体爆炒"美丽杀"病毒,在一定程度上起了误导作用。国内的老牌反病毒公司北京江民公司,通过国内强大的病毒反馈网,以灵敏的嗅觉警惕到 CIH v1.2 病毒要在 4 月 26 日大发作! 便不惜重金在报纸上用广告和文章的形式在 4 月 26 日前连篇提醒人们重视防范 CIH 病毒。这在当时可能是国内唯一的一家提醒人们重视防范 CIH 病毒的反病毒公司,但是,还是被淹没在爆炒"美丽杀"病毒的文章中。只有部分人看到防范 CIH 病毒的报纸后,并即时升级查杀了 CIH 病毒,才幸免于难。

随着 Internet 的发展,病毒传播更加方便、广泛,网络蠕虫病毒已成为病毒主力,这应使人们严加防范。

5.2 计算机病毒的特征及传播途径

5.2.1 计算机病毒的特征

1. 非授权可执行性

用户在调用并执行一个程序时,通常把系统控制权交给这个程序,并为其分配相应的系统资源,如内存,从而使之能够完成用户的需求。因此,程序执行的过程对用户是透明的。而计算机病毒是非法程序,正常用户是不会明知是病毒程序,而故意调用并执行的。计算机病毒具有正常程序的一切特性:可存储性、可执行性。它隐藏在合法的程序或数据中,当用户运行正常程序时,病毒伺机窃取到系统的控制权,得以抢先运行,然而此时用户还认为在执行正常程序。

2. 隐蔽性

计算机病毒是一种具有很高编程技巧、短小精悍的可执行程序。它通常粘附在正常程序、磁盘引导扇区中,或者磁盘上标为坏簇的扇区中,以及一些空闲概率较大的扇区中,这是它的非法可存储性。病毒想方设法隐藏自身,就是为了防止用户察觉。

3. 传染性

传染性是计算机病毒最重要的特征,是判断一段程序代码是否为计算机病毒的依据。病毒程序一旦侵入计算机系统,就开始搜索可以传染的程序或者磁介质,然后通过自我复制迅速传播。由于目前计算机网络日益发达,计算机病毒可以在极短的时间内通过 Internet 传遍世界。

4. 潜伏性

计算机病毒具有依附于其他媒体而寄生的能力,这种媒体称为计算机病毒的宿主。依靠病毒的寄生能力,病毒传染合法的程序和系统后,不立即发作,而是悄悄隐藏起来,然后在用户不察觉的情况下进行传染。这样,病毒的潜伏性越好,它在系统中存在的时间也就越长,病毒传染的范围也越广,其危害性也越大。

5. 表现性或破坏性

无论何种病毒程序,一旦侵入系统都会对操作系统的运行造成不同程度的影响。即使不直接产生破坏作用的病毒程序也要占用系统资源(如占用内存空间、磁盘存储空间及系统运行时间等)。而绝大多数病毒程序要显示一些文字或图像,影响系统的正常运行。还有一些病毒程序删除文件,加密磁盘中的数据,甚至摧毁整个系统和数据,使之无法恢复,造成无可挽回的损失。因此,病毒程序的副作用轻则降低系统的工作效率,重则导致系统崩溃、数据丢失。病毒程序的表现性或破坏性体现了病毒设计者的真正意图。

6. 可触发性

计算机病毒一般都有一个或者几个触发条件。满足其触发条件或者激活病毒的传染机制,即可使之传染,也可以激活病毒的表现部分或破坏部分。触发的实质是一种条件的控制,病毒程序可以依据设计者的要求,在一定条件下实施攻击。这个条件可以是敲入特定字符、使用特定文件、某个特定日期或特定时刻,或者是病毒内置的计数器达到一定次数等。

5.2.2 计算机病毒的传播途径

传染性是计算机病毒最重要的特征,计算机病毒从已被感染的计算机到未被感染的计算机,必须通过某些方式来进行传播,最常见的就是以下两种方式。

第一种:通过移动存储设备来进行传播,包括软盘、光盘、移动硬盘和 U 盘等。

在计算机应用早期,计算机应用较简单,许多文件都是通过软盘来进行相互复制、安装,这时,软盘就是最好的计算机病毒的传播途径。光盘容量大、存储内容多,所以大量的病毒有可能藏匿在其中。对于只读光盘,不能进行写操作,其上的病毒更加不能查杀。目前,盗版光盘泛滥,这给病毒的传染带来了极大的便利。加之现在广泛使用移动硬盘和 U 盘来交换数据,因此这些存储设备也就成了计算机病毒的主要寄生的"温床"。

第二种:通过网络来进行传播。

毫无疑问,网络是现在计算机病毒传播的重要途径。人们平时浏览网页、下载文件、收发电子邮件、访问 BBS 等,都可能使计算机病毒从一台计算机传播到网络上的其他计算机。

5.3 计算机病毒的分类

计算机病毒的种类有很多,按照计算机病毒的特征可以将计算机病毒的分为许多种。

1. 按寄生方式分

按寄生方式分可分为引导型病毒、文件型病毒和混合型病毒。

引导型病毒是指寄生在磁盘引导区或主引导区的计算机病毒。此种病毒利用系统引导时,不对主引导区的内容正确与否进行判别,在引导型系统的过程中侵入系统,驻留内存,监视系统运行,待机传染和破坏。按照引导型病毒在硬盘上的寄生位置又可细分为主引导记录病毒和分区引导记录病毒。主引导记录病毒感染硬盘的主引导区,如大麻病毒、2708 病毒、火炬病毒等;分区引导记录病毒感染硬盘的活动分区引导记录,如小球病毒、Girl 病毒等。

文件型病毒是指能够寄生在文件中的计算机病毒。这类病毒程序感染可执行文件或数据文件。如 1575/1591 病毒、848 病毒感染. com 和. exe 文件,Macro/Concept、Macro/Atoms 等宏病毒感染. doc 文件。

混合型病毒是指具有引导型病毒和文件型病毒寄生方式的计算机病毒。这种病毒扩大了病毒程序的传染途径，它既感染磁盘的引导记录，又感染可执行文件。当感染有此种病毒的磁盘用于引导系统或调用执行染毒文件时，病毒就会被激活。因此在检测、清除混合型病毒时，必须全面彻底地根治。如果只发现该病毒的一个特性，把它只当做引导型或文件型病毒进行清除，虽然好像是清除了，但还留有隐患，这种经过消毒后的"洁净"系统更赋有攻击性。常见的这种类型的病毒有 Flip 病毒、新世纪病毒、One. half 病毒等。

2. 按破坏性分

按破坏性分可分为良性病毒和恶性病毒。

良性病毒是指那些只是为了表现自身，并不彻底破坏系统和数据，但会大量占用 CPU 时间，增加系统开销，降低系统工作效率的一类计算机病毒。这种病毒多数是恶作剧者的产物，他们的目的不是为了破坏系统和数据，而是为了让使用感染有病毒的计算机用户了解病毒设计者的编程技术。这类病毒常见的有小球病毒、1575/1591 病毒、救护车病毒、扬基病毒、Dabi 病毒等。还有一些人利用病毒的这些特点宣传自己的政治观点和主张，也有一些病毒设计者在其编制的病毒发作时进行人身攻击。

恶性病毒是指那些一旦发作，就会破坏系统或数据，造成计算机系统瘫痪的一类计算机病毒。这类病毒常见的有黑色星期五病毒、火炬病毒、米开朗·基罗病毒等。这种病毒的危害性极大，有些病毒发作后可以给用户造成不可挽回的损失。

5.4 计算机病毒的破坏行为及防御

5.4.1 计算机病毒的破坏行为

计算机病毒的破坏行为体现了病毒的杀伤能力。病毒破坏行为的激烈程度取决于病毒作者的主观愿望和其所具有的技术能量。数以万计、不断发展扩张的病毒，其破坏行为千奇百怪。根据常见的病毒特征，可以把病毒的破坏目标和攻击部位归纳如下。

1. 攻击系统数据区

攻击部位包括硬盘主引导扇区、Boot 扇区、FAT 表、文件目录。一般来说，攻击系统数据区的病毒是恶性病毒，受损的数据不易恢复。

2. 攻击文件

病毒对文件的攻击方式很多，一般包括删除、改名、替换内容、丢失部分程序代码、内容颠倒、写入时间空白、假冒文件、丢失文件簇、丢失数据文件等。

3. 攻击内存

内存是计算机的重要资源，也是病毒经常攻击的目标。病毒额外地占用和消耗系统的内存资源，可以导致一些程序受阻，甚至无法正常运行。

病毒攻击内存的方式有占用大量内存、改变内存容量、禁止分配内存、蚕食内存。

4. 干扰系统运行

病毒会干扰系统的正常运行，以此达到自己的破坏行为。一般表现为不执行命令、干扰内部命令的执行、虚假报警、打不开文件、内部栈溢出、占用特殊数据区、时钟倒转、重启动、死机、强制游戏、扰乱串并行口等。

5. 速度下降

病毒激活时，其内部的时间延迟程序启动。在时钟中载入了时间的循环计数，迫使计算机空转，计算机速度明显下降。

6. 攻击磁盘

攻击磁盘表现为攻击磁盘数据、不写盘、写操作变读操作、写盘时丢字节。

7. 扰乱屏幕显示

病毒扰乱屏幕显示一般表现为字符跌落、环绕、倒置、显示前一屏、光标下跌、滚屏、抖动、乱写、吃字符等。

8. 干扰键盘操作

病毒干扰键盘操作主要表现为响铃、封锁键盘、换字、抹掉缓存区字符、重复、输入紊乱等。

9. 使喇叭发声

许多病毒运行时，会使计算机的喇叭发出响声。有的病毒作者让病毒演奏旋律优美的世界名曲，在高雅的曲调中抹掉人们的信息财富。一般表现为演奏曲子、警笛声、炸弹噪声、鸣叫、咔咔声、嘀嗒声等。

10. 攻击 CMOS

在机器的 CMOS 中保存着系统的重要数据，如系统时钟、磁盘类型、内存容量等，并具有校验和。有些病毒激活时，能够对 CMOS 进行写入动作，破坏系统 CMOS 中的数据。

11. 干扰打印机

干扰打印机主要表现为假报警、间断性打印、更换字符。

5.4.2　计算机病毒的防御

怎样有效地防御计算机病毒呢？建议用户在自己的计算机上进行以下操作：

（1）在计算机上安装杀毒软件和防火墙软件，这里以瑞星杀毒软件和瑞星防火墙软件为例。

（2）及时升级杀毒软件，尤其在病毒盛行期间或者病毒突发的非常时期，这样做可以保证用户的计算机受到持续的保护。

（3）使用流行病毒专杀工具。例如，一旦暴发恶性病毒，瑞星公司会第一时间在瑞星网站（http://www.rising.com.cn）上提供专杀工具下载，针对性强，速度快，防止病毒扩散。

（4）开启杀毒软件的实时监控中心功能，系统启动后立即启用计算机监控功能，防止病毒侵入计算机。例如，瑞星监控中心是用户实时的、多层级的病毒防御体系，关闭瑞星监控中心将大大大增加病毒侵入的风险，建议开启瑞星监控中心并设置密码，以防止别人关闭。

（5）定期全面扫描系统（建议个人计算机每周一次，服务器每天深夜全面扫描一次系统）。

（6）复制任何文件到本机时，建议使用杀毒软件的右键查杀功能进行专门查杀。

（7）以纯文本方式阅读信件，不要轻易打开电子邮件附件，建议启动瑞星杀毒软件邮件监控功能。

（8）从互联网下载任何文件时，需检查该网站是否具有安全认证。在通过即时通信软件（如 QQ、MSN Messenger）传送文件或者从互联网下载文件时，建议使用杀毒软件嵌入式杀毒工具,接收文件后自动调用杀毒软件扫描病毒。

（9）不要访问某些可能含有恶意脚本或者蠕虫病毒的网站,建议启用杀毒软件网页监控功能。

（10）及时获得反病毒预报警示。例如,在病毒暴发前,用户可通过浏览瑞星反病毒资讯网站(http://www.rising.com.cn)、瑞星杀毒软件主界面中的信息中心或者手机短信来获得病毒暴发的预报信息。

（11）建议使用 Windows Update 更新操作系统,或者使用杀毒软件系统漏洞扫描工具及时下载并安装补丁程序。

（12）使用防火墙软件,防止黑客程序侵入计算机。

5.4.3　如何降低由病毒破坏所引起的损失

降低由病毒破坏所引起的损失主要有以下两种方法:

（1）定期备份硬盘数据。万一硬盘数据损坏或丢失,可使用杀毒软件的硬盘数据备份功能恢复数据。

（2）用户可以通过邮件、电话、传真等方式与杀毒软件的客户服务中心联系,由他们的技术中心提供专业的服务,尽量减少由病毒破坏造成的损失。

5.4.4　计算机病毒相关法律法规

为了保护计算机信息系统的安全,促进计算机的应用和发展,保障社会主义现代化建设的顺利进行,制定了《中华人民共和国计算机信息系统安全保护条例》。

为了加强对计算机病毒的预防和治理,保护计算机信息系统安全,保障计算机的应用与发展,根据《中华人民共和国计算机信息系统安全保护条例》的规定,制定了《计算机病毒防治管理办法》。

为了加强计算机信息系统安全专用产品的管理,保证安全专用产品的安全功能,维护计算机信息系统的安全,根据《中华人民共和国计算机信息系统安全保护条例》第十六条的规定,制定了《计算机信息系统安全专用产品检测和销售许可证管理办法》。

5.5　常见病毒的查杀

5.5.1　CIH 病毒的查杀

CIH 病毒最早于 1998 年 6 月初在台湾被发现,它是一位名叫陈盈豪(Chen Ing. Halu)的台湾大学生所编写的,由于其名字的第一个字母分别为 C、I、H,所以称为 CIH 病毒。CIH 病毒的载体是一个名为"ICQ 中文 Ch_at 模块"的工具,并以热门盗版光盘游戏如"古墓奇兵"或 Windows 95/98 为媒介,经互联网中的网站互相转载,使其迅速传播。目前传播的主要途径是 Internet 和电子邮件。

CIH 病毒属文件型病毒,它主要感染 Windows 95/98 系统下的 EXE 文件。当一个染毒的 EXE 文件被执行,CIH 病毒便驻留在内存,当其他程序访问时可对它们进行感染。其发展过程经历了 v1.0、v1.1、v1.2、v1.3、v1.4 总共 5 个版本,目前较为流行的是 v1.2 版本,在此期间,同时产生了不下十个的变种,但是没有流行起来的迹象。

CIH 病毒属恶性病毒,当其发作条件成熟时,将破坏硬盘数据,同时有可能破坏 BIOS 程序。其发作特征是,某些主板上的 Flash ROM 中的 BIOS 信息将被清除。

瑞星公司提供了针对硬盘的 CIH 病毒修复工具,用户可以到相关的网站上下载此修复工具,瑞星公司提供的本程序只针对 CIH 病毒破坏的硬盘进行修复,对于正常的硬盘不要使用此程序处理。此程序不能保证修复所有硬盘数据,也不能保证修复后的数据是完全正确的,只是尽可能地修复用户数据。此程序只修复第一块硬盘,如果有多块硬盘,需将其他硬盘摘下,一块一块地对其进行修复。

修复的操作步骤如下:

(1) 该软件包括两个程序:ANTICIH.EXE 和 RAV.REC。这两个程序必须复制到软盘的同一路径下。

(2) 用无毒的软盘启动计算机。

(3) 执行 ANTICIH.EXE,该程序将对硬盘进行扫描,以获得有关数据。

(4) 扫描完成后,程序将显示如下提示。

```
Hard disk scanned result:
SIZE CYLS HEAD SECTOR
XXXX XXXX XXXX XXXX
Partition: C: D:
Drive C: FAT32
Recover partition table (Y/N)?
```

注意:SIZE 是硬盘的大小,以 MB 为单位;CYLS 是硬盘柱面数,HEAD 是硬盘的磁头数,SECTOR 是每道扇区数。对于大于 8GB 的硬盘,只显示硬盘大小。Partition 是找到的分区;Drive C:用于是说明 C 盘的格式,是 FAT16 或 FAT32。

针对不同的硬盘,提示信息不一样,此时确认是否要修复主引导记录,要修复请按 Y 键,否则按 N 键,本程序将退出。如果按了 Y 键,此程序将修复主引导记录,程序会进一步提示:

```
Recover drive C:(Y/N)?
```

如果修复 C 盘,请按 Y 键,否则按 N 键,程序将退出。

如果 C 盘是 FAT16,而且破坏比较严重,修复过程可能需要很长时间,需耐心等待。修复完成后,需重启系统。

5.5.2 宏病毒的查杀

宏病毒是一种寄存在文档或模板的宏中的计算机病毒。一旦打开这样的文档,其中的宏就会被执行,于是宏病毒就会被激活,并转移到计算机上,驻留在 Normal 模板上。从此以后,所有自动保存的文档都会感染上这种宏病毒。如果其他用户打开了感染病毒的文档,宏病毒又会转移到他的计算机上。目前发现的几种主要宏病毒有 Wazzu、Concept、13 号病毒、Nuclear、July.killer(又名"七月杀手")。

有些宏病毒对用户进行骚扰,但不破坏系统,比如,有一种宏病毒在每月的 13 日发作时会显示出 5 个数字连乘的心算数学题;有些宏病毒可使打印中途中断或打印出混乱信息,如 Nuclear、Kompu 等属此类；有些宏病毒将文档中的部分字符、文本进行替换；但也有些"宏病毒"极具破坏性，如 MDMA.A，这种病毒既能感染中文版 Word，又能感染英文版 Word，发作时间是每月的 1 日。此病毒在不同的 Windows 平台上有不同的破坏性，轻则删除帮助文件，重则删除硬盘中的所有文件。另外，还有一种双栖复合型宏病毒，发作时可使计算机瘫痪。

1. 宏病毒的预防

宏病毒的预防要注意以下两点：

（1）将常用的 Word 模板文件改为只读属性，可防止 Word 系统被感染；DOS 下的 autoexec.bat 和 config.sys 文件最好也都设为只读属性。

（2）因为宏病毒是通过自动执行宏的方式来激活、进行传染破坏的，所以只要将自动执行宏功能禁止掉，此时即使有宏病毒存在，但无法被激活，也无法发作、传染、破坏，这样就起到了防毒的效果。

2. 宏病毒的制作以及查杀实例

下面通过简单制作一个宏病毒让大家对实际存在的宏病毒有一个了解，其具体制作步骤如下：

（1）打开 Word 文字处理软件，在窗口菜单栏中选择【插入】→【对象】命令，在弹出的【对象】对话框中，选择【对象类型】列表框中的【包】选项，单击【确定】按钮，如图 5.1 所示。

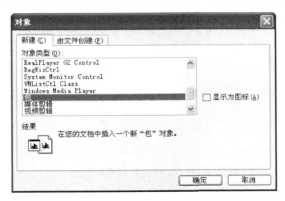

图 5.1　设置对象类型

（2）在如图 5.2 所示的【对象包装程序】窗口中选择【编辑】→【命令行】命令，在弹出的命令行区域中输入"ping −t localhost −l 60000"，完成后单击【确定】按钮，那么这条命令在永久地 ping 自己的计算机，并且每次发出的 ping 包都是 60 000 个字节，如此就会形成一个 DoS 攻击。黑客们编写的宏病毒往往比这个厉害，比如格式化硬盘的病毒等。

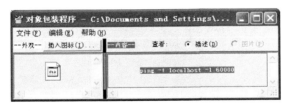

图 5.2　【对象包装程序】窗口

（3）在如图 5.2 所示的【对象包装程序】窗口中，单击【插入图标】按钮，为该命令行选个有诱惑力的图标。在关闭【对象包装程序】窗口后，在文档的相关位置便出现了一个和命令关联的图标，如图 5.3 所示，这样一个宏病毒就制作成功了。

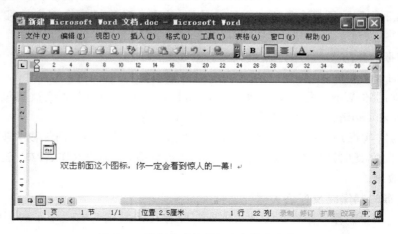

图 5.3　制作完成的 Word 中的宏病毒

真正的宏病毒不是这样制作的，真正的病毒会和宏指令相关联，如 FileOpen、FileSave、FileSaveAs 和 FilePrint 等命令，其内编写了可使系统瘫痪，能感染每一个 Word 文件的代码，并可以自动保存为模板文件。只要用户打开一次染毒的 Word 文件，则以后所有的 Word 文件都会被感染，看起来再正常不过的一个正规文档文件，很可能就暗藏着宏病毒。

刚才制作的宏病毒运行后的结果如图 5.4、图 5.5、图 5.6 所示。

图 5.4　Word 中的宏病毒运行结果 1

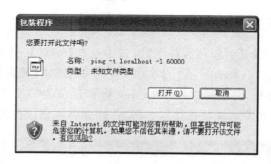

图 5.5　Word 中的宏病毒运行结果 2

3. 宏病毒的清除

清除宏病毒可通过手工或专业杀毒软进行，分别如下。

（1）手工：以 Word 为例，最简单的就是禁止 Word 执行宏指令。方法是，在 Word 窗

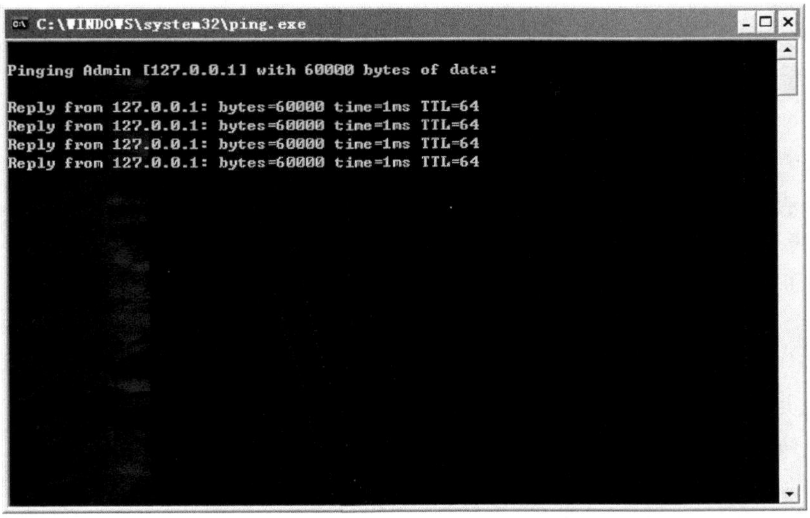

C:\WINDOWS\system32\ping.exe
Pinging Admin [127.0.0.1] with 60000 bytes of data:
Reply from 127.0.0.1: bytes=60000 time=1ms TTL=64
Reply from 127.0.0.1: bytes=60000 time=1ms TTL=64
Reply from 127.0.0.1: bytes=60000 time=1ms TTL=64
Reply from 127.0.0.1: bytes=60000 time=1ms TTL=64

图 5.6　Word 中的宏病毒运行结果 3

口的菜单栏中选择【工具】→【宏】→【安全性】命令，在弹出的如图 5.7 的所示的对话框中将其安全性设置为高，这样，未经系统签署的宏指令将会被 Word 禁止执行，从而不利于宏病毒的运行。

安全性
安全级(S)
可靠发行商(T)
非常高。只允许运行安装在受信任位置的宏。所有其他签署的和未经签署的宏都将被禁用(V)。
高。只允许运行可靠来源签署的宏，未经签署的宏会自动取消(H)。
中。您可以选择是否运行可能不安全的宏(M)。
低(不建议使用)。您将不受保护，而某些宏具有潜在的不安全因素。只有在安装了防病毒软件或检查了所有要打开的文档的安全性时，才能使用这项设置(L)。
已安装病毒检查程序。
确定
取消

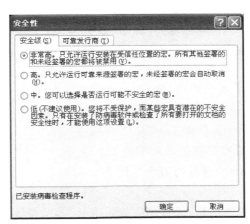

图 5.7　【安全性】对话框

(2) 使用专业杀毒软件：目前，杀毒软件公司都具备清除宏病毒的能力，当然也只能对已知的宏病毒进行检查和清除，对于新出现的病毒或病毒的变种则可能不能正常地清除。当有可能破坏文件的完整性时，建议还是手工清除。

5.5.3　蠕虫病毒的查杀

蠕虫病毒和一般的计算机病毒有着很大的区别。对于这种病毒，现在还没有一个成套的理论体系，但是一般认为，蠕虫病毒是一种通过网络传播的恶性病毒，它除了具有病毒的一些共性外，还具有自己的一些特征。例如不利用文件寄生(有的只存在于内存中)，对网络造成拒绝服务,以及与黑客技术相结合等。蠕虫病毒主要的破坏方式是大量地复制自身,然后在网络中传播,严重地占用有限的网络资源,最终引起整个网络的瘫痪,使用户不能通过网络进行正常的工作。每一次蠕虫病毒的暴发都会给全球经济造成巨大损失,因此它的危害性是十分巨大的。有一些蠕虫病毒还具有更改用户文件、将用户文件自动作为附件转发的功能,更是严重危害用户的系统安全。

1. 蠕虫病毒常见的传播方式

蠕虫病毒常见的传播方式如下。

(1) 利用系统漏洞传播:蠕虫病毒利用计算机系统的设计缺陷,通过网络主动地将自己扩散出去。

(2) 利用电子邮件传播:蠕虫病毒将自己隐藏在电子邮件中,随电子邮件扩散到整个网络中,这也是个人计算机被感染的主要途径。

2. 蠕虫病毒感染的对象

蠕虫病毒一般不寄生在别的程序中,而多作为一个独立的程序存在。它感染的对象是网络中的所有的计算机,并且这种感染是主动进行的,所以总是让人防不胜防。在现今全球网络高度发达的情况下,一种蠕虫病毒在几个小时之内蔓延全球并不是什么困难的事情。

现在流行的蠕虫病毒主要有尼姆达、红色代码、冲击波、震荡波、求职信,以及 2007 年最为流行的熊猫烧香。本书以冲击波和熊猫烧香为例来讲解蠕虫病毒的危害及如何清除。

3. 冲击波(Worm. Blaster)病毒的介绍

病毒运行时会不停地利用 IP 扫描技术寻找网络上系统为 Windows 2000 或 Windows XP 的计算机,找到后就利用 DCOM RPC 缓冲区漏洞攻击该系统,一旦攻击成功,病毒体将会被传送到对方计算机中进行感染,使系统操作异常、不停地重启,甚至导致系统崩溃,如图 5.8 所示。另外,该病毒还会对微软的一个升级网站进行拒绝服务攻击,导致该网站堵塞,使用户无法通过该网站升级系统。该病毒还会使被攻击的系统丧失更新该漏洞补丁的能力。

图 5.8 冲击波病毒的症状

4. 冲击波(Worm. Blaster)病毒的防范与查杀

具体步骤如下:

(1) 用户可以先进入微软网站,下载相应的系统补丁,给系统打上补丁。每个 Windows 都有相应的版本,下面是一个 Windows XP 的 32 位版本的下载补丁地址。

http://microsoft. com/downloads/details. aspx? FamilyId＝2354406C. C5B6. 44AC. 9532.3DE40F69C074&displaylang＝en

(2) 病毒运行时会建立一个名为 BILLY 的互斥量,使病毒自身不重复进入内存,并且病毒在内存中建立一个名为 msblast 的进程,用户可以用任务管理器将该病毒进程终止。

(3) 病毒运行时会将自身复制为％systemdir％\msblast.exe,用户可以手动删除该病毒文件。

注意:％systemdir％是一个变量,它指的是操作系统安装目录中的系统目录,默认是"C:\Windows\system"或"C:\Winnt\system32"。

(4) 病毒会修改注册表的 HKEY_LOCAL_MACHINE\SOFTWARE\Microsoft\

Windows\CurrentVersion\Run 项,在其中加入"windows auto update"＝"msblast.exe",进行自启动,用户可以手工清除该键值。

（5）病毒会用到 135、4444、69 等端口,用户可以使用 Windows 防火墙软件将这些端口禁止或者使用 TCP/IP 筛选功能禁止这些端口。

（6）用户也可以使用瑞星专杀工具来进行查杀,图 5.9 所示就是【RPC 漏洞蠕虫专用查杀工具】窗口。

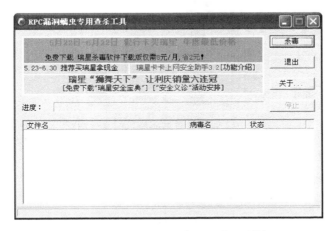

图 5.9 【RPC 漏洞蠕虫专用查杀工具】窗口

5. 熊猫烧香病毒的介绍

熊猫烧香(worm.nimaya)又称武汉男生或者尼姆亚,是一种蠕虫病毒,是由 Delphi 编程工具编写的,能终止大量的反病毒软件和防火墙软件。病毒会删除扩展名为.gho 的文件,使用户无法使用 Ghost 软件恢复操作系统。熊猫烧香病毒可感染系统的.exe.com.pif.src.html.asp 文件,添加病毒网址,导致用户一打开这些网页文件,IE 浏览器就会自动连接到指定的病毒网址中下载病毒,并在硬盘各个分区下生成文件 autorun.inf 和 setup.exe。该病毒可以通过 U 盘和移动硬盘等方式进行传播,并且利用 Windows 系统的自动播放功能来运行,搜索硬盘中的.exe 可执行文件并感染,感染后的文件图标变成"熊猫烧香"图案。熊猫烧香病毒还可以通过共享文件夹、系统弱口令等多种方式进行传播。这是中国近年来发生的比较严重的一次蠕虫病毒发作,影响了较多公司,造成了较大的损失。图 5.10 所示为感染病毒后的熊猫烧香图标。

6. 熊猫烧香病毒的防范

防范熊猫烧香病毒的具体步骤如下:

（1）安装杀毒软件,并在上网时打开网页实时监控。

（2）网站管理员应该更改机器密码,以防止病毒通过局域网传播。

（3）当 QQ、UC 的漏洞已经被该病毒利用时,用户应该去相应的官方网站打好最新补丁。

（4）该病毒会利用 IE 浏览器的漏洞进行攻击,因此用户应该给 IE 浏览器打好所有的补丁。如果有必要,用户可以暂时使用 Firefox、Opera 等比较安全的浏览器。

7. 熊猫烧香病毒的清除

如果计算机中了熊猫烧香病毒,则可以采取以下步骤来对它进行清除:

图 5.10　熊猫烧香被感染后的文件图标

（1）断开网络。

（2）结束病毒进程"％System％\FuckJacks.exe"。

（3）删除病毒文件"％System％\FuckJacks.exe"。

（4）在分区盘符上单击右键，在弹出的快捷菜单中选择"打开"命令，进入分区根目录，删除根目录下的两个文件：X:\autorun.inf 和 X:\setup.exe。

（5）在注册表中删除病毒创建的启动项：

[HKEY_CURRENT_USER\Software\Microsoft\Windows\CurrentVersion\Run]
"FuckJacks" = " % System % \FuckJacks.exe"
[HKEY_LOCAL_MACHINE\SOFTWARE\Microsoft\Windows\CurrentVersion\Run]
"svohost" = " % System % \FuckJacks.exe"

（6）修复或重新安装反病毒软件。

（7）使用反病毒软件或专杀工具进行全盘扫描，清除恢复被感染的.exe 文件。图 5.11所示为瑞星公司的熊猫烧香专杀工具窗口。

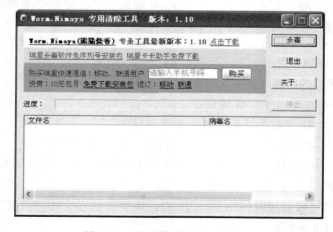

图 5.11　熊猫烧香专杀工具窗口

5.6 部署企业版杀毒软件

5.6.1 企业版杀毒软件概述

防病毒是网络安全的重中之重。当网络中的个别客户端感染病毒后，就有可能在极短的时间内感染整个网络，造成网络服务中断或瘫痪，所以局域网的防病毒工作非常重要。最常用的方法就是在网络中部署企业版杀毒软件，比如 Symantec AntiVirus、趋势科技与瑞星的网络版杀毒软件等。本节重点讲解 Symantec 公司推出的新一代企业版网络安全防护产品——Symantec Endpoint Protection（端点保护）。它将 Symantec AntiVirus 与高级威胁防御功能相结合，可以为笔记本电脑、台式机和服务器提供安全防护功能。它在一个代理和管理控制台中无缝集成了基本安全技术，不仅提高了防护能力，而且还有助于降低总拥有成本。

1. 主要功能

（1）无缝集成了一些基本技术，如集成了防病毒、反间谍软件、防火墙、入侵防御和设备控制技术。

（2）只需要一个代理，通过一个管理控制台，即可进行管理。

（3）由端点安全领域的市场领导者提供无可匹敌的端点防护。

（4）无须对每个端点额外部署软件，即可立即进行 NAC 升级。

2. 主要优势

（1）阻截恶意软件，如病毒、蠕虫、特洛伊木马、间谍软件、恶意软件、零日威胁和 Rootkit。

（2）防止安全违规事件的发生，从而降低管理开销。

（3）降低保障端点安全的总拥有成本。

新一代 Symantec 安全防护产品主要包括 Symantec Endpoint Protection（端点保护）和 Symantec Network Access Control（端点安全访问控制）两种。每一种功能都可以提供强大的 Symantec Endpoint Protection Manager（端点保护管理），以帮助管理员快速完成网络安全的统一部署和管理。

➦ **课业任务 5-1**

WYL 公司采用 Symantec Endpoint Protection（端点保护）作为安全防护解决方案，网络管理员需要在一台安装 Windows Server 2008 操作系统的计算机上安装 Symantec Endpoint Protection 服务器端软件，然后对其受管的所有客户端进行部署。

下面通过 5.6.2、5.6.3、5.6.4、5.6.5 这 4 小节分别来讲解服务器端与客户端的安装与部署，以完成课业任务 5-1。

5.6.2 安装 Symantec Endpoint Protection Manager

安装步骤如下：

（1）插入安装光盘，双击光盘根目录下的 Setup.exe 文件，启动安装程序，显示如图 5.12 所示的【Symantec Endpoint Protection 安装程序】窗口。

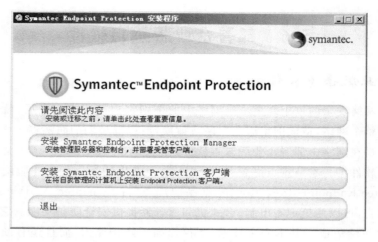

图 5.12 【Symantec Endpoint Protection 安装程序】窗口

（2）在图 5.12 所示的窗口中单击【安装 Symantec Endpoint Protection Manager】按钮，启动 Symantec Endpoint Protection Manager 安装向导，弹出如图 5.13 所示的【欢迎使用 Symantec Endpoint Protection Manager 安装向导】对话框。

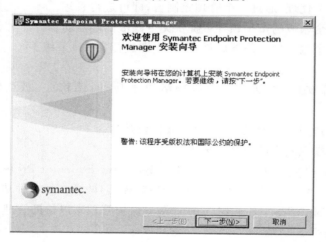

图 5.13 【欢迎使用 Symantec Endpoint Protection Manager 安装向导】对话框

（3）在图 5.13 所示的对话框中单击【下一步】按钮，弹出如图 5.14 所示的【授权许可协议】对话框，选择【我接受该许可证协议中的条款】单选按钮。

（4）在图 5.14 所示的对话框中单击【下一步】按钮，弹出如图 5.15 所示的【目录文件夹】对话框，单击【更改】按钮可以重新选择安装目录，建议使用默认安装路径。

（5）在图 5.15 所示的对话框中单击【下一步】按钮，弹出如图 5.16 所示的【选择网站】对话框。若要在该服务器上使 Symantec Endpoint Protection Manager IIS Web 和原有的 Web 站点同时运行，则选择【使用默认 Web 站点】单选按钮；若要将 Symantec Endpoint Protection Manager IIS Web 配置为当前服务器上唯一的 Web 站点，则选择【创建自定义站点（建议）】单选按钮。为了提高服务器的安全性，建议选择【创建自定义站点（建议）】单选按钮。

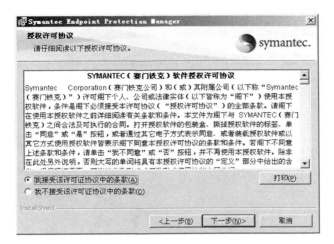

图 5.14 【授权许可协议】对话框

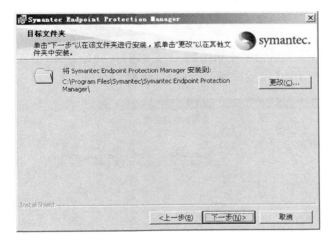

图 5.15 【目标文件夹】对话框

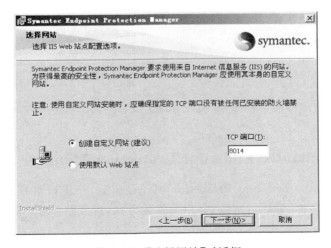

图 5.16 【选择网站】对话框

计算机病毒及其防治

（6）在图 5.16 所示的对话框中单击【下一步】按钮，弹出如图 5.17 所示的【准备安装程序】对话框，提示安装向导已经准备就绪。

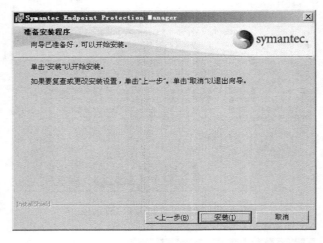

图 5.17 【准备安装程序】对话框

（7）在图 5.17 所示的对话框中单击【安装】按钮，即开始安装，需要等待几分钟时间，完成后弹出如图 5.18 所示的【安装向导已完成】对话框。

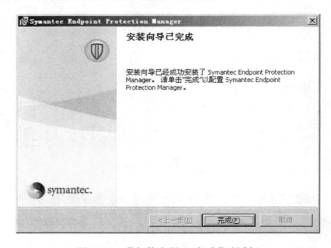

图 5.18 【安装向导已完成】对话框

（8）在图 5.18 所示的对话框中单击【完成】按钮，即可完成 Symantec Endpoint Protection Manager 的安装。

5.6.3 配置 Symantec Endpoint Protection Manager

安装完成 Symantec Endpoint Protection Manager 后，还应该对其进行配置，包括创建服务器组，设置站点名称、管理员密码、客户端安装方式，以及制作客户端安装包等。其具体操作步骤如下：

（1）选择【开始】→【程序】→Symantec Endpoint Protection Manager→【管理服务器配

置向导】命令,弹出如图 5.19 所示的【欢迎使用管理服务器配置向导】窗口。此处提供【简单】与【高级】两种配置类型。其区别在于,【简单】是指小于 100 个用户的情况,并且使用嵌入式数据库,而【高级】是指大于 100 个用户,同时可以使用 Microsoft SQL Server 作为数据库。本任务因为企业规划不大,因此选择【简单】单选按钮。

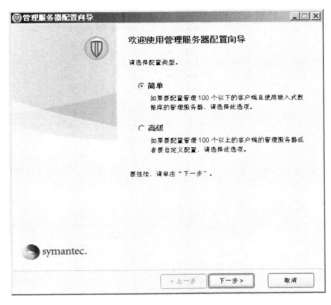

图 5.19 【欢迎使用管理服务器配置向导】窗口

(2) 在图 5.19 所示的窗口中单击【下一步】按钮,弹出如图 5.20 所示的【创建系统管理员账户】窗口,设置登录 Symantec Endpoint Protection Manager 的用户名与密码。

图 5.20 【创建系统管理员账户】窗口

第5章

计算机病毒及其防治

（3）在图 5.20 所示的窗口中单击【下一步】按钮，弹出如图 5.21 所示的显示配置相关信息窗口，显示管理服务器使用的相关配置信息。

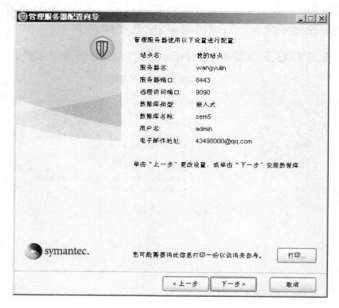

图 5.21　显示配置相关信息窗口

（4）在图 5.21 所示的窗口中单击【下一步】按钮，等待系统创建好数据库之后，弹出如图 5.22 所示的【管理服务器配置向导已完成】窗口，完成 Symantec Endpoint Protection Manager 的配置。

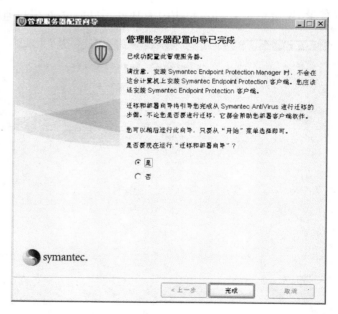

图 5.22　【管理服务器配置向导已完成】窗口

5.6.4 迁移和部署向导

迁移和部署向导主要用来帮助管理员完成客户端的部署,或者将客户端从旧版本 Symantec AntiVirus 迁移到 Symantec Endpoint Protection 管理平台。

迁移和部署向导的具体操作步骤如下:

(1) 用户可以在完成管理服务器配置向导后立即开始部署,也可以选择【开始】→【迁移和部署向导】命令,弹出如图 5.23 所示的【欢迎使用迁移和部署向导】窗口。

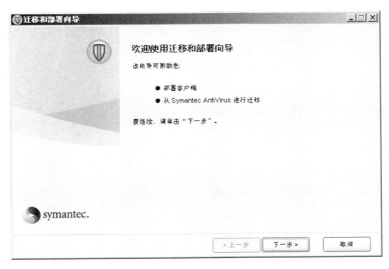

图 5.23 【欢迎使用迁移和部署向导】窗口

(2) 在图 5.23 所示的窗口中单击【下一步】按钮,弹出如图 5.24 所示的【您选择何种操作】窗口,本任务选择【部署客户端】单选按钮。

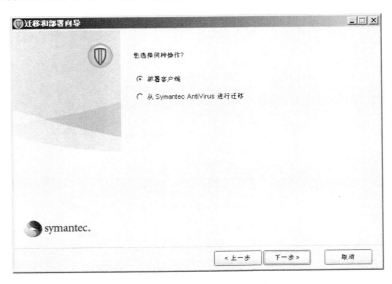

图 5.24 【您选择何种操作】窗口

计算机病毒及其防治

（3）在图 5.24 所示的窗口中单击【下一步】按钮，弹出如图 5.25 所示的指定要部署的客户端组窗口，选择【指定您要部署客户端的新组名】单选按钮，本任务在文本框中输入组名"thxy"。

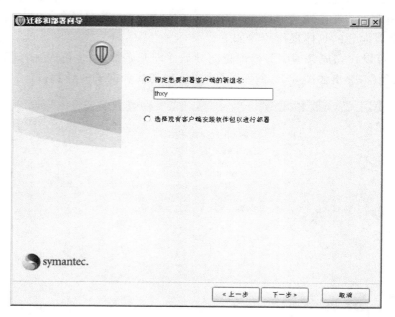

图 5.25　指定要部署的客户端组窗口

（4）在图 5.25 所示的窗口中单击【下一步】按钮，弹出如图 5.26 所示的选择包含的功能窗口，通常情况下保持默认即可。如果客户端使用 Outlook 收发邮件，则也可以选择【Microsoft Outlook 扫描程序】复选框。

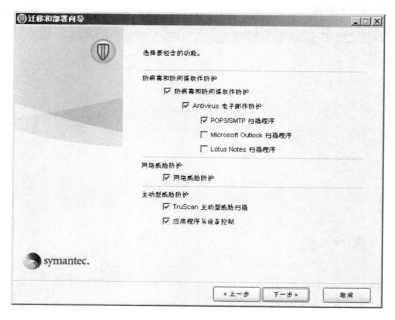

图 5.26　选择包含的功能窗口

（5）在图 5.26 所示的窗口中单击【下一步】按钮，弹出如图 5.27 所示的定制客户端软件功能窗口，本任务选择无人参与的 32 位的. exe 文件，另外，还可以选择生成客户端软件存放的路径。

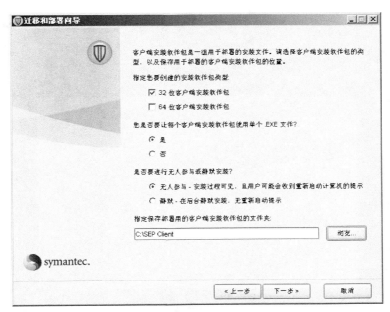

图 5.27　定制客户端软件功能窗口

（6）在图 5.27 所示的窗口中单击【下一步】按钮，弹出如图 5.28 所示的是否立即部署到远程客户端窗口，如果选择【是】单选按钮，则立即开始在远程计算机上安装 SEP 客户端，本任务选择【否，只要创建即可，我稍后会部署】单选按钮。

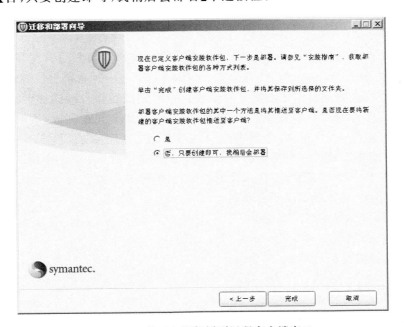

图 5.28　是否立即部署到远程客户端窗口

计算机病毒及其防治

（7）在图 5.28 所示的窗口中单击【完成】按钮，关闭迁移与部署向导，默认情况下将弹出【Symantec Endpoint Protection Manager 控制台】窗口，显示如图 5.29 所示的登录界面。

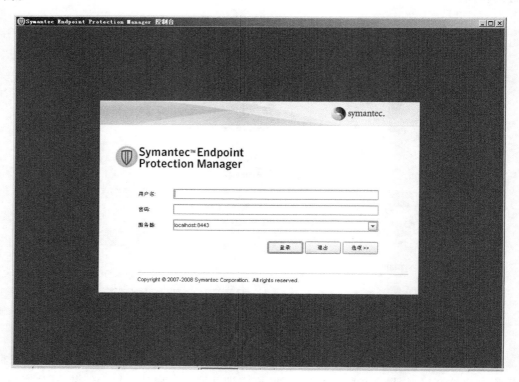

图 5.29　登录界面

5.6.5　安装 Symantec Endpoint Protection 客户端

Symantec Endpoint Protection 客户端分为受管理客户端与非受管理客户端，其中，受管理客户端可以通过 Symantec Endpoint Protection Manager 远程部署等方式安装，也可以在客户端上使用管理服务器创建的安装包安装。安装完成后将自动添加到指定的组中，并接受服务器的统一管理。而非受管理客户端则可以通过安装光盘完成，虽然同样可以被添加到服务器控制台中，但不接受服务器的管理。需要注意的是，Symantec Endpoint Protection 客户端在安装过程中至少需要 700MB 的硬盘空间，如果空间不足，将导致失败。

对于受管理客户端的安装，用户可以通过以下几种方法部署接受 Symantec Endpoint Protection Manager 服务器管理的客户端：

- 迁移和部署向导的"推"式安装；
- 客户端映射网络驱动安装；
- 使用"查找非受管计算机"部署；
- 客户端手动安装；
- 使用 Altiris 安装和部署软件安装。

本任务介绍使用迁移和部署向导的"推"式安装，具体步骤如下：

（1）启动迁移与部署向导，连续单击【下一步】按钮，直至弹出如图5.30所示的【迁移和部署向导】窗口，选择【选择现有客户端安装软件包以进行部署】单选按钮。

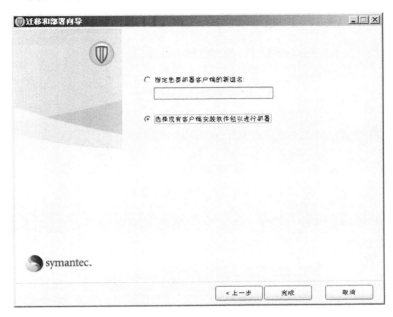

图5.30　选择现有客户端安装软件包以进行部署

（2）在图5.30所示的窗口中单击【下一步】按钮，弹出如图5.31所示的【推式部署向导】对话框。单击该对话框中的【浏览】按钮，选择已经创建完成的安装程序所在的目录，在【指定并行部署数量上限】文本框中输入相应的值，默认是10个。

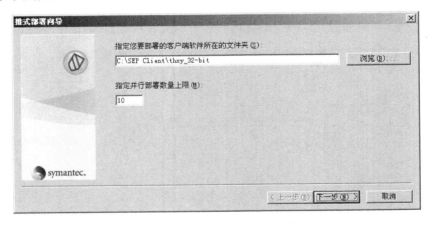

图5.31　【推式部署向导】对话框

（3）在图5.31所示的对话框中单击【下一步】按钮，弹出如图5.32所示的选择部署的计算机对话框，选择希望添加为客户端的计算机。

（4）在图5.32所示的对话框中单击【添加】按钮，弹出如图5.33所示的【远程客户端验证】对话框，在【用户名】与【密码】文本框中输入远程登录目标计算机时使用的用户名信息，

计算机病毒及其防治

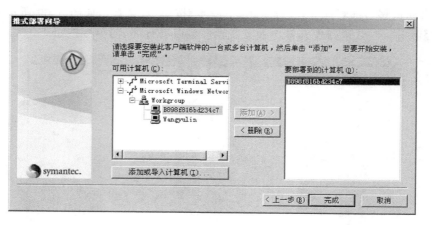

图 5.32　选择部署的计算机

单击【确定】按钮,即可将其添加到图 5.32 所示的【要部署到的计算机】列表框中,重复操作可以添加多个客户端。

图 5.33　【远程客户端验证】对话框

(5) 添加完所有需要部署的客户端之后,在图 5.32 所示的对话框中单击【完成】按钮,即可以开始安装,弹出如图 5.34 所示的【远程客户端安装状态】对话框。

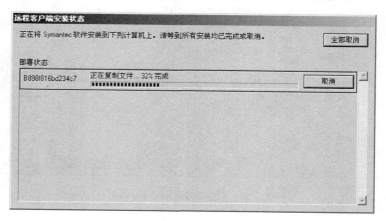

图 5.34　【远程客户端安装状态】对话框

(6) 安装完成后,弹出如图 5.35 所示的【推式部署向导】提示对话框,提示是否查看部署日志。如果并发部署多个客户端,则可能由于服务器性能导致部分客户端无法正常完成,此时可以通过日志确定完成情况。

至此,管理服务器上的远程部署工作完成了,客户端将开始自动安装,安装完成后将提示用户是否立即重新启动计算机。

5.6.6 升级病毒库

图 5.35 提示对话框

杀毒软件是根据提取的病毒特征来确定文件是否是病毒程序的,升级病毒库就是不断地更新能够识别的病毒库特征,增强杀毒软件与系统应用程序之间的兼容性。通常情况下,非受管理客户端每天从 Symantec LiveUpdate 站点下载病毒库。在新一代的 Symantec 安全防御系统中新增了 LiveUpdate 管理服务器,主要为大型网络提供客户端病毒库升级管理。

练 习 题

1. 选择题

(1) 计算机病毒是( )。

    A. 编制有错误的计算机程序

    B. 设计不完善的计算机程序

    C. 已被破坏的计算机程序

    D. 以危害系统为目的的特殊计算机程序

(2) 以下关于计算机病毒特征的说法正确的是( )。

    A. 计算机病毒只具有破坏性,没有其他特征

    B. 计算机病毒具有破坏性,不具有传染性

    C. 破坏性和传染性是计算机病毒的两大主要特征

    D. 计算机病毒只具有传染性,不具有破坏性

(3) 计算机病毒是一段可运行的程序,它一般( )保存在磁盘中。

    A. 作为一个文件   B. 作为一段数据

    C. 不作为单独文件   D. 作为一段资料

(4) 下列措施中,( )不是减少病毒传染和造成损失的好办法。

    A. 重要的文件要及时、定期备份,使备份能反映出系统的最新状态

    B. 外来的文件要经过病毒检测才能使用,不要使用盗版软件

    C. 不与外界进行任何交流,所有软件都自行开发

    D. 定期用杀毒软件对系统进行查毒、杀毒

(5) 下列关于计算机病毒的说法中,正确的是( )。

    A. 计算机病毒是磁盘发霉后产生的一种会破坏计算机的微生物

    B. 计算机病毒是患有传染病的操作者传染给计算机,影响计算机正常运行

    C. 计算机病毒有故障的计算机自己产生的可以影响计算机正常运行的程序

    D. 计算机病毒人为制造出来的干扰计算机正常工作的程序

(6) 计算机病毒会通过各种渠道从已被感染的计算机扩散到未被感染的计算机,此特征为计算机病毒的( )。

    A. 潜伏性   B. 传染性

C. 欺骗性　　　　　　　　　　　　D. 持久性

（7）计算机病毒的主要危害有（　　）。

A. 损坏计算机的外观　　　　　　　B. 干扰计算机的正常运行

C. 影响操作者的健康　　　　　　　D. 使计算机腐烂

2. 填空题

（1）Office 中的 Word、Excel、PowerPoint、Viso 等很容易感染＿＿＿＿＿＿病毒。

（2）＿＿＿＿＿＿是指编制或者在计算机程序中插入的破坏计算机功能或者破坏数据，影响计算机使用并且能够自我复制的一组计算机指令或者程序代码。

（3）冲击波和震荡波都是属于＿＿＿＿＿＿病毒。

第6章   Windows 2008 操作系统的安全

操作系统是连接计算机硬件与上层软件及用户的桥梁,也是计算机系统的核心。因此,操作系统的安全性与否直接决定着信息是否安全。作为网络操作系统或服务器操作系统,高性能、高可靠性和高安全性是其必备要素,尤其是日趋复杂的企业应用和 Internet 应用,对其提出了更高的要求。Windows Server 2008 是新一代 Windows Server 操作系统,是专为强化新一代网络、应用程序和 Web 服务功能而设计的。Windows Server 2008 操作系统不仅保留了 Windows Server 2003 的所有优点,而且还引进了多项新技术。该操作系统使用 ASLR(Address Space Layout Randomization,随机地址空间分配)技术、更好的防火墙功能及 BitLocker 磁盘加密功能,还加入了加强诊断和监测的功能、存储及文件系统的改进功能,可自行恢复 NTFS 文件系统。同时,还加强了管理,改写了网络协议栈,其中包括支持 IPv6 等功能。

▶ 学习目标

- 掌握 Windows 2008 操作系统的用户安全管理、账号与密码设定,以及账号和密码安全设定的常用方法。
- 掌握文件系统安全管理,包括 NTFS 权限、共享权限、权限叠加,以及使用文件服务器资源管理器实现文件屏蔽的方法。
- 熟练掌握 Windows 2008 主机安全的配置。
- 熟练掌握常见的本地组策略的配置。

▶ 课业任务

本章通过 8 个实际课业任务,由浅入深、循序渐进地介绍 Windows 2008 操作系统的用户、文件及主机安全。

➔ 课业任务 6-1

Bob 是 WYL 公司的网络管理员,公司服务器安装的是 Windows Server 2008 操作系统,为了保证服务器的安全,Bob 在服务器上更改了 Administrator 账户名称,并创建了一个名称为 Administrator 的陷阱账户。

能力观测点

Windows 2008 账号与密码安全设置;创建陷阱账户。

➔ 课业任务 6-2

WYL 公司的文件服务器安装的是 Windows Server 2008 操作系统,服务器 D 盘使用 NTFS 格式。现要求网络管理员在 D 盘创建一个共享文件夹,命名为【开发部文件夹】,并通过设置合适的 NTFS 权限和共享权限,使开发部的员工能够通过网络在【开发部文件夹】内创建自己的文件夹,以用于保存个人的文件。每个员工对自己的文件夹有完全控制权限,但不能访问别的员工提交的文件夹和文件。Bob 和 Tom 都是开发部的员工,开发部的用户组是 R&D Department。

能力观测点

文件夹权限的继承性;共享文件夹权限管理。

⤷ 课业任务 6-3

Bob 和 Tom 都是 WYL 公司开发部的员工,他们的工作文档都保存在 D 盘的【开发部文件夹】目录下。为了保证这些文档的安全,他们要对自己的个人文件夹设置 EFS 加密,并备份密钥到安全的地方。

能力观测点

文件夹设置 EFS 加密;备份 EFS 证书。

⤷ 课业任务 6-4

Bob 是 WYL 公司的网络管理员,公司服务器安装的是 Windows Server 2008 操作系统。为了保证服务器的安全,Bob 在服务器上配置服务器安全策略,以审核登录成功和失败,这样可以在安全日志中查看登录成功和失败的记录。审核登录事件,可以发现黑客的入侵行为。

能力观测点

设置审核策略;设置审核登录事件。

⤷ 课业任务 6-5

Bob 是 WYL 公司的网络管理员,公司服务器安装的是 Windows Server 2008 操作系统。为了保证服务器的安全,Bob 在服务器上配置服务器审核策略,审核用户管理,这样创建用户、重设密码、启用用户、将用户添加到组、删除用户等操作都将记录在安全日志中。

能力观测点

设置审核策略;设置审核账户管理。

⤷ 课业任务 6-6

Bob 是 WYL 公司的网络管理员,为了保证 Bob 计算机的安全,Bob 在自己的计算机上配置了服务器审核策略,审核用户权限分配,拒绝 ceshi 用户从网络访问他的计算机。

能力观测点

设置审核策略;审核用户权限分配。

⤷ 课业任务 6-7

WYL 公司的 Web 服务器安装的是 Windows Server 2008 系统,通过创建防火墙的自定义入站规则,允许客户机访问 Web 服务器上端口 8080 的网站首页。

能力观测点

使用高级功能防火墙设置入站规则。

⤷ 课业任务 6-8

WYL 公司的服务器安装的是 Windows Server 2008 系统,通过基于协议和端口创建防火墙的出站规则,阻止服务器访问 FTP 站点。

能力观测点

使用高级功能防火墙设置出站规则。

6.1　Windows 2008 用户安全

保证用户名和密码的安全是防止对计算机进行未授权访问的第一道防线,密码越强,就越能保护计算机免受黑客和恶意软件的侵害,因此应确保计算机上的所有账户使用的都是强密码。

6.1.1　用户管理

用户类型分为两种:一种是系统内置的账户,另一种是管理员自己创建的本地用户。

1. 内置的用户账户

如图 6.1 所示,打开【服务器管理器】窗口,选择【配置】→【本地用户和组】→【用户】选项,即可以看到默认的用户账户。

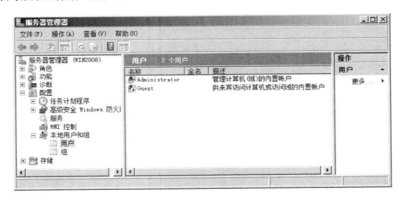

图 6.1　默认的用户账户

Administrator 账户:具有对计算机的完全控制权限,并可以根据需要向其他用户分配权限。Administrator 账户是 Windows 系统中权限最高的用户账户,一旦密码丢失或被入侵者破解,后果将不堪设想。因此,必须做好 Administrator 账户的安全保护工作。Administrator 账户是计算机上 Administrators 组的成员,该账户不能从 Administrators 组删除,但可以重命名、设置强密码、创建陷阱账号或者禁用等,这些措施都可以使恶意用户尝试非法使用该账户变得困难。

Guest 账户:Guest 账户由在这台计算机上没有实际账户的人使用。默认情况下,Guest 账户是禁用的,也可以将其启用,建议保持禁用状态。可以像任何用户账户一样设置 Guest 账户的权利和权限。默认情况下,Guest 账户是默认的 Guests 组的成员,该组允许用户登录计算机。其他权利及任何权限都必须由 Administrators 组的成员授予 Guests 组。为了系统安全,建议保持该账户的禁用状态。

2. 创建的本地用户

在如图 6.1 所示的窗口中右击【用户】选项,在弹出的快捷菜单中选择【新用户】命令,将弹出如图 6.2 所示的【新用户】对话框,输入用户名、全名、描述和密码,单击【创建】按钮,就创建了一个普通用户。将该用户添加到 Administrators 组,该用户就成为该计算机的管理员。

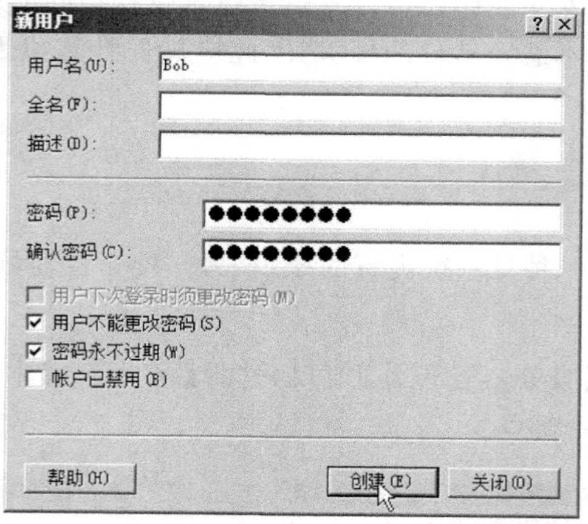

图 6.2　创建本地用户

注意:Windows Server 2008 的安全策略默认要求用户的密码必须符合复杂性要求,因此输入的密码如果全是字符或全是数字,则会弹出错误提示对话框。用户必须输入类似于"a1!"或"p@ssw0rd"这样的密码才能满足默认的安全策略。

6.1.2　组管理

组是用户账号的集合,利用组可以管理对共享资源的访问。共享资源包括网络文件夹、文件、目录和打印机。利用组可以将访问共享资源的权限一次授予某个组,而不是单独授予多个用户。利用组可以简化授权。

例如,销售部的员工可以访问产品的成本信息,不能访问公司员工的工资信息;而人事部的员工可以访问员工的工资信息,却不能访问产品成本信息。当一个销售部的员工调到人事部后,如果权限控制是以每个用户为单位进行的,则权限设置相当麻烦,而且容易出错;如果用组进行管理,则相当简单,只需将该用户从销售组中删除,再将其添加进人事组即可。如果销售部门的员工兼职人事部门工作,只要将其加入到人事组,则该用户就有了两个组的权限。

1. 默认组

下面列出了每个组的默认用户权限。这些用户权限是在本地安全策略中分配的。将用户添加到这些组,用户登录后就有了该组的权限。

- Administrators:此组的成员具有对计算机的完全控制权限,并且可以根据需要向用户分配用户权限和访问控制权限。Administrator 账户是此组的默认成员。因为属于该组的账户对计算机具有完全控制权限,所以向其中添加用户时要特别谨慎。

- Backup Operators:此组的成员可以备份和还原计算机上的文件,而不管保护这些文件的权限如何,这是因为,执行备份任务的权利要高于所有文件权限。此组的成员无法更改安全设置。

- Guests:该组的成员拥有一个在登录时创建的临时配置文件,在注销时,此配置文件将被删除。来宾账户(默认情况下已禁用)也是该组的默认成员。没有默认的用户权利。
- IIS_IUSRS:这是 Internet 信息服务 (IIS) 使用的内置组。没有默认的用户权利。
- Network Configuration Operators:该组的成员可以更改 TCP/IP 设置,并且可以更新和发布 TCP/IP 地址。该组中没有默认的成员。没有默认的用户权利。
- Performance Log Users:该组的成员可以从本地计算机和远程客户端管理性能计数器、日志和警报,而不用成为 Administrators 组的成员。没有默认的用户权利。
- Performance Monitor Users:该组的成员可以从本地计算机和远程客户端监视性能计数器,而不用成为 Administrators 组或 Performance Log Users 组的成员。没有默认的用户权利。
- Power Users:默认情况下,该组的成员拥有不高于标准用户账户的用户权利或权限。在早期版本的 Windows 中,Power Users 组专门为用户提供特定的管理员权利和权限,执行常见的系统任务。在此版本的 Windows 中,标准用户账户具有执行最常见配置任务的能力,例如更改时区。没有默认的用户权利。
- Remote Desktop Users:该组的成员可以远程登录计算机。允许通过终端服务登录。
- Users:该组的成员可以执行一些常见任务,例如运行应用程序、使用本地和网络打印机及锁定计算机。该组的成员无法共享目录或创建本地打印机。默认情况下,Domain Users、Authenticated Users 及 Interactive 组是该组的成员。因此,在域中创建的任何用户账户都将成为该组的成员。

2. 用户自定义组

如果默认本地组不能满足授权要求,可以创建组。例如,服务器上存放开发部的数据,如果需要给市场部的员工读取权限,可以创建 R&D Department 组,授予该组能够读取开发部数据,然后再将市场部的员工账户添加到该组。

3. 管理组成员

打开【服务器管理器】窗口,双击 Administrators 组,在弹出的【Administrators 属性】对话框中可以看到该组的成员,如图 6.3 所示。单击【添加】按钮,可以添加用户到该组。选中其中的成员,单击【删除】按钮,可以将用户从该组删除。注意,Administrator 账户不能从 Administrators 组删除。

打开【服务器管理器】窗口,双击用户账户,打开用户属性对话框,选择【隶属于】选项卡,就可以看到用户所属的组,如图 6.4 所示。单击【添加】按钮,可以将该用户添加到某个组。选中某个组,单击【删除】按钮,可以将该用户从某个组中删除。

图 6.3　查看组中的成员

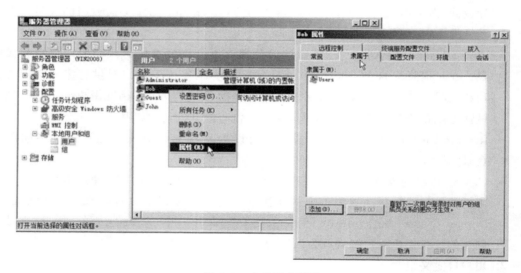

图 6.4　查看用户属性

6.1.3　账号与密码安全设置

入侵者若想盗取系统内的重要数据信息或执行某项管理功能,就必须先获得管理员权限,即破解管理员账户密码。密码破解软件的工作机制主要包括 3 种方法:巧妙猜测、词典攻击和自动尝试字符组合。从理论上讲,只要有足够时间,使用这些方法可以破解任何账户密码。破解一个弱密码可能只需几秒钟,而要破解一个安全性较高的强密码,则可能需要几个月甚至几年的时间。因此,系统管理员账户可以使用强密码,并且要经常更改密码,防止密码破解。

1. 安全密码原则

如果要保证账户密码的安全,应当遵循以下规则。

用户密码应包含英文字母的大小写、数字、可打印字符,甚至是非打印字符。将这些符号排列组合使用,以达到更好的保密效果。

用户密码不要太规则,不要将用户姓名、生日和电话号码作为密码,不要用常用单词作为密码。

根据黑客软件的工作原理,参照密码破译的难易程度,以破解需要的时间为排序指标。密码长度设置时,应遵循 7 位或 14 位的整数倍原则。

在通过网络验证密码的过程中,不得以明文方式传输,以免被监听、截取。

密码不得以明文方式存放在系统中,确保密码以加密的形式写在硬盘上,并且确保包含密码的文件是只读的。

密码应定期修改,应避免重复使用旧密码,应采用多套密码的命名规则。

创建账号锁定机制。一旦同一个账号密码出现校验错误若干次,应立即断开连接并锁定该账号,经过一段时间再解锁。

由网络管理员设置一次性密码,用户在下次登录时必须更换新的密码。

2. 更改 Administrator 账户名称

安装 Windows Server 2008 系统后,默认会自动创建一个系统管理员账户,即 Administrator。许多用户为了一时方便,就直接将其用做自己的系统管理员账户,因此,许多黑客攻击服务器时总是试图破解 Administrator 账户的密码,如果密码安全性不高,就很容易破解。通常情况下,可以通过更改管理员账户名称来避免此类攻击,提高系统安全性。

更改本地计算机 Administrator 账户名的方法如下。

以 Administrator 账户登录本地计算机后,选择【开始】→【管理工具】→【计算机管理】命令,打开【计算机管理】窗口,展开【系统工具】→【本地用户和组】→【用户】选项,右击 Administrator 账户选项并在弹出的快捷菜单中选择【重命名】命令,输入新的账户名称即可。设置新的账户名称时,尽量不要使用 Admin、master、guanliyuan 之类的名称,这些名称都是黑客优先试探的用户名,否则账户安全性同样没有任何保障。

3. 创建陷阱账户

所谓陷阱账户,就是名称与默认管理员账户名称(Administrator)类似或完全相同,而权限却极低的用户账户。这种方法通常和“更改 Administrator 账户名称”配合使用,即将系统管理员账户更名后,再创建一个名称为 Administrator 的陷阱账户。

▶ **课业任务 6-1**

Bob 是 WYL 公司的网络管理员,公司服务器安装的是 Windows Server 2008 操作系统,为了保证服务器的安全,Bob 在服务器上更改了 Administrator 账户名称,并创建了一个名称为 Administrator 的陷阱账户。

具体操作步骤如下:

(1) 在【新用户】对话框中创建一个名称为 Administrator 的用户账户(如果原有管理员账户没有被更名,则可以创建一个名称类似的账户,如 Admin 等),并输入一个复杂程度极高的安全密码,选择【密码永不过期】复选框,单击【创建】按钮即可创建该账户,如图 6.5 所示。

图 6.5　创建陷阱账户

（2）将其从 Users 组中删除，即可避免其继承来自 Users 组的用户权限，打开陷阱账户 Administrator 的属性对话框，单击【隶属于】选项卡，选中 Users 并单击【删除】按钮，最后单击【确定】按钮保存，如图 6.6 所示。

图 6.6　将陷阱账户从 Users 组中删除

（3）在所有磁盘分区的 NTFS 权限列表中一一删除陷阱账户的各种权限，使其不具备任何操作权限，即使被盗用也无法进行任何破坏操作。双击陷阱账户，弹出用户账户属性对话框，将其各种权限设置为最低，例如删除陷阱用户的远程控制权限，如图 6.7 所示，最后单击【确定】按钮保存设置。

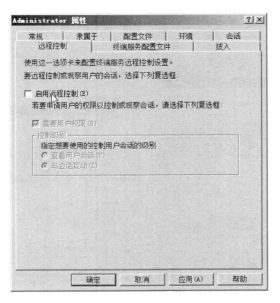

图 6.7 限制陷阱账户的权限

6.2 Windows 2008 文件系统的安全

在 NTFS 磁盘中,系统会自动设置默认的权限,并且这些权限会被其子文件夹和文件所继承。为了控制用户对某个文件夹及该文件夹中的文件和子文件夹的访问,就需指定文件夹权限。不过要设置文件或文件夹的权限,必须是 Administrators 组的成员、文件/文件夹的所有者、具备完全控制权限的用户。

6.2.1 NTFS 文件夹/文件权限

Windows 文件夹默认有一些权限设置,这些设置是从父文件夹(或磁盘)所继承的。例如,如图 6.8 所示,灰色阴影对钩的权限就是继承的权限,这些权限不能在这里直接修改。

要更改权限,只需在如图 6.8 所示的用户组的权限列表框中选中【允许】或【拒绝】复选框即可。如果要给其他用户指派权限,可从本地计算机上添加拥有对该文件夹访问和控制权限的用户或用户组,用户组中的用户将拥有和用户组同样的权限。不过,新添加用户的权限不是从父项继承的,因此,它们的所有的权限都可以被修改。

文件权限的设置与文件夹的设置方式相似,在文件的属性对话框中,通过【安全】选项卡便可为其设置权限。

6.2.2 文件权限的继承性

默认情况下,为父文件夹指定的权限会被其所包含的子文件夹和文件继承。当然,也可根据需要限制这种权限继承。

1. 权限继承

文件和子文件夹从它们的父文件夹继承权限,为父文件夹指定的任何权限都适用于该

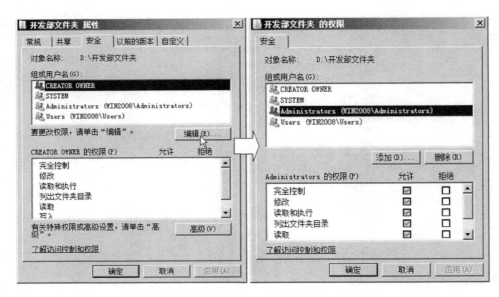

图 6.8　文件夹权限

父文件夹所包含的子文件夹和文件。当为一个文件夹指定 NTFS 权限时,不仅为该文件夹及其中所包含的文件和子文件夹指定了权限,同时也为在该文件夹中创建的所有新文件和文件夹指定了权限。默认状态下,所有文件夹和文件都从其父文件夹继承权限。

2. 禁止权限继承

可以禁止指定给一个父文件夹的权限被这个文件夹中所包含的子文件夹和文件继承。也就是说,子文件夹和文件不会继承给包含它们的父文件夹的权限。被禁止继承权限的文件夹变成新的父文件夹,为该文件夹指定的权限将会被它所包含的任何子文件夹和文件继承。

6.2.3　共享文件夹权限管理

1. 共享权限和 NTFS 权限

共享权限有 3 种:读者、参与者、所有者。共享权限只对从网络访问该文件夹的用户起作用,对本机登录的用户不起作用。

NTFS 权限是 Windows NT 和 Windows 2000、Windows 2003 及 Windows 2008 中的文件系统,它支持本地安全性。换句话说,在同一台计算机上以不同的用户名登录,对硬盘上同一文件夹可以有不同的访问权限。NTFS 权限对从网络访问和本机登录的用户都起作用。

2. 共享权限和 NTFS 权限的联系和区别

共享权限是基于文件夹的,也就是说只能够在文件夹上设置共享权限,不能在文件上设置共享权限。NTFS 权限是基于文件的,用户既可以在文件夹上设置,也可以在文件上设置。

对于共享权限,只有当用户通过网络访问共享文件夹时才起作用;如果通过本地登录计算机,则共享权限不起作用。对于 NTFS 权限,无论用户是通过网络还是本地登录都会起作用,只不过当用户通过网络访问文件时会与共享权限联合起作用,规则是取最严格的权限设置。

共享权限与文件操作系统无关,只要设置共享就能够应用共享权限。NTFS 权限必须是 NTFS 文件系统,否则不起作用。

共享权限只有几种:读者、参与者、所有者。NTFS 权限有多种,如读、写、执行、修改、完全控制等,可以进行非常细致的设置。

➥ 课业任务 6-2

WYL 公司的文件服务器安装的是 Windows Server 2008 操作系统,服务器 D 盘使用 NTFS 格式。现要求网络管理员在 D 盘创建一个共享文件夹,命名为【开发部文件夹】,并通过设置合适的 NTFS 权限和共享权限,使开发部的员工能够通过网络在【开发部文件夹】内创建自己的文件夹,以用于保存个人的文件。每个员工对自己的文件夹有完全控制权限,但不能访问别的员工提交的文件夹和文件。Bob 和 Tom 都是开发部的员工,开发部的用户组是【R&D Department】。

具体操作步骤如下:

(1) 网络管理员在文件服务器的 D 盘根目录下创建文件夹【开发部文件夹】,右击该文件夹,在弹出的快捷菜单中选择【属性】命令。

(2) 在弹出的【开发部文件夹 属性】对话框中,选择【安全】选项卡,单击【高级】按钮,如图 6.9 所示。

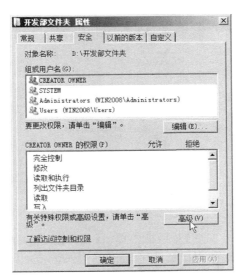

图 6.9　单击【高级】按钮

(3) 在弹出的【开发部文件夹 的高级安全设置】对话框中单击【编辑】按钮,如图 6.10 所示。

(4) 在弹出的【开发部文件夹 的高级安全设置】对话框中取消选择【包括可从该对象的父项继承的权限】复选框,取消该文件夹继承的权限,是为了修改继承的权限,默认情况下继承的权限不能更改,如图 6.11 所示。

Windows 2008 操作系统的安全

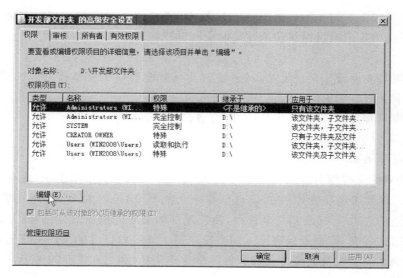

图 6.10 单击【编辑】按钮

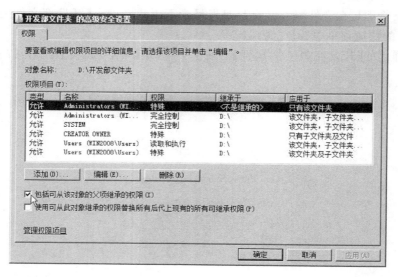

图 6.11 取消文件夹继承权限

（5）在弹出的【Windows 安全】对话框中单击【复制】按钮，这样就将继承的权限复制为【开发部文件夹】的权限，权限便可以修改了，如图 6.12 所示。

（6）如图 6.13 所示，可以看到现在的这些权限显示为【不是继承的】，分别选中两个Users 的权限，单击【删除】按钮。

（7）如图 6.14 所示，选择 CREATOR OWNER，单击【编辑】按钮，可以看到 CREATOR OWNER 组的权限只应用到子文件夹和文件，并且是完全控制的。这就意味着，用户 Bob 或 Tom 在【开发部文件夹】中创建一个文件夹后，他就是这个文件夹的创建者，对文件夹具有完全控制权。

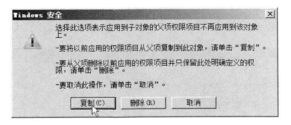

图 6.12　复制继承的权限

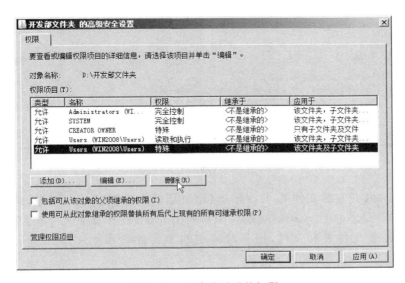

图 6.13　删除非继承的权限

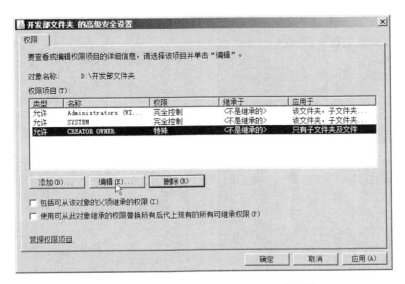

图 6.14　编辑 CREATOR OWNER 的权限

Windows 2008 操作系统的安全

（8）如图 6.15 所示的【开发部文件夹 的高级安全设置】对话框中单击【添加】按钮，在弹出的【选择用户和组】对话框中选择用户组 R&D Department，单击【确定】按钮。

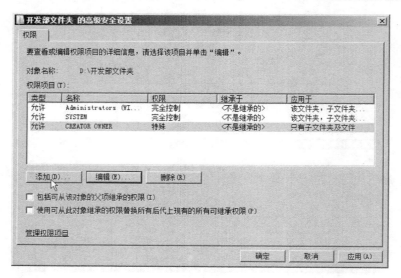

图 6.15　添加新的 NTFS 权限

（9）在弹出的【开发部文件夹 的权限项目】对话框中选择【应用于】为【只有该文件夹】选项，这就意味着，R&D Department 组只能够列出和读取【开发部文件夹】文件夹的内容，并可以在其中创建文件夹和文件，但是对其中的子文件夹和文件没有授予读的权利，如图 6.16 所示。

（10）单击【确定】按钮，完成授权。

（11）设置共享【开发部文件夹】，设置共享名为 share，并设置仅 R&D Department 组有完全控制权限，如图 6.17 所示。

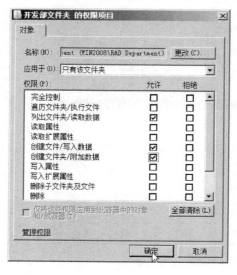

图 6.16　文件夹权限项目

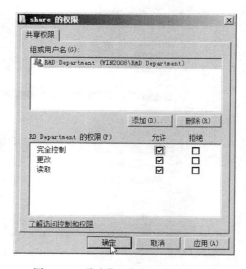

图 6.17　共享【开发部文件夹】设置

（12）测试。在另一台计算机上访问 share 共享文件夹，用 Bob 登录，创建文件夹，命名为【Bob 的文件夹】，并对该文件夹进行创建和删除文件的操作。然后 Tom 登录，也创建一个文件夹，命名为【Tom 的文件夹】，同样可以对这个子文件夹进行完全控制。但是，Bob 和 Tom 都不能打开别人的文件夹。

6.2.4 设置隐藏共享

为了安全性，常常需要把共享文件夹隐藏起来，只有知道共享名的用户才能访问。如果要把上面的 share 共享改成隐藏共享，只需要在创建共享时，在共享名后面加上 $ 号即可。访问隐藏共享时，也要在服务器地址后加上带 $ 号的共享名。

具体操作步骤如下：

（1）以管理员的身份登录文件服务器，在 D 盘根目录的【开发部文件夹】上右击，在弹出的快捷菜单中选择【属性】命令。

（2）在弹出的【开发部文件夹 属性】对话框中，选择【共享】选项卡，单击【高级共享】按钮。

（3）在弹出的【高级共享】对话框中单击【添加】按钮。

（4）在弹出的【新建共享】对话框中，在【共享名】文本框中输入"share $"，单击【确定】按钮，如图 6.18 所示。

（5）返回【高级共享】对话框，删除 share 共享名，留下 share $ 共享。设置共享权限后，单击【确定】按钮，如图 6.19 所示。

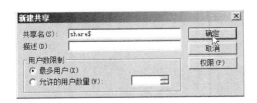

图 6.18　新建隐藏共享

图 6.19　设置隐藏共享

（6）在另一台计算机访问文件服务器共享时，看不到 share $ 共享文件夹。

（7）访问隐藏的共享文件夹，必须输入共享名"\\192.168.1.2\share $"，如图 6.20 所示。

6.2.5 取消默认共享

默认共享是为管理员管理服务器方便而设置的，其权限不能更改。默认共享包含所有分区，只要知道服务器的管理员账号和密码，就可以通过网络访问服务器的所有分区，这是非常危险的，所以一般都要把这些默认共享取消。

Windows 2008 操作系统的安全

图 6.20　访问隐藏共享

具体操作步骤如下：

（1）在文件服务器上打开 DOS 窗口，输入"net share"命令，可以查看该服务器所有的共享资源。如图 6.21 所示，可以看到 C 盘和 D 盘已经被设置为名为 C$和 D$的默认共享。

图 6.21　在 DOS 窗口中查看所有共享资源

（2）在客户机访问文件服务器的默认共享，输入管理员账号后，C 盘的所有资源都可以被完全控制，这是非常危险的。如图 6.22 和图 6.23 所示，必须输入服务器的管理员账号和密码，只有管理员账号才能够访问默认共享。

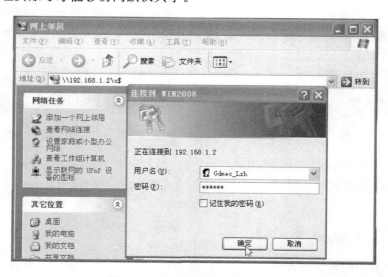

图 6.22　输入管理员账号和密码

图 6.23　访问 C 盘默认共享

（3）选择【开始】→【运行】命令，输入"regedit"，单击【确定】按钮。

（4）如图 6.24 所示，打开注册表编辑器。在 HKEY_LOCAL_MACHINE\System\CurrentControlSet\Services\LanmanServer\Parameters 下新建 REG_DWORD 值，输入名称为"AutoShareServer"。

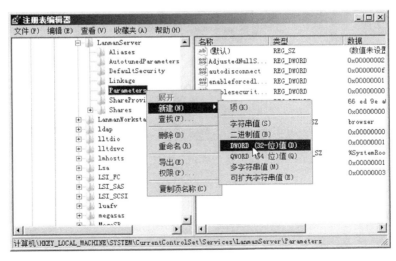

图 6.24　在注册表中新建 REG_DWORD 值

（5）如图 6.25 所示，双击刚才创建的项，在弹出的对话框中的"数值数据"文本框中输入"0"，停止默认磁盘共享。

（6）如果要禁止 Admin＄的默认共享，可以在注册表的以下位置 HKEY_LOCAL_MACHINE\System\CurrentControlSet\Services\LanmanServer\Parameters 新建名称为AutoShareWks，设置键值为 0，方法跟禁止默认磁盘共享的方法相同，如图 6.26 所示。

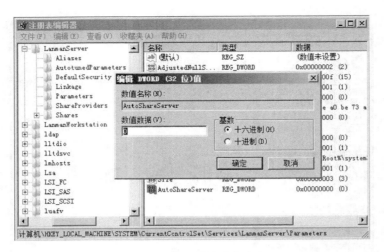

图 6.25　停止默认磁盘共享

图 6.26　禁止 Admin＄ 默认共享

（7）重启系统。

（8）再次查看默认共享，则已经被删除。

6.2.6　文件的加密与解密

　　设置 NTFS 权限和共享权限，并不能保证所有情况下的数据安全，例如计算机拿去维修或者丢失的情况下，其他人有机会接触到硬盘的时候，完全可以把计算机的硬盘挂在另一台能识别 NTFS 分区的系统上，这样所有的数据都将泄露。NTFS 分区所具有的加密文件系统（Encrypting File System，EFS）提供了解决这个问题的方法。EFS 提供文件加密的功能，文件经过加密后，只有当初将其加密的用户或被授权的用户才能够读取，因此可以提高文件的安全性。如果采用了 EFS 加密，即使把硬盘挂接到其他操作系统上，也无法读取 EFS 加密过的文件。

➡ 课业任务 6-3

Bob 和 Tom 都是 WYL 公司开发部的员工,他们的工作文档都保存在 D 盘的【开发部文件夹】目录下。为了保证这些文档的安全,他们要对自己的个人文件夹设置 EFS 加密,并备份密钥到安全的地方。

具体操作步骤如下:

(1) 用 Bob 账号登录系统,右击 D 盘中的【Bob 的文件夹】,在弹出的快捷菜单中选择【属性】命令,在弹出的【Bob 的文件夹 属性】对话框中单击【高级】按钮,在弹出的【高级属性】对话框中选择【加密内容以便保护数据】复选框,单击【确定】按钮,如图 6.27 所示。

(2) 在【Bob 的文件夹 属性】对话框中单击【确定】按钮,在弹出的【确认属性更改】对话框中选择【将更改应用于此文件夹、子文件夹和文件】单选按钮,单击【确定】按钮,即完成了文件夹的 EFS 加密,如图 6.28 所示。如果选择【仅将更改应用于此文件夹】单选按钮,则以后在此文件夹内新建的文件、子文件夹与子文件夹内的文件都会被自动加密,但是并不会影响到此文件夹内现有的文件与文件夹。如果选择【将更改应用于此文件夹、子文件夹和文件】单选按钮,则不但以后在此文件夹内新建的文件、子文件夹和子文件夹内的文件都会被自动加密,同时会将已经保存在此文件夹内的现有文件、子文件夹和子文件夹内的文件一起加密。

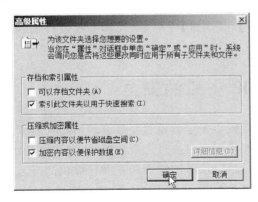

图 6.27　设置文件夹加密

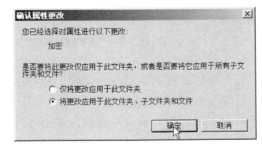

图 6.28　确认属性更改

注意:当用户或应用程序要读取加密文件时,系统会将文件自动解密后提供给用户或应用程序,然而存储在磁盘内的文件仍然处于加密的状态;而当用户或应用程序要将文件写入磁盘时,它们会被自动加密后写入磁盘内。这些操作都是自动的,完全不需要用户介入。如果将一个未加密的文件移动或复制到加密文件夹中,则该文件会被自动加密。当用户将一个加密文件移动或复制到非加密文件夹中,则该文件仍然会保持其加密状态。

(3) 备份 EFS 证书。第一次加密文件时,在桌面右下角有个【备份文件加密密钥】的提示图标,首先单击图标打开证书导出向导,然后只需一步步单击【下一步】按钮即可完成 EFS 证书的备份。关键步骤如下:

- 输入用于保护私钥的密码。
- 单击【浏览】按钮,选择证书保存位置,输入证书文件名,如图 6.29 所示。

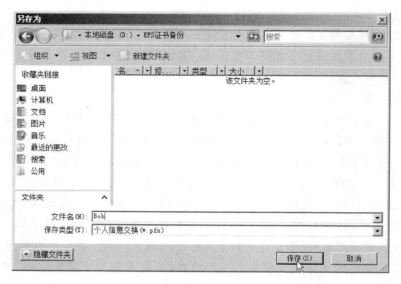

图 6.29　输入证书文件名

注意：也可以利用证书管理控制台来备份 EFS 证书,方法是选择【开始】→【运行】命令,输入"CERTMGR. MSC",在打开的窗口中选择【个人】→【证书】选项,在右边窗口的证书名上右击,在弹出的快捷菜单中选择【所有任务】→【导出】命令,出现证书导出向导,以后的操作步骤与上面的相同。

6.3　Windows 2008 主机的安全

配置操作系统的本地安全策略,可以使操作系统更安全。设置服务器的用户密码策略、账户锁定策略,可对用户的密码长度和复杂度进行强制要求。设置审核策略,可记录和跟踪服务器的入侵行为。通过本地组策略管理用户和计算机,可以管理用户和计算机的行为,比如禁止用户修改注册表,配置计算机跟踪用户登录情况等设置。安全策略是影响计算机安全性的安全设置的组合。

6.3.1　账户策略

账户策略是服务器安全首先要考虑的,无论操作系统多么安全,如果服务器的管理员密码被入侵者很容易猜到,安全就无从谈起。账户策略包括两个方面的设置：密码策略和账户锁定策略。

1. 密码策略

密码策略可强制服务器上的用户账户设置的密码满足安全要求,防止用户将自己的密码设置得过短或太简单。

如图 6.30 所示,以管理员的身份登录计算机,选择【开始】→【程序】→【管理工具】→【本地安全策略】命令,在弹出的【本地安全策略】窗口中选择【账户策略】→【密码策略】选项,在右边的详细信息列表中就可以对密码策略进行详细的安全设置了。

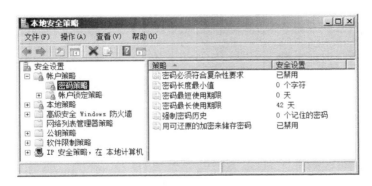

图 6.30　设置密码策略

2. 账户锁定策略

如果将服务器放到 Internet 上或暴露在开放的网络环境中，入侵者可以猜测服务器管理员的密码，为了防止其他人无数次猜测计算机用户账户的密码，以管理员的身份登录计算机，选择【开始】→【程序】→【管理工具】→【本地安全策略】命令，在弹出的【本地安全策略】窗口中选择【账户策略】→【账户锁定策略】选项，则在右边的详细信息列表中就可以设置账户锁定策略了，如图 6.31 所示。

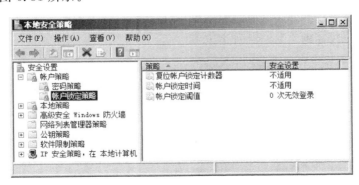

图 6.31　设置账户锁定策略

6.3.2　本地策略

1. 审核策略

安全审核对于任何企业系统来说都极其重要，因为只有通过审核日志才能说明是否发生了违反安全的事件。如果通过其他方式检测到了入侵，则审核设置所生成的审核日志将记录有关入侵的重要信息。

以管理员的身份登录计算机，选择【开始】→【程序】→【管理工具】→【本地安全策略】命令，在弹出的【本地安全策略】窗口中选择【本地策略】→【审核策略】选项，在右边的详细信息列表中就可以看到能够设置的审核项了，如图 6.32 所示。

➥ 课业任务 6-4

Bob 是 WYL 公司的网络管理员，公司服务器安装的是 Windows Server 2008 操作系

Windows 2008 操作系统的安全

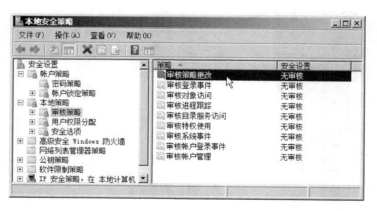

图 6.32　设置审核策略

统。为了保证服务器的安全，Bob 在服务器上配置服务器安全策略，以审核登录成功和失败，这样可以在安全日志中查看登录成功和失败的记录。审核登录事件，可以发现黑客的入侵行为。

课业任务 6-4 的具体操作步骤如下：

（1）在如图 6.32 所示的窗口中双击【审核策略更改】选项，在弹出的【审核策略更改 属性】对话框中选择【成功】和【失败】复选框，即 Bob 在服务器上配置本地安全策略，启用审核登录事件，完成后单击【确定】按钮，如图 6.33 所示。

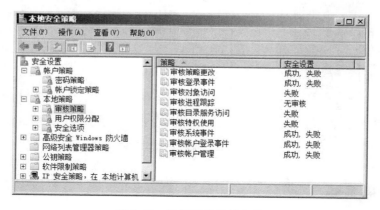

图 6.33　启用审核登录事件

（2）注销当前用户，输入一次错误密码后登录，再输入正确的用户密码后登录。

（3）打开【事件查看器】窗口，查看安全日志，可以看到登录成功和失败的记录，如图 6.34 所示。

➦ 课业任务 6-5

Bob 是 WYL 公司的网络管理员，公司服务器安装的是 Windows Server 2008 操作系统，为了保证服务器的安全，Bob 在服务器上配置服务器审核策略，审核用户管理，这样创建用户、重设密码、启用用户、将用户添加到组、删除用户等操作都将记录在安全日志。

入侵者利用系统或服务器运行的软件的漏洞入侵计算机，然后创建一个用户，把该用户

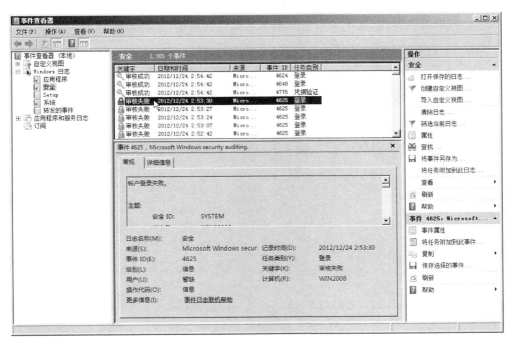

图 6.34 查看安全日志

添加到管理员组,然后使用该用户登录,入侵完成后,将该用户删除。如果该服务器的管理员不进行审核,则不会留下任何入侵痕迹。

课业任务 6-5 的具体操作步骤如下:

(1) 在如图 6.32 所示的窗口中双击【审核账户管理】选项,在弹出的【审核账户管理 属性】对话框中选择【成功】和【失败】复选框,即 Bob 在服务器上配置本地安全策略,启用账户管理成功和失败的审核,如图 6.35 所示。

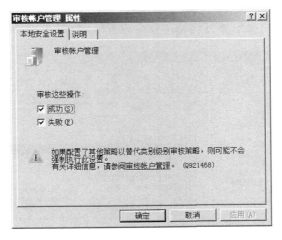

图 6.35 启用审核账户管理

Windows 2008 操作系统的安全

（2）在命令提示符下输入"net user Bob password1!"，重设 Bob 用户的密码。

（3）打开事件查看器，从中可以看到跟踪的重设密码的记录，如图 6.36 所示。

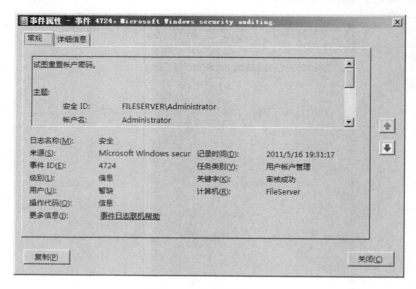

图 6.36　密码重设记录

2. 用户权限分配

用户权限是允许用户在计算机系统或域中执行的任务。有两种类型的用户权限：登录权限和特权。登录权限控制为谁授予登录计算机的权限以及他们的登录方式。特权控制对计算机上系统范围的资源的访问，并可以覆盖在特定对象上设置的权限。登录权限的一个示例是在本地登录计算机的权限。特权的一个示例是关闭系统的权限。这两种用户权限作为计算机安全设置的一部分由管理员分配给单个用户或组。

以管理员的身份登录计算机，选择【开始】→【程序】→【管理工具】→【本地安全策略】命令，在弹出的【本地安全策略】窗口中选择【本地策略】→【用户权限策略】选项，在右边的详细信息列表中就可以对用户权限进行详细的安全设置了，如图 6.37 所示。

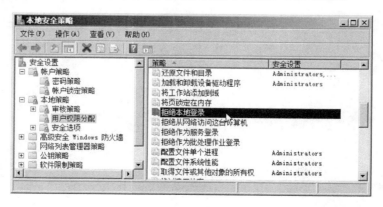

图 6.37　设置用户权限分配

课业任务 6-6

Bob 是 WYL 公司的网络管理员，为了保证 Bob 计算机的安全，Bob 在自己的计算机上配置了服务器审核策略，审核用户权限分配，拒绝 ceshi 用户从网络访问他的计算机。具体操作步骤如下：

（1）在如图 6.37 所示的窗口中双击【拒绝从网络访问这台计算机】选项，在弹出的【拒绝从网络访问这台计算机 属性】对话框中单击【添加用户或组】按钮，添加需要拒绝的用户，如图 6.38 所示。

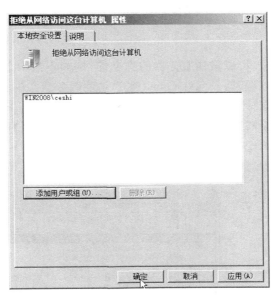

图 6.38　拒绝从网络访问这台计算机设置

（2）Bob 在自己的计算机设置了共享文件资源。

（3）模拟 ceshi 用户从网络中访问 Bob 的计算机，出现如图 6.39 所示的验证身份界面和图 6.40 所示的提示框。

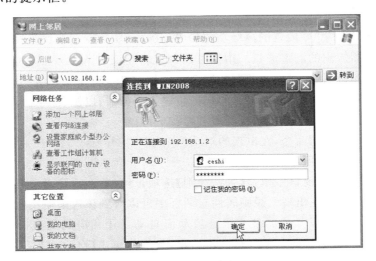

图 6.39　验证身份

Windows 2008 操作系统的安全

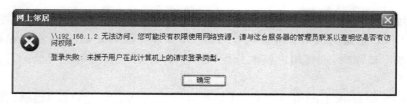

图 6.40　拒绝访问共享资源提示框

用户权限分配有很多,比如谁能够关机、谁能够更改系统时间等,在这里就不一一介绍了。

3.安全选项

配置服务器安全选项,可以增强服务器的安全性,例如不显示上一次登录的用户名、密码为空的用户只允许本地登录、只允许 Guest 账户访问服务器共享资源等设置。

以管理员的身份登录计算机,选择【开始】→【程序】→【管理工具】→【本地安全策略】命令,在弹出的【本地安全策略】窗口中选择【本地策略】→【安全选项】选项,在右边的详细信息列表中就可以看到所有的安全选项设置,如图 6.41 所示。

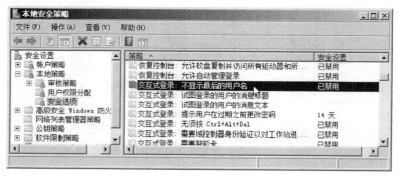

图 6.41　本地安全策略的安全选项

6.3.3　使用高级功能的防火墙

Windows Server 2008 内置的高级功能的 Windows 防火墙能够严格控制外部流量进入服务器和从服务器流出的网络流量。用户可以创建自定义的入站规则和出站规则,严格控制出入服务器的流量,从而增加服务器的安全。例如,对于 Web 服务器,可以通过配置防火墙,从而允许 TCP 协议目标端口是 80 的数据包进入服务器,以及 TCP 协议源端口是 80 的数据包出服务器,实现最小化服务,提升服务器安全性。

选择【开始】→【运行】命令,在出现的对话框中输入"wf.msc",打开"高级安全 Windows 防火墙"窗口,如图 6.42 所示。

在如图 6.42 所示的窗口中单击【入站规则】选项,可以看到系统对常见应用预定义了一些规则,双击任意规则,在出现的规则属性对话框中可以看到该规则使用的协议和端口。这些预定义的规则会随着服务器的某些服务启动而自动启用相应的规则。单击右边窗口的【入站规则】的标签,可以按各种条件排序入站规则,例如单击【已启用】标签,可以按照规则是否启用对入站规则进行排序。

图 6.42 【高级安全 Windows 防火墙】窗口

课业任务 6-7

WYL 公司的 Web 服务器安装的是 Windows Server 2008 系统,通过创建自定义入站规则,允许客户机访问 Web 服务器上端口为 8080 的网站首页。

具体操作步骤如下:

(1) 在 Web 服务器上安装 IIS 角色,配置端口为 8080 的网站,在本机能打开这个站点。

(2) 在 Web 服务器上配置自定义的入站规则,支持客户端使用 TCP 8080 端口打开站点。如图 6.43 所示,在【高级安全 Windows 防火墙】窗口中右击【入站规则】选项,在右侧单击【新规则】超链接。

图 6.43 建立新规则

(3) 在弹出的【规则类型】对话框中选择【端口】单选按钮,单击【下一步】按钮,如图 6.44 所示。

(4) 在弹出的【协议和端口】对话框中选择 TCP 单选按钮,选择【特定本地端口】单选按钮,在其后的文本框中输入"8080",单击【下一步】按钮,如图 6.45 所示。

Windows 2008 操作系统的安全

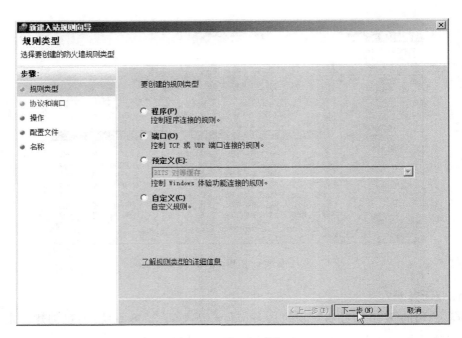

图 6.44　设置规则类型

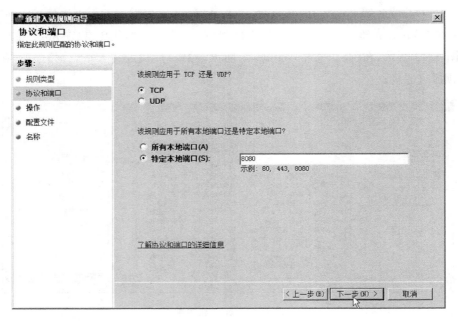

图 6.45　选择协议和端口

（5）在弹出的【操作】对话框中选择【允许连接】单选按钮，单击【下一步】按钮，如图 6.46 所示。

（6）在弹出的【配置文件】对话框选择【域】、【专用】和【公用】复选框，单击【下一步】按钮，如图 6.47 所示。

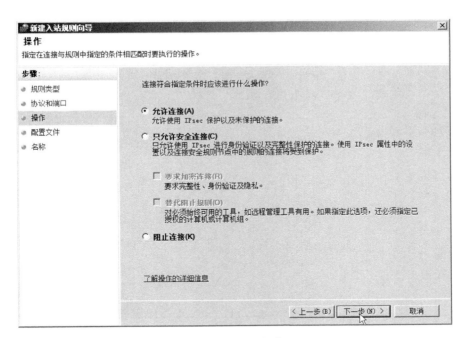

图 6.46　选择操作

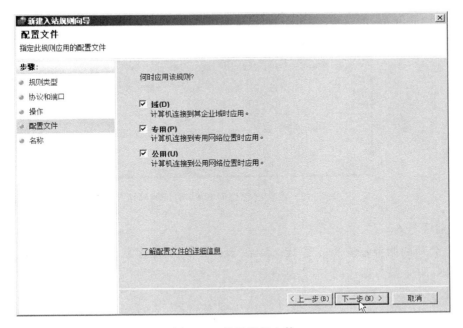

图 6.47　设置配置文件

（7）在弹出的【名称】对话框中的【名称】文本框中输入【开放端口号为 8080 的网站服务】，单击【完成】按钮完成新建入站规则，如图 6.48 所示。

Windows 2008 操作系统的安全

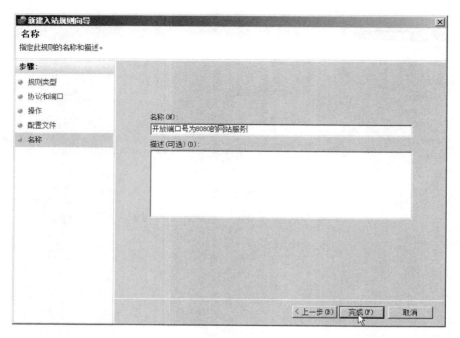

图 6.48　输入规则名称

（8）测试。在客户端访问 8080 端口的网站，如图 6.49 所示，此时可以访问。如果把规则禁用后再刷新网站，则以 8080 为端口的网站将打不开。

图 6.49　在客户端访问 8080 端口的网站

➡ 课业任务 6-8

WYL 公司的服务器安装的是 Windows Server 2008 操作系统，通过基于协议和端口创建出站规则，阻止服务器访问 FTP 站点。

具体操作步骤如下：

（1）配置自定义的出站规则。如图 6.50 所示，在【高级安全 Windows 防火墙】窗口中右击【出站规则】选项，在弹出的快捷菜单中选择【新规则】选项。

（2）在弹出的【规则类型】对话框中选择【端口】单选按钮，单击【下一步】按钮，如图 6.51 所示。

图 6.50　新建出站规则

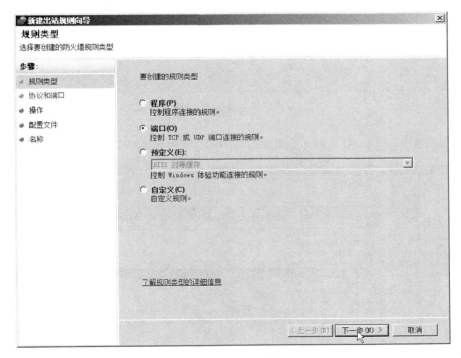

图 6.51　选择规则类型

（3）在弹出的【协议和端口】对话框中选择 TCP 单选按钮、【所有本地端口】单选按钮，单击【下一步】按钮，如图 6.52 所示。

（4）在弹出的【操作】对话框中选择【阻止连接】单选按钮，单击【下一步】按钮。

（5）在弹出的【配置文件】对话框中选择【域】、【专用】和【公用】复选框，单击【下一步】按钮。

（6）在弹出的【名称】对话框中的"名称"文本框中输入【禁止服务器使用 FTP 下载】，单击【完成】按钮完成设置出站规则。

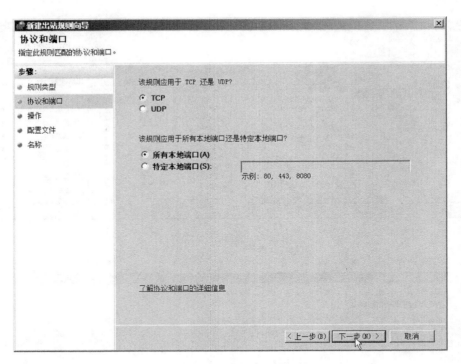

图 6.52　选择协议和端口

（7）如图 6.53 所示，右击刚才创建的出站规则，在弹出的快捷菜单中选择【属性】命令。

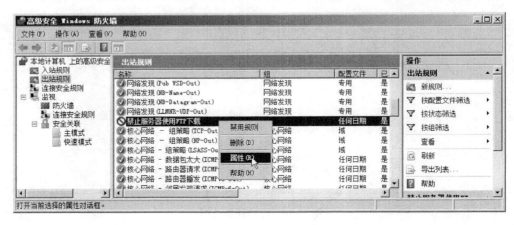

图 6.53　查看出站规则属性

（8）在弹出的【禁止服务器使用 FTP 下载 属性】对话框中的【协议和端口】选项组中将远程端口设置为【特定端口】，并设置为 21，这样就能够阻止服务器访问 FTP 服务器的流量，如图 6.54 所示。

（9）测试。在服务器上访问 FTP 站点，不能访问。

（10）测试。禁用【禁止服务器使用 FTP 下载】规则，访问 FTP 站点，能够访问成功。

图 6.54　设置协议和端口

6.3.4　配置本地组策略

除了使用上述的本地安全策略配置服务器安全外，在 Windows Server 2008 上还可以通过配置本地组策略控制用户和计算机的行为来增强系统安全性。

1. 本地组策略编辑器

打开本地组策略编辑器的方法：选择【开始】→【运行】命令，在弹出的对话框中输入"gpedit.msc"，按 Enter 键，便可以看到本地组策略有两大部分的设置，即计算机配置和用户配置，如图 6.55 所示。

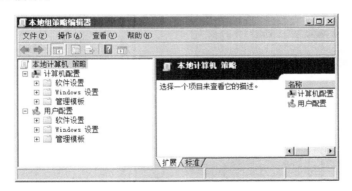

图 6.55　本地组策略编辑器

2. 关闭自动播放

现在，越来越多的病毒和木马在利用系统的自动播放功能来进行传播，如果关闭了系统的自动播放，也就相当于掐断了病毒和木马的一条传播路径。

关闭自动播放的操作步骤如下。

（1）在如图 6.55 所示的【本地组策略编辑器】窗口中选择【本地计算机 策略】→【计算机配置】→【管理模板】→【Windows 组件】→【自动播放策略】选项，在右侧的详细设置区双击

【关闭自动播放】选项,如图 6.56 所示。

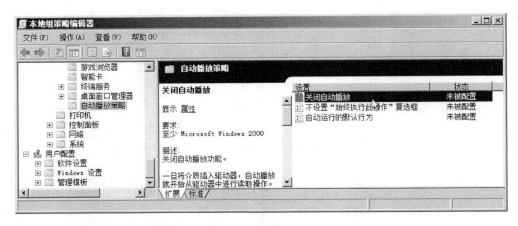

图 6.56　双击【关闭自动播放】选项

（2）在弹出的如图 6.57 所示的【关闭自动播放 属性】对话框中选择【已启用】单选按钮,在【关闭自动播放】下拉列表框中选择【所有驱动器】选项,单击【下一个设置】按钮。

（3）在弹出的如图 6.58 所示的【不设置"始终执行此操作"复选框 属性】对话框中选择【已启用】单选按钮,单击【确定】按钮。

图 6.57　设置关闭自动播放属性

图 6.58　启用设置始终执行此操作

3. 禁止用户使用注册表编辑工具

禁止用户使用注册表编辑工具,可以增强服务器的安全性,防止非法用户通过修改注册表危害系统安全,具体操作步骤如下。

（1）在如图 6.59 所示的【本地组策略编辑器】窗口中选择【用户配置】→【管理模板】→【系统】选项,在右侧的【设置】区域双击【阻止访问注册表编辑工具】选项。

图 6.59　双击【阻止访问注册表编辑工具】选项

（2）在弹出的【阻止访问注册表编辑工具 属性】对话框中选择【已启用】单选按钮，在【是否禁用无提示运行 regedit?】下拉列表中选择【是】选项，单击【确定】按钮保存，如图 6.60 所示。

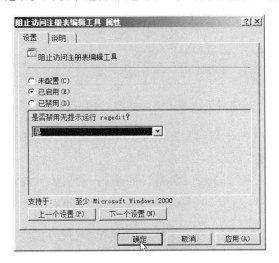

图 6.60　启用【阻止访问注册表编辑工具】

（3）选择【开始】→【运行】命令，在弹出的对话框中输入"regedit"，此时弹出提示框，提示注册表编辑已被管理员禁用，如图 6.61 所示。

图 6.61　注册表编辑器被管理员禁用

Windows 2008 操作系统的安全

4. 显示用户以前登录的信息

启用本地组策略中的【在用户登录期间显示有关以前登录的信息】,将在该用户登录后出现一则消息,显示该用户上次成功登录的日期和时间、该用户上次尝试登录而未成功的日期和时间及自该用户上次成功登录以来未成功登录的次数。用户必须确认该消息,然后才能登录到 Window 桌面。该项设置可以跟踪用户登录系统的行为,从而发现试图非法登录账户的行为。具体步骤如下。

(1) 选择【开始】→【运行】命令,在弹出的对话框中输入"gpedit.msc",打开本地组策略编辑器。

(2) 选择【计算机配置】→【管理模板】→【Windows 组件】→【Windows 登录选项】选项,然后在右侧详细设置区中双击【在用户登录期间显示有关以前登录的信息】选项,如图 6.62 所示。

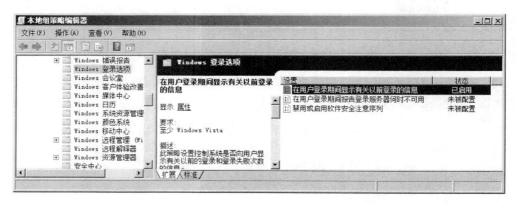

图 6.62　启用【在用户登录期间显示以前登录的信息】

(3) 在弹出的【在用户登录期间显示有关以前登录的信息 属性】对话框中选择【已启用】单选按钮,单击【确定】按钮。

(4) 注销并重新登录,故意输入一次错误的密码,然后输入正确的密码,屏幕会显示登录不成功的提示,如图 6.63 所示,单击【确定】按钮后,才能成功登录。

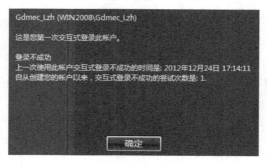

图 6.63　登录不成功提示

练 习 题

1. 填空题

(1) Windows Server 2008 中,用户类型可分为两种,一种是内置的账户,另一种是管理员自己创建的_____。

(2) Windows Server 2008 中的内置账户有 Guest 与_____。

(3) 破解 Windows Server 2008 中的密码主要包括 3 种方法:巧妙猜测、_____和自动尝试字符组合。

(4) _____账户就是名称与默认管理员账户名称(Administrator)类似或完全相同,而权限却极低的用户账户。

(5) 共享权限是基于_____的,也就是说,只能在文件夹上设置共享权限,不能在文件上设置共享权限;NTFS 权限是基于_____的,用户既可以在文件夹上设置,也可以在文件上设置。

(6) 访问隐藏共享时,也要在服务器地址后面加上带_____号的共享名。

(7) 默认共享包含所有分区,这是非常危险的。取消默认共享一般是通过_____工具对其修改。

(8) NTFS 分区所具有的_____特性具有加解密文件的功能。

(9) 账户策略包括两方面的设置,即密码策略和_____策略。

(10) Windows 的_____能够严格控制外部流量进入服务器和从服务器流出的网络流量。

2. 简答题

(1) 简要说明系统管理员应该从哪些方面加强 Windows Server 2008 的用户安全。

(2) 简要说明共享权限与 NTFS 权限的区别。

(3) 简要说明 EFS 的加密文件系统的过程。

(4) 如何设置隐藏共享?

(5) 如何使用防火墙做到只允许外面的用户访问服务器的 Web 服务?

(6) 应从哪些方面使用本地组策略可以增强系统安全性?

第 7 章　　Linux 操作系统的安全

　　Linux 操作系统是开放源代码的类 UNIX 操作系统,是领先的操作系统。世界上运算最快的 10 台超级计算机运行的都是 Linux 操作系统。在许多国家,Linux 早已涉足政府办公、军事战略及商业运作的方方面面。Linux 的发行版本很多,例如 Red Hat Linux、Ubuntu、Fedora Core、OpenSUSE、Debian 等。其中最为出名的是 Red Hat 公司的 RHEL6 (Red Hat Enterprsie Linux 6),几乎占据了服务器操作系统的半壁江山,它的主要应用是各种网络服务、虚拟化、云计算等。本章以 Red Hat Enterprsie Linux 6 为平台,重点讲解 Linux 操作系统相关的安全属性。

▸▸ **学习目标:**
- 了解 GPG 的加密原理,以及使用 GPG 实现加密、解密文档。
- 了解 LUKS 技术,使用 LUKS 创建加密磁盘。
- 熟悉 SELinux 的原理,以及对 SELinux 的安全上下文与布尔值的设置。
- 熟悉 AIDE 技术,能使用 AIDE 检测系统文件是否被修改。
- 熟悉 HTTPS 原理,以及 HTTPS 站点的搭建。

▸▸ **课业任务:**

　　本章通过 6 个实际课业任务,由浅入深、循序渐进地介绍在 Linux 操作系统下的相关安全操作,包括 GPG 使用、LUKS 技术、SELinux 技术、AIDE 技术、HTTPS 技术等,以加强 Linux 操作系统的安全。

⤵ **课业任务 7-1**

　　Bob 是 WYL 公司总部的技术开发人员,Alice 是 WYL 公司分部的技术开发人员,他们都使用 RHEL6 开发软件。身处异地的 Bob 与 Alice 需要通过互联网交换他们的软件代码,故需要在传输的过程中注意保密性。

能力观测点

非对称加密算法原理;使用 GPG 软件发送加密解密文档。

⤵ **课业任务 7-2**

　　Bob 是 WYL 公司的软件开发人员,使用 RHEL6 开发软件,他的计算机的硬盘中有很多公司的核心软件代码,因怕其泄露,因此需要把这些文件保护起来。

能力观测点

LUKS 技术原理;使用 LUKS 加密磁盘的配置。

⤵ **课业任务 7-3**

　　WYL 公司使用 RHEL6 作为公司的 Web 服务器,为了保护 Web 服务器的安全,准备在 Web 服务器上启用 SELinux,使服务器能正常安全运行。

能力观测点

SELinux 原理；SELinux 安全上下文的设置。

⤷ 课业任务 7-4

WYL 公司使用 RHEL6 作为公司的 FTP 服务器，为了保护 FTP 服务器的安全，预启用 SELinux，使其服务器能正常安全运行。

能力观测点

SELinux 原理；SELinux 布尔值的设置。

⤷ 课业任务 7-5

WYL 公司使用 RHEL6 作为公司的服务器，为了保护服务器的安全，使用 AIDE 的相关特性建立系统特征数据库，用来确认在服务器的运行过程中是否被黑客入侵过。

能力观测点

AIDE 原理；AIDE 工具的使用。

⤷ 课业任务 7-6

WYL 公司使用 RHEL6 作为公司的 Web 服务器，为了加强 Web 服务器的安全性，需要在服务器与客户机之间实现数据加密，以及能在客户机上验证 Web 服务器的身份。WYL 公司准备搭建一台 HTTPS 站点来实现此功能。

能力观测点

HTTPS 与 HTTP 不同点；HTTPS 达到的目的；HTTPS 站点的搭建。

7.1 使用 GPG 加密文件

GPG(GNU Privacy Guard)是一个完全免费的基于非对称加密体制的工具，在企业网络应用中，使用 GPG 可对在公共网络或者局域网内传输的信息进行数字签名或加密保护，以提高企业网络的安全并降低安全验证成本，GPG 安装文件可以从官方网站(www.gpg.com)下载。

⤷ 课业任务 7-1

Bob 是 WYL 公司总部的技术开发人员，Alice 是 WYL 公司分部的技术开发人员，他们都使用 RHEL6 开发软件。身处异地的 Bob 与 Alice 需要通过互联网交换他们的软件代码，故需要在传输的过程中注意保密性。

Bob 和 Alice 交换文件实现的思路是，首先 Bob 在自己的 RHEL6 系统中产生密钥对，接下来导出其生成的公钥，通过网络发送给 Alice；Alice 在收到 Bob 发送的公钥后，首先将 Bob 的公钥导入自己的 RHEL6 系统，然后使用 Bob 的公钥加密需要的文件，最后 Alice 把加密后的文件同样通过网络发给 Bob；Bob 在收到 Alice 发送来的加密文件后，用自己的私钥进行解密，则可以看到 Alice 发送来的文件了。

具体操作步骤如下。

(1) Bob 在自己的 RHEL6 系统中产生密钥对。

```
[root@localhost Desktop]# gpg -- gen-key
gpg (GnuPG) 2.0.14; Copyright (C) 2009 Free Software Foundation, Inc.
This is free software: you are free to change and redistribute it.
```

```
There is NO WARRANTY, to the extent permitted by law.

Please select what kind of key you want:
    (1) RSA and RSA (default)
    (2) DSA and Elgamal
    (3) DSA (sign only)
    (4) RSA (sign only)
Your selection?
RSA keys may be between 1024 and 4096 bits long.
What keysize do you want? (2048)
Requested keysize is 2048 bits
Please specify how long the key should be valid.
        0 = key does not expire
    <n>  = key expires in n days
    <n>w = key expires in n weeks
    <n>m = key expires in n months
    <n>y = key expires in n years
Key is valid for? (0)
Key does not expire at all
Is this correct? (y/N) y
GnuPG needs to construct a user ID to identify your key.
Real name: wangyulin
E-mail address: 43498000@qq.com
Comment:
You selected this USER-ID:
    "wangyulin <43498000@qq.com>"
Change (N)ame, (C)omment, (E)mail or (O)kay/(Q)uit? o
You need a Passphrase to protect your secret key.
can't connect to '/root/.gnupg/S.gpg-agent': No such file or directory
gpg-agent[3074]: directory '/root/.gnupg/private-keys-v1.d' created
We need to generate a lot of random bytes. It is a good idea to perform
some other action (type on the keyboard, move the mouse, utilize the
disks) during the prime generation; this gives the random number
generator a better chance to gain enough entropy.
We need to generate a lot of random bytes. It is a good idea to perform
some other action (type on the keyboard, move the mouse, utilize the
disks) during the prime generation; this gives the random number
generator a better chance to gain enough entropy.
gpg: key 362CE2A3 marked as ultimately trusted
public and secret key created and signed.

gpg: checking the trustdb
gpg: 3 marginal(s) needed, 1 complete(s) needed, PGP trust model
gpg: depth: 0  valid:   1  signed:   0  trust: 0-, 0q, 0n, 0m, 0f, 1u
pub   2048R/362CE2A3 2012-08-20
      Key fingerprint = EB9C 1305 C447 527E FDD7   BBB3 BF21 44F6 362C E2A3
uid                  wangyulin <43498000@qq.com>
sub   2048R/EF8CA1BE 2012-08-20
```

注意：密钥对产生完了之后，密钥 ID 为 362CE2A3。

（2）Bob 在自己的 RHEL6 系统中产生密钥对后，导出自己的公钥文件，并把公钥文件以 KEY-serverX 为名进行保存。

```
[root@localhost Desktop]# gpg -a -o ~/KEY-serverX --export 362CE2A3
[root@localhost Desktop]# cd
[root@localhost ~]# ls
anaconda-ks.cfg    Downloads         KEY-serverX   Public
Desktop            install.log       Music         Templates
Documents          install.log.syslog Pictures      Videos
```

（3）Bob 将公钥文件 KEY-serverX 通过网络发送给 Alice。

（4）Alice 在收到 Bob 发送的公钥后，首先将 Bob 的公钥导入自己的 RHEL6 系统。

```
[wyl@localhost ~]$ gpg --import ./KEY-serverX
gpg: key 362CE2A3: public key "wangyulin <43498000@qq.com>" imported
gpg: Total number processed: 1
gpg: imported: 1   (RSA: 1)
```

（5）Alice 用 Bob 的公钥加密文件 1.txt，加密后的文件名为 1.txt.asc。

```
[wyl@localhost ~]$ gpg --encrypt --armor -r 362CE2A3 ./1.txt
gpg: EF8CA1BE: There is no assurance this key belongs to the named user
pub 2048R/EF8CA1BE 2012-08-20 wangyulin <43498000@qq.com>
Primary key fingerprint: EB9C 1305 C447 527E FDD7 BBB3 BF21 44F6 362C E2A3
     Subkey fingerprint: 32C0 E53E AC94 2FAA E529  2A56 9154 9366 EF8C A1BE
It is NOT certain that the key belongs to the person named
in the user ID.   If you *really* know what you are doing,
you may answer the next question with yes.
Use this key anyway? (y/N) y
[wyl@localhost ~]$ ls
1.txt      Desktop      Downloads     Music       Public      Videos
1.txt.asc  Documents    KEY-serverX   Pictures    Templates
```

Alice 查看加密后的密文文件 1.txt.asc。

```
[wyl@localhost ~]$ cat 1.txt.asc
-----BEGIN PGP MESSAGE-----
Version: GnuPG v2.0.14 (GNU/Linux)

hQEMA5FUk2bvjKG+AQf9FCYK2jckffGlsz5Jsn0UVVttQ3+su3d6qaTfTjr/FnvO
O8M4ZR2NQXLuEbQRxYJKtTA9HL4aivPuv240GJszzkRmOY1apRUV1cDiTqYybJcN
m6aVbphUsCxePtQyux6GbEhIk/tmmRar9m0Tz/MytZB3GQtxydDdZqd9d7g3dXln
V8cDhGUBJIVChOoC0G8Xcow9KYHFMn4suo9uJKVCUXNNaQ4cOcQo9vsiJnRj/QXe
UGrYXeHiTq5/9IDabiiYj947GeN9QVgGiscRnvhegXqabBXFEZOOMHHzX3ZqsNAy
ktsIOjTzIzykuIw/pB5T4lydPxIlfmeihpbjZoovitJGAeAR2s/NVufkx14SKh4k
q/cWi49VA6+lHYaeYkLb+KC6jqGRMwPdGxFOCokDw4pIk2RfvO9nGZLYVNU4Mtcl
mj46mKEXLQ==
=y18Q
-----END PGP MESSAGE-----
```

（6）Alice 把加密后的文件通过网络发送给 Bob。

（7）Bob 在收到 Alice 发送来的加密文件后，用自己的私钥进行解密，则可以看到 Alice 发送来的文件了。

```
[root@localhost tmp]# gpg -- decrypt 1.txt.asc
You need a passphrase to unlock the secret key for
user: "wangyulin <43498000@qq.com>"
2048 - bit RSA key, ID EF8CA1BE, created 2012 - 08 - 20 (main key ID 362CE2A3)
can't connect to '/root/.gnupg/S.gpg - agent': No such file or directory
gpg: encrypted with 2048 - bit RSA key, ID EF8CA1BE, created 2012 - 08 - 20
        "wangyulin <43498000@qq.com>"
Hello             //Hello 为解密后的内容
```

7.2　使用 LUKS 加密 Linux 磁盘

LUKS(Linux 统一密钥设置)是标准的设备加密格式。LUKS 可以对分区或卷进行加密,在使用时对加密的分区进行解锁后挂载即可,在不使用时就要先卸载再锁定分区。

➥ 课业任务 7-2

Bob 是 WYL 公司的软件开发人员,使用 RHEL6 开发软件,他的计算机的硬盘中有很多公司的核心软件代码,因怕其泄露,因此需要把这些文件保护起来。

实现思路:首先划分一个分区,使用 LUKS 技术对分区数据进行保护。

具体操作步骤如下。

(1) 查询 LUKS 软件包是否已安装。

```
[root@instructor 751]# rpm - qf /sbin/cryptsetup
cryptsetup - luks - 1.1.2 - 2.el6.x86_64
```

(2) 划分一个分区/dev/vda8,并为其设置加密密码。

```
[root@demo ~]# cryptsetup luksFormat /dev/vda8
WARNING!
========
This will overwrite data on /dev/vda8 irrevocably.

Are you sure? (Type uppercase yes): YES
Enter LUKS passphrase:
Verify passphrase:
```

(3) 解锁磁盘,并把解锁的磁盘映射为 wyl。

```
[root@demo ~]# cryptsetup luksOpen /dev/vda8 wyl
Enter passphrase for /dev/vda8:
```

注意:解锁磁盘需要输入步骤(2)设置的密码。

```
[root@demo ~]# ll /dev/mapper/wyl
lrwxrwxrwx. 1 root root 7 Sep 16 10:41 /dev/mapper/wyl -> ../dm - 4
```

(4) 格式化该磁盘。

```
[root@demo ~]# mkfs - t ext4 /dev/mapper/wyl
mke2fs 1.41.12 (17 - May - 2010)
Filesystem label =
```

```
OS type: Linux
Block size = 1024 (log = 0)
Fragment size = 1024 (log = 0)
Stride = 0 blocks, Stripe width = 0 blocks
25272 inodes, 100736 blocks
5036 blocks (5.00 %) reserved for the super user
First data block = 1
Maximum filesystem blocks = 67371008
13 block groups
8192 blocks per group, 8192 fragments per group
1944 inodes per group
Superblock backups stored on blocks:
    8193, 24577, 40961, 57345, 73729

Writing inode tables: done
Creating journal (4096 blocks): done
Writing superblocks and filesystem accounting information: done

This filesystem will be automatically checked every 20 mounts or
180 days, whichever comes first.   Use tune2fs − c or − i to override.
```

（5）创建挂载点。

```
[root@demo ~]# mkdir /mnt/luks
```

（6）挂载磁盘，并使用磁盘。

```
[root@demo ~]# mount /dev/mapper/wyl /mnt/luks
[root@demo ~]# cp /etc/hosts /mnt/luks/
[root@demo ~]# cd /mnt/luks/
[root@demo luks]#
[root@demo luks]# ll
total 14
− rw − r − − r − − . 1 root root    139 Sep 16 10:44 hosts
drwx − − − − − − . 2 root root 12288 Sep 16 10:43 lost + found
```

（7）不使用时先卸载再锁定分区。

```
[root@demo ~]# umount /mnt/luks/
[root@demo ~]# cryptsetup luksClose wyl
[root@demo ~]# ll /dev/mapper/
```

（8）再次需要使用此磁盘时需要解锁。

```
[root@demo ~]# cryptsetup luksOpen /dev/vda8 wyl
Enter passphrase for /dev/vda8:
```

7.3　使用 SELinux 保护网络服务

　　SELinux 是保护系统的另一种方法，SELinux 定义了哪些进程能访问哪些文件、目录、端口等的安全规则。每个文件、进程、目录和端口都具有专门的安全标签，称为 SELinux 的安全上下文。上下文只是一个名称，SELinux 策略使用它来确定某个进程是否能访问文件、目录和端口。SELinux 标签主要是看第 3 个上下文：类型上下文。例如，httpd_t 是 apache 的进程上下文；Web 网站文档的上下文是 httpd_sys_content_t；/tmp 与/var/tmp 的文件和目录的类型上下文件是 tmp_t。在 SELinux 策略中，有一个规则是，允许 httpd_t 的进程访问 httpd_sys_content_t 文件，而不允许 httpd_t 的进程访问 tmp_t 文件。

7.3.1 修改 SELinux 的安全上下文

安全上下文可用来控制文件系统中每个文件及目录的 SELinux 权限，主要是针对某个进程的某个行为进行读写的控制。

➥ 课业任务 7-3

WYL 公司使用 RHEL6 作为公司的 Web 服务器，为了保护 Web 服务器的安全，准备在 Web 服务器上启用 SELinux，使服务器能正常安全运行。

实现思路：禁用 SELinux，此时是能正常访问 Web 页面的，启用 SELinux 后，就不能访问 Web 页面了，通过修改 SELinux 安全上下文的方法来保证其 httpd 进程能访问存放网页文档的目录。

具体操作步骤如下。

（1）把 SELinux 设置为容许状态。

```
[root@localhost var]# setenforce 0
```

（2）创建 Web 站点。

```
[root@localhost var]# mkdir /www
[root@localhost var]# echo "selinux text" > /www/index.html
[root@localhost var]# vim /etc/httpd/conf/httpd.conf
```

添加一行，如下：

```
Alias /wyl/ "/www/"
[root@localhost var]# /etc/rc.d/init.d/httpd restart
Stopping httpd:                                          [  OK  ]
Starting httpd:                                          [  OK  ]
```

（3）测试是否可以访问，此时是可以访问的。

```
http://192.168.0.251/wyl/
```

（4）把 SELinux 设置为强制状态。

```
[root@localhost var]# setenforce 1
```

（5）再次测试是否可以访问该网站，此时，由于 SELinux 的介入，网站显示没有权限访问。

```
http://192.168.0.251/wyl/
```

（6）修改/www 目录以及下面文件的 SELinux 安全上下文，让 httpd_t 的类型能访问/www 目录。

```
[root@localhost var]# ll - dZ /www
drwxr-xr-x. root root unconfined_u:object_r:default_t:s0 /www
[root@localhost var]# chcon - R - t httpd_sys_content_t /www
[root@localhost var]# ll - dZ /www
drwxr-xr-x. root root unconfined_u:object_r:httpd_sys_content_t:s0 /www
```

（7）再次测试，便可以访问该站点。

```
http://192.168.0.251/wyl/
```

7.3.2 修改 SELinux 的布尔值

布尔值可用来控制某个进程的权限，其实质是控制进程行为的一个开关。SELinux 内建了许多布尔值，可以通过这些布尔值来变更 SELinux 的设置。

➤ 课业任务 7-4

WYL 公司使用 RHEL6 作为公司的 FTP 服务器，为了保护 FTP 服务器的安全，准备在 FTP 服务器上启用 SELinux，使服务器能正常安全运行。

实现思路：首先启动 SELinux，然后通过修改 SELinux 布尔值的方法来允许 wyl 用户访问其家目录。

具体操作步骤如下。

（1）创建用户。

```
[root@localhost var]# useradd wyl
[root@localhost var]# echo "123456" |passwd - - stdin wyl
```

（2）开启 SELinux，并启动 vsftpd。

```
[root@localhost var]# setenfoce 1
[root@localhost var]# service vsftpd start
```

（3）查看 SELinux 的布尔值，并设置 SELinux 为强制状态。

```
[root@localhost var]# getsebool - a |grep ftp_home_dir
ftp_home_dir --> off
```

（4）wyl 用户访问 vsftpd。

```
[root@instructor 751]# ftp 192.168.0.251
Connected to 192.168.0.251 (192.168.0.251).
220 (vsFTPd 2.2.2)
Name (192.168.0.251:instructor): wyl
331 Please specify the password.
Password:
500 OOPS: cannot change directory:/home/wyl
Login failed.
ftp>
```

根据上面的提示，用户 wyl 在访问 FTP 时遭到拒绝，不能访问 wyl 的家目录/home/wyl。

（5）修改 SELinux 的布尔值，允许普通用户访问自己的家目录。

```
[root@localhost var]# setsebool - P ftp_home_dir on
```

```
[root@localhost var]# getsebool - a |grep ftp_home_dir
ftp_home_dir --> on
```

（6）测试。在修改 SELinux 的布尔值后，用户 wyl 就能够访问 wyl 的家目录/home/wyl 了。

```
[root@instructor 751]# ftp 192.168.0.251
Connected to 192.168.0.251 (192.168.0.251).
220 (vsFTPd 2.2.2)
Name (192.168.0.251:instructor): wyl
331 Please specify the password.
Password:
230 Login successful.
Remote system type is UNIX.
Using binary mode to transfer files.
ftp> pwd
257 "/home/wyl"
```

7.4　入侵检测

AIDE(Adevanced Intrusion Detection Environment,高级入侵检测环境)是入侵检测工具,主要用途是检查文档的完整性。AIDE 能够构造一个指定文档的数据库,使用 aide.conf 作为其配置文档。AIDE 数据库能够保存文档的各种属性,包括权限（permission）、索引节点序号（inode number）、所属用户（user）、所属用户组（group）、文档大小、最后修改时间（mtime）、创建时间（ctime）、最后访问时间（atime）、增加的大小连同连接数。AIDE 还能够使用下列算法,即 sha1、md5、rmd160、tiger,以密文形式建立每个文档的校验码或散列号。

在系统被入侵后,系统管理员只要重新运行 AIDE,就能够很快识别出哪些关键文档被攻击者修改过了。但是要注意,这也不是绝对的,因为 AIDE 可执行程序的二进制文档本身可能被修改了或数据库也被修改了。因此,应该把 AIDE 的数据库放到安全的地方,并且进行检查时要使用确保没有被修改过的程序。

➥ 课业任务 7-5

WYL 公司使用 RHEL6 作为公司的服务器,为了保护服务器的安全,使用 AIDE 的相关特性建立系统特征数据库,用来确认在服务器的运行过程中是否被黑客入侵过。

实现思路:首先安装 AIDE,然后创建 AIDE 的数据库文件,并且把该文件保存好,当系统被黑客入侵过后,再使用之前创建的数据库文件来进行检测,看哪些文件被黑客修改或删除过。

具体操作步骤如下。

（1）安装 AIDE。

```
[root@localhost ~]# yum install aide
```

（2）修改配置文件,让其对/bin 进行检测。

```
[root@localhost ~]# vim /etc/aide.conf
```

（3）建立初始数据库文件，并将数据库文件命名为 aide.db.gz。

```
[root@localhost ~]# aide -- init
AIDE, version 0.14
### AIDE database at /var/lib/aide/aide.db.new.gz initialized.
[root@localhost ~]# cd /var/lib/aide/
[root@localhost aide]# ls
aide.db.new.gz
[root@localhost aide]# mv aide.db.new.gz aide.db.gz
```

（4）模拟进行相应的入侵操作，假设黑客入侵了系统，把 ps 命令作了修改，加入格式化硬盘第一个分区命令"mkfs.ext4/dev/sda1"，在做此实验之前最好先备份好 ps 命令。

```
[root@localhost aide]# cp /bin/ps /bin/ps.bak
[root@localhost aide]# echo "mkfs.ext4/dev/sda1" > /bin/ps
```

（5）检查系统的不一致性。

```
[root@localhost aide]# aide - - check
AIDE found differences between database and filesystem!!
Start timestamp: 2012 - 10 - 07 05:55:31

Summary:
  Total number of files:      2492
  Added files:                1
  Removed files:              0
  Changed files:              2
  ----------------------------------------------
Added files:
  ----------------------------------------------
added: /bin/ps.bak


  ----------------------------------------------
Changed files:
  ----------------------------------------------


changed: /bin
changed: /bin/ps


  ----------------------------------------------
Detailed information about changes:
  ----------------------------------------------


Directory: /bin
  Mtime    : 2012 - 10 - 07 04:47:59          , 2012 - 10 - 07 05:54:33
  Ctime    : 2012 - 10 - 07 04:47:59          , 2012 - 10 - 07 05:54:33

File: /bin/ps
  Size     : 82168                           , 0
  Mtime    : 2010 - 06 - 30 22:00:19          , 2012 - 10 - 07 05:55:04
  Ctime    : 2012 - 10 - 07 04:37:05          , 2012 - 10 - 07 05:55:04
  MD5      : QI7KGYwmThWwv7t06vPq5w==         , 1B2M2Y8AsgTpgAmY7PhCfg==
```

Linux 操作系统的安全

RMD160 : bl/1G9wBdTPxJFPBNBBgbp3NGeE =   , nBGFpcXp/FRhKAiXfuj1SLIljTE =
SHA256: Mf + zSySxTrs9SmgJpNWF/cZA26 + 6EAGd   , 47DEQpj8HBSa + /TImW + 5JCeuQeRkm5NM

由以上输出可以得到结论：共检查了系统中的 2492 个文件，其中，添加了一个文件，修改了两个文件。也就是说，只要入侵者进行了相应的操作，系统就能根据之前生成的数据库文件进行检测。

7.5　封装 SSL 的 Web 服务

7.5.1　HTTPS 概述

HTTPS(Hypertext Transfer Protocol over Secure Socket Layer)，是以安全为目标的 HTTP 通道，简单地讲是 HTTP 的安全版。也就是说，在 HTTP 下加入 SSL 层，HTTPS 的安全基础是 SSL，因此加密的详细内容就需要 SSL。

HTTPS 是由 Netscape 开发并内置于其浏览器中的，用于对数据进行压缩和解压操作，并返回网络上传送回的结果。HTTPS 实际上应用了 Netscape 的安全套接字层(SSL) 作为 HTTP 应用层的子层。HTTPS 使用端口 443，而不是像 HTTP 那样使用端口 80 来和 TCP/IP 进行通信。SSL 使用 40 位关键字作为 RC4 加密算法，这对于商业信息的加密是合适的。

HTTPS 和 SSL 支持并使用 X.509 数字认证，如果需要，用户可以确认发送者是谁。也就是说，它的主要作用可以分为两种：一种是建立一个信息安全通道，来保证数据传输的安全；另一种就是确认网站的真实性。

1. HTTPS 和 HTTP 的区别

- HTTPS 协议需要到 CA 申请证书，因此需要建立一个 CA 服务器，或者向知名的 CA 公司进行证书的申请。
- HTTP 是超文本传输协议，信息通过明文传输；HTTPS 则通过具有安全性的 SSL 加密传输协议。
- HTTP 和 HTTPS 使用的是完全不同的连接方式，用的端口也不一样，前者是 80，后者是 443。
- HTTP 的连接很简单，是无状态的；HTTPS 协议是由 SSL＋HTTP 协议构建的可进行加密传输、身份认证的网络协议，比 HTTP 协议安全。

2. HTTPS 解决的问题

(1) 信任主机的问题。采用 HTTPS 的服务器必须从 CA(Certificate Authority)申请一个用于证明服务器用途类型的证书。该证书只有用于对应的服务器时，客户端才信任此主机。目前所有的银行系统网站，关键部分应用都是 HTTPS 的。客户通过信任该证书，从而信任了该主机。

(2) 通信过程中的数据泄密和被篡改。服务端和客户端之间的所有通信都是加密的。具体来讲，是客户端产生一个对称的密钥，通过服务器的证书来交换密钥，即一般意义上的握手过程。接下来，所有的信息往来都是加密的。第三方即使截获，也没有任何意义，因为没有密钥，当然，篡改也就没有什么意义了。

7.5.2　HTTPS 站点的搭建

如图 7.1 所示,配置思路如下。

(1) 配置 CA 服务器,产生 CA 私钥,再根据 CA 私钥产生 CA 公钥证书。

(2) 配置 Web 服务器,产生 Web 服务器私钥及 Web 服务器的请求证书。

(3) 把 Web 服务器请求证书发送给 CA 服务器,CA 服务器使用自己的私钥证书给 Web 服务器请求证书签名,从而产生 Web 服务器公钥证书。

(4) 使用 Web 服务器的公钥证书与私钥证书配置 HTTPS 站点。

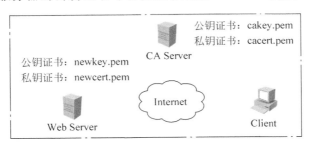

图 7.1　HTTPS 服务器配置三方

如图 7.2 所示,Web 服务器与客户端之间的数据是加密的,其具体加密的过程如下:

(1) 客户端向服务器端发出 HTTPS 请求。

(2) Web 服务器返回自己的公钥证书给客户端,同时,客户端会随机产生一把对称密钥,并用 Web 服务器公钥证书给其加密,形成加密后的密钥。

(3) 客户端把加密后的密钥发送给 Web 服务器,Web 服务器收到之后用自己的私钥证书解密,还原成解密后的对称密码。

(4) Web 服务器与客户机之间就是用这把对称密钥来进行加密与解密数据包的。

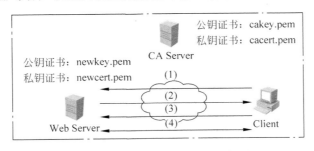

图 7.2　Web 服务器与客户端加密原理

如图 7.3 所示,客户端是可以验证 Web 服务器的身份的,其具体验证的过程如下。

(1) 客户端把 CA 服务器的公钥证书导入到浏览器的"受信任颁发机构"。

(2) 客户端向服务器端发出 HTTPS 请求。

(3) Web 服务器返回自己的证书给客户端。

(4) 客户机通过 CA 的公钥来验证 Web 服务器的公钥证书是否是 CA 的私钥签名,从而验证 Web 服务器的身份。

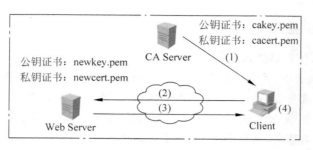

图 7.3 客户端验证 Web 服务器的身份

📌 课业任务 7-6

WYL 公司使用 RHEL6 作为公司的 Web 服务器,为了加强 Web 服务器的安全性,需要在服务器与客户机之间实现数据加密,以及能在客户机上验证 Web 服务器的身份。WYL 公司准备搭建一台 HTTPS 站点来实现此功能。

具体操作步骤如下。

(1) 安装 mod_ssl,httpd。

```
[root@localhost conf.d]# yum install mod_ssl httpd - y
```

(2) 创建 CA 的私钥文件与公钥文件。

```
[root@localhost misc]#cd /etc/pki/tls/misc
[root@localhost misc]# ./CA - newca
CA certificate filename (or enter to create)

Making CA certificate ...
Generating a 2048 bit RSA private key
..........................................+++
...................+++
writing new private key to '/etc/pki/CA/private/./cakey.pem'
Enter PEM pass phrase:                              //输入保护 CA 私钥密码
Verifying - Enter PEM pass phrase:
-----
You are about to be asked to enter information that will be incorporated
into your certificate request.
What you are about to enter is what is called a Distinguished Name or a DN.
There are quite a few fields but you can leave some blank
For some fields there will be a default value,
If you enter '.', the field will be left blank.
-----
Country Name (2 letter code) [XX]:CN              //输入 CA 相关信息
State or Province Name (full name) []:GD
Locality Name (eg, city) [Default City]:GZ
Organization Name (eg, company) [Default Company Ltd]:WYL
Organizational Unit Name (eg, section) []:XXZX
Common Name (eg, your name or your server's hostname) []:xxzx.wyl.com
Email Address []:xxzx@wyl.com
```

```
Please enter the following 'extra' attributes
to be sent with your certificate request
A challenge password []:
An optional company name []:
Using configuration from /etc/pki/tls/openssl.cnf
Enter pass phrase for /etc/pki/CA/private/./cakey.pem:
Check that the request matches the signature
Signature ok
Certificate Details:
        Serial Number:
            9c:08:13:71:ca:72:c6:ab
        Validity
            Not Before: Oct 13 06:56:31 2012 GMT
            Not After : Oct 13 06:56:31 2015 GMT
        Subject:
            countryName              = CN
            stateOrProvinceName      = GD
            organizationName         = WYL
            organizationalUnitName   = XXZX
            commonName               = xxzx.wyl.com
            emailAddress             = xxzx@wyl.com
        X509v3 extensions:
            X509v3 Subject Key Identifier:
36:B2:0C:77:8D:8D:D2:BF:C7:CC:91:55:47:57:33:A1:BB:87:40:6A
            X509v3 Authority Key Identifier:
keyid:36:B2:0C:77:8D:8D:D2:BF:C7:CC:91:55:47:57:33:A1:BB:87:40:6A

            X509v3 Basic Constraints:
                CA:TRUE
Certificate is to be certified until Oct 13 06:56:31 2015 GMT (1095 days)

Write out database with 1 new entries
Data Base Updated
```

通过以上操作,产生了 CA 的私钥与公钥,CA 的公钥为 cacert.pem,CA 的公钥在 private 目录下名为 cakey.pem。

```
[root@localhost misc]# ll /etc/pki/CA/private/cakey.pem
-rw-r--r--. 1 root root 1834 Oct 13 14:55 /etc/pki/CA/private/cakey.pem
[root@localhost misc]# ll /etc/pki/CA/cacert.pem
-rw-r--r--. 1 root root 4443 Oct 13 14:56 /etc/pki/CA/cacert.pem
```

(3) 配置 Web 服务器,在 Web 服务器上产生 Web 服务器私钥证书及 Web 服务器请求证书。

```
[root@localhost misc]# ./CA -newreq
Generating a 2048 bit RSA private key
.......................................+++
.........................+++
writing new private key to 'newkey.pem'
Enter PEM pass phrase:                    //输入保护 Web 服务器私钥的密码
```

```
Verifying - Enter PEM pass phrase:
-----
You are about to be asked to enter information that will be incorporated
into your certificate request.
What you are about to enter is what is called a Distinguished Name or a DN.
There are quite a few fields but you can leave some blank
For some fields there will be a default value,
If you enter '.', the field will be left blank.
-----
Country Name (2 letter code) [XX]:CN        //输入 Web 服务器相关信息
State or Province Name (full name) []:GD
Locality Name (eg, city) [Default City]:GZ
Organization Name (eg, company) [Default Company Ltd]:WYL
Organizational Unit Name (eg, section) []:RHCE
Common Name (eg, your name or your server's hostname) []:www.wyl.com
Email Address []:www@wyl.com

Please enter the following 'extra' attributes
to be sent with your certificate request
A challenge password []:
An optional company name []:
Request is in newreq.pem, private key is in newkey.pem
```

通过以上操作,产生了 Web 服务器的请求证书 newreq.pem,Web 服务器的私钥证书为 newkey.pem。把请求证书发送给 CA 服务器,请求 CA 服务器签名。

(4) CA 服务器给 Web 服务器发送过来的请求证书签名,生成 Web 服务器证书。

注意:请求证书必须放在/etc/pki/tls/misc 目录下,名称必须为 newreq.pem。

```
[root@localhost misc]# ll newreq.pem
-rw-r--r--. 1 root root 1037 Oct 13 15:00 newreq.pem
[root@localhost misc]# ./CA -sign
Using configuration from /etc/pki/tls/openssl.cnf
Enter pass phrase for /etc/pki/CA/private/cakey.pem:    //输入 CA 的私钥保护密码
Check that the request matches the signature
Signature ok
Certificate Details:
        Serial Number:
            9c:08:13:71:ca:72:c6:ac
        Validity
            Not Before: Oct 13 07:02:57 2012 GMT
            Not After : Oct 13 07:02:57 2013 GMT
        Subject:
            countryName               = CN
            stateOrProvinceName       = GD
            localityName              = GZ
            organizationName          = WYL
            organizationalUnitName    = RHCE
            commonName                = www.wyl.com
            emailAddress              = www@wyl.com
        X509v3 extensions:
```

```
        X509v3 Basic Constraints:
            CA:FALSE
        Netscape Comment:
            OpenSSL Generated Certificate
        X509v3 Subject Key Identifier:
            65:C4:3C:FE:FC:F4:70:39:9B:AA:74:05:D1:BD:46:C0:51:A2:B7:5D
        X509v3 Authority Key Identifier:
            keyid:36:B2:0C:77:8D:8D:D2:BF:C7:CC:91:55:47:57:33:A1:BB:87:40:6A
```

Certificate is to be certified until Oct 13 07:02:57 2013 GMT (365 days)
Sign the certificate? [y/n]:y   //输入 y

1 out of 1 certificate requests certified, commit? [y/n]y   //输入 y
Write out database with 1 new entries
Data Base Updated
Certificate:
    Data:
        Version: 3 (0x2)
        Serial Number:
            9c:08:13:71:ca:72:c6:ac
        Signature Algorithm: sha1WithRSAEncryption
        Issuer: C = CN, ST = GD, O = WYL, OU = XXZX, CN = xxzx.wyl.com/emailAddress = xxzx@

wyl.com
        Validity
            Not Before: Oct 13 07:02:57 2012 GMT
            Not After : Oct 13 07:02:57 2013 GMT
        Subject: C = CN, ST = GD, L = GZ, O = WYL, OU = RHCE, CN = www.wyl.com/emailAddress = www

@wyl.com
        Subject Public Key Info:
            Public Key Algorithm: rsaEncryption
                Public-Key: (2048 bit)
                Modulus:
                    00:cf:15:82:49:e3:06:8b:19:2e:16:c2:a7:d1:1c:
                    81:ee:3f:84:dc:60:81:c8:bb:60:5b:9b:7f:b5:15:
                    25:4b:78:7f:42:bb:c3:4d:bc:1e:f6:31:9d:45:6a:
                    ce:b8:56:8f:46:ba:41:ed:6c:7f:27:f2:21:be:e2:
                    35:50:ab:b7:bd:ab:17:57:c3:d6:30:31:af:1c:44:
                    51:ce:ca:1a:6b:7e:48:17:1c:99:6d:70:03:8d:21:
                    37:1e:a9:b8:76:af:ef:de:33:d1:4b:1c:dc:86:51:
                    fe:73:ab:67:7c:77:7d:de:b1:6a:aa:e5:db:39:67:
                    5a:cf:cd:ea:ea:bb:6a:fe:76:b3:ba:92:bf:33:49:
                    04:ac:79:df:db:fa:93:e6:e4:ba:9c:8b:89:c4:3d:
                    5e:20:7d:43:8d:42:c5:42:37:f5:0b:00:2a:3a:fe:
                    4a:aa:06:b9:02:8e:a1:51:09:ba:5c:b1:62:d8:65:
                    2c:0e:59:d4:81:97:a5:cc:c4:59:b1:9d:93:41:ed:
                    fa:79:77:60:30:dd:55:75:2a:ec:1e:f6:3d:f1:5e:
                    18:2f:59:de:ad:e4:97:a3:0f:06:11:1f:bf:cd:93:
                    ab:91:92:c1:ca:2f:af:b3:9e:33:e0:61:58:d7:01:
                    90:24:e8:9a:54:9d:52:87:11:d8:b7:21:df:fc:47:
                    6a:57
                Exponent: 65537 (0x10001)
```
```

```
        X509v3 extensions:
            X509v3 Basic Constraints:
                CA:FALSE
            Netscape Comment:
                OpenSSL Generated Certificate
            X509v3 Subject Key Identifier:
                65:C4:3C:FE:FC:F4:70:39:9B:AA:74:05:D1:BD:46:C0:51:A2:B7:5D
            X509v3 Authority Key Identifier:
                keyid:36:B2:0C:77:8D:8D:D2:BF:C7:CC:91:55:47:57:33:A1:BB:87:40:6A

    Signature Algorithm: sha1WithRSAEncryption
        57:c4:60:67:83:4e:c8:a8:7a:2d:27:7d:e2:2a:45:b1:be:8b:
        ce:49:3a:8a:86:9e:7b:0c:55:9b:83:61:ce:36:04:46:91:7a:
        d8:05:e6:ca:fb:cf:63:b0:d3:b7:9b:b1:25:22:d7:f5:a6:67:
        04:a8:fa:07:94:41:13:6d:5e:34:0f:67:69:ec:8d:1d:1d:cf:
        10:05:0c:4f:9b:32:fb:65:4b:51:98:82:02:6b:c9:bf:2d:1b:
        66:fd:5a:fe:ed:e8:5c:ac:8a:5f:1d:1f:24:d6:e0:b5:4c:0a:
        fd:f0:0d:13:46:a1:e2:92:58:cb:de:d1:82:bd:a8:c6:dd:f4:
        dd:fc:f3:d7:f1:6f:da:1a:37:15:97:7c:bb:88:0f:9e:96:4c:
        6b:d6:a6:46:e0:d0:61:4c:ea:9b:fa:a9:64:06:9d:6f:e4:3d:
        89:0b:81:f7:af:48:96:f0:be:0f:6d:2c:84:8e:e5:d5:44:8b:
        1b:20:88:42:b2:de:ce:bd:21:d4:11:e6:65:64:2c:10:4e:88:
        51:8b:dc:69:ba:04:79:c7:b3:de:33:1b:54:e7:e3:4c:c2:d7:
        05:18:4d:f4:9c:2b:25:ec:00:18:0a:31:36:5c:8c:c5:05:05:
        7e:62:e7:af:4c:72:08:f8:42:b8:c9:41:ac:14:1e:49:ac:15:
        8c:a2:53:e7
```

```
-----BEGIN CERTIFICATE-----
MIID8TCCAtmgAwIBAgIJAJwIE3HKcsasMA0GCSqGSIb3DQEBBQUAMHQxCzAJBgNV
BAYTAkNOMQswCQYDVQQIDAJHRDEPMA0GA1UECgwGVE9HT0dPMQ0wCwYDVQQLDARY
WFpYMRgwFgYDVQQDDA94eHp4LnRvZ29nby5jb20xHjAcBgkqhkiG9w0BCQEWD3h4
enhAdG9nb2dvLmNvbTAeFw0xMjEwMTMwNzAyNTdaFw0xMzEwMTMwNzAyNTdaMH8x
CzAJBgNVBAYTAkNOMQswCQYDVQQIDAJHRDELMAkGA1UEBwwCR1oxDzANBgNVBAoM
BlRPR09HTzENMAsGA1UECwwEUkhDRTEXMBUGA1UEAwwOd3d3LnRvZ29nby5jb20x
HTAbBgkqhkiG9w0BCQEWDnd3d0B0b2dvZ28uY29tMIIBIjANBgkqhkiG9w0BAQEF
AAOCAQ8AMIIBCgKCAQEAzxWCSeMGixkuFsKn0RyB7j+E3GCByLtgW5t/tRUlS3h/
QrvDTbwe9jGdRWrOuFaPRrpB7Wx/J/IhvuI1UKu3vasXV8PWMDGvHERRzsoaa35I
FxyZbXADjSE3Hqm4dq/v3jPRSxzchlH+c6tnfHd93rFqquXbOWdaz83q6rtq/naz
upK/M0kErHnf2/qT5uS6nIuJxD1eIH1DjULFQjf1CwAqOv5Kqga5Ao6hUQm6XLFi
2GUsDlnUgZelzMRZsZ2TQe36eXdgMN1VdSrsHvY98V4YL1nereSXow8GER+/zZOr
kZLByi+vs54z4GFY1wGQJOiaVJ1ShxHYtyHf/EdqVwIDAQABo3sweTAJBgNVHRME
AjAAMCwGCWCGSAGG+EIBDQQfFh1PcGVuU1NMIEdlbmVyYXRlZCBDZXJ0aWZpY2F0
ZTAdBgNVHQ4EFgQUzcQ8/vz0cDmbqnQF0b1GwFGit10wHwYDVR0jBBgwFoAUNrIM
d42N0r/HzJFVR1czobuHQGowDQYJKoZIhvcNAQEFBQADggEBAFfEYGeDTsioei0n
feIqRbG+i85JOoqGnnsMVZuDYc42BEaRetgF5sr7z2Ow07ebsSUil/WmZwSo+geU
QRNtXjQPZ2nsjR0dzxAFDE+bMvtlS1GYggJryb8tG2b9Wv7t6Fysil8dHyTW4LVM
Cv3wDRNGoeKSWMve0YK9qMbd9N3889fxb9oaNxWXfLuID56WTGvWpkbg0GFM6pv6
qWQGnW/kPYkLgfevSJbwvg9tLISO5dVEixsgiEKy3s69IdQR5mVkLBBOiFGL3Gm6
BHnHs94zG1Tn40zC1wUYTfScKyXsABgKMTZcjMUFBX5i569Mcgj4QrjJQawUHkms
FYyiU+c=
-----END CERTIFICATE-----
```

```
Signed certificate is in newcert.pem
```

通过以上操作产生了 Web 服务器的公钥证书 newcert.pem,把此证书发送给 Web 服务器。

(5) 配置 Web 服务器。假设 Web 服务器的公钥证书与私钥证书都保存在目录/etc/httpd/conf.d/中。

```
[root@localhost conf.d]# ll
total 36
-rw-r--r--. 1 root root  118 May 20  2009 mod_dnssd.conf
-rw-r--r--. 1 root root 4599 Oct 13 15:04 newcert.pem
-rw-r--r--. 1 root root 1834 Oct 13 15:04 newkey.pem
-rw-r--r--. 1 root root  392 Aug 14  2010 README
-rw-r--r--. 1 root root 9473 Dec  8  2009 ssl.conf
-rw-r--r--. 1 root root  299 May 21  2009 welcome.conf
[root@localhost conf.d]# vim ssl.conf
```

修改以下两个选项,SSLCertificateFile 选项用于指定 Web 服务器的公钥证书,SSLCertificateKeyFile 选项用于指定 Web 服务器的私钥证书。

```
SSLCertificateFile /etc/httpd/conf.d/newcert.pem
SSLCertificateKeyFile /etc/httpd/conf.d/newkey.pem
```

(6) 因为修改了 Apache 的配置文件,因此,重启 Web 服务器才能使刚才的设置生效。

```
[root@localhost conf.d]# /etc/rc.d/init.d/httpd restart
Stopping httpd:                                          [FAILED]
Starting httpd: Apache/2.2.15 mod_ssl/2.2.15 (Pass Phrase Dialog)
Some of your private key files are encrypted for security reasons.
In order to read them you have to provide the pass phrases.

Server localhost.localdomain:443 (RSA)
Enter pass phrase:                        //此时要求输入 Web 服务器私钥的保护密码
OK: Pass Phrase Dialog successful.
                                          [   OK   ]
```

(7) 客户端的测试。把 CA 的证书下载至本地,然后导入至浏览器。导入后打开浏览器,在地址栏中输入"https://www.wyl.com",即采用 HTTPS 的方式访问 Web 服务器了。

练 习 题

1. 选择题

(1) SSL 指的是(   )。

    A. 加密认证协议   B. 安全套接层协议

    C. 授权认证协议   D. 安全通道协议

(2) 以下不属于 GPG 加密算法特点的是(   )。

    A. 计算量大   B. 处理速度慢

    C. 使用两个密码   D. 适合加密长数据

（3）GPG 可以实现数字签名，以下关于数字签名说法正确的是（　　　）。

　　A. 数字签名是在所传输的数据后附加上一段和传输数据毫无关系的数字信息

　　B. 数字签名能够解决数据的加密传输，即安全传输问题

　　C. 数字签名一般采用对称加密机制

　　D. 数字签名能够解决篡改、伪造等安全性问题

（4）CA 指的是（　　　）。

　　A. 证书授权　　　　　　　　　　　B. 加密认证

　　C. 虚拟专用网　　　　　　　　　　D. 安全套接层

（5）HTTPS 是一种安全的 HTTP 协议，它使用（　①　）来保证信息安全，使用（　②　）来发送和接收报文。

　　① A. IPSec　　　　　B. SSL　　　　　C. SET　　　　　D. SSH

　　② A. TCP 的 443 端口　　　　　　　B. DP 的 443 端口

　　　　C. TCP 的 80 端口　　　　　　　D. UDP 的 80 端口

2. 填空题

（1）SELinux 的模式有 disable、_____、_____ 3 种。

（2）当不使用 LUKS 技术加密的磁盘时，先_____磁盘，再锁定磁盘。

（3）GPG 加密文件使用的是现在加密体制的_____加密算法。

（4）_____是通过生成一个数据库文件来验证系统的文件有没有被用户或黑客所修改过。

（5）HTTPS 能实现 Web 服务器与客户机之间数据包的加密，以及_____ Web 服务器的身份。

第8章　　　　VPN 技 术

虚拟专用网(VPN)是一种新型的网络技术,它提供了一种通过公用网络对企业内部专用网进行远程安全访问的连接方式。采用 VPN 技术,企业或部门之间的数据流可以通过互联网透明、安全地传输,有效地提高应用系统的安全性。

▶▶ **学习目标:**

- 熟悉加密技术与完整性校验在 VPN 技术中的应用。
- 掌握在 Windows Server 2008 下实现远程访问 VPN。
- 掌握在 Cisco 路由器上实现站点到站点 VPN。
- 掌握在 RHEL5 下使用传输模式与隧道模式实现 IPSec VPN。

▶▶ **课业任务:**

本章通过两个实际课业任务,由浅入深、循序渐进地介绍 VPN 技术的两种常见的应用,远程访问 VPN 与站点到站点 VPN。

➥ **课业任务 8-1**

Bob 是 WYL 公司的安全运维工程师,现在在广州出差,住在花园酒店。在出差期间,需要访问公司总部的 OA 系统(考虑到安全性,OA 系统并未发布到互联网),Bob 在公司总部使用 Windows Server 2008 部署了一台 VPN Server,Bob 预采用 VPN 方法通过拨号连接至公司总部来访问总部的 OA 系统。

能力观测点

远程访问 VPN 原理;Windows Server 2008 下 VPN 服务器端配置;VPN 客户端配置。

➥ **课业任务 8-2**

在课业任务 3-1 中,Bob 与 Alice 之间采用 PGP 实现加密传送文件,这种方法不适合频繁地交换文件,也是比较烦琐的。一种更好的方法是,可以在 Bob 所在的公司总部与 Alice 所在的公司分部之间建立站点到站点的 VPN,他们把自己的文件放置在公司总部的 FTP 服务器上,如此一来,就可以通过 IPSec 的 ESP 协议保证 Alice 与 Bob 之间在互联网上频繁传送公司机密文件时的安全性。

能力观测点

站点到站点 VPN 原理;思科路由器 IPSec VPN 配置。

8.1 VPN 技术概述

8.1.1 VPN 的定义

VPN(Virtual Private Network,虚拟专用网络)被定义为通过一个公用网络(通常是因特网),在两个私有网络之间建立一个临时的、安全的连接,是一条穿过混乱的公用网络的安全、稳定隧道。使用这条隧道可以对数据进行加密,以达到安全使用互联网的目的。虚拟专用网是对企业内部网的扩展。虚拟专用网可以帮助远程用户、公司分支机构、商业伙伴及供应商同公司的内部网建立可信的安全连接,可经济、有效地连接到商业伙伴和用户的安全外联网。如图8.1所示,通过互联网在北京总部与广州分公司之间建立了一个虚拟专用网络,以保证北京总部与广州分公司之间的局域网之间能通过互联网安全地通信。VPN 主要采用隧道技术、加解密技术、密钥管理技术和身份认证技术。

图 8.1　VPN 示意图

8.1.2 VPN 的类型

VPN 为远端用户在公共网络基础上提供与他们在私有网络上相同的网络连通性。VPN 在网络连接上包括两种基本类型。

1. 远程访问 VPN(Remote Access VPN)

远程访问 VPN 将远端用户通过拨号的方式安全地接入到企业内部网络,例如移动用户和家庭办公用户安全地连接到企业。

2. 站点到站点 VPN(Site to Site VPN)

有两种常见的站点到站点 VPN 类型,也称为 LAN to LAN VPN。

- 内联网 VPN:是指在一个公网基础设施上连接公司总部、远端办公室及分部。
- 外联网 VPN:是指在一个公网基础设施上将客户、供应商、合作方或利益相关体连接到公司内联网。

8.1.3 实现 VPN 隧道技术

为了能够在公网中形成企业专用的链路网络,VPN 采用隧道(Tunneling)技术模拟点到点连接技术,依靠 ISP 和其他网络服务提供商在公网中建立自己专用的"隧道",让数据包通过隧道传输。

隧道技术指的是利用一种网络协议传输另一种网络协议,也就是将原始网络信息进行再次封装,并在两个端点之间通过公共互联网络进行路由,从而保证网络信息传输的安全性。它主要利用隧道协议来实现这种功能,具体包括第二层隧道协议(用于传输二层网络协议)和第三层隧道协议(用于传输三层网络协议)。

第二层隧道协议是在数据链路层进行的。先把各种网络协议封装到 PPP 包中,再把整个数据包装入隧道协议中,这种经过两层封装的数据包由第二层协议进行传输。第二层隧道协议有以下几种。

- PPTP(RFC 2637,Point to Point Tunneling Protocol)。
- L2F(RFC 2341,Layer 2 Forwarding)。
- L2TP(RFC 2661,Layer Two Tunneling Protocol)。

第三层隧道协议是在网络层进行的。把各种网络协议直接装入隧道协议中,形成的数据包依靠第三层协议进行传输。第三层隧道协议有以下几种。

- IPSec(IP Security)是目前最常用的 VPN 解决方案。
- GRE(RFC 2784,General Routing Encapsulation)。

隧道技术包括了数据封装、传输和解包在内的全过程。

封装是构建隧道的基本手段,它使得 IP 隧道实现了信息隐蔽和抽象。封装器建立封装报头,并将其追加到纯数据包的前面。当封装的数据包到达解包器时,封装报头被转换回纯报头,数据包被传送到目的地。

隧道的封装具有以下特点。

- 源实体和目的实体不知道任何隧道的存在。
- 在隧道的两个端点使用该过程,需要封装器和解包器两个新的实体。
- 封装器和解包器必须相互知晓,但不必知道在它们之间网络上的任何细节。

8.2 远程访问 VPN

8.2.1 远程访问 VPN 概述

远程访问 VPN 是指对远端用户(移动用户或家庭办公用户)通过公共网络连接到公司局域网,以进行安全保护,如图 8.2 所示。

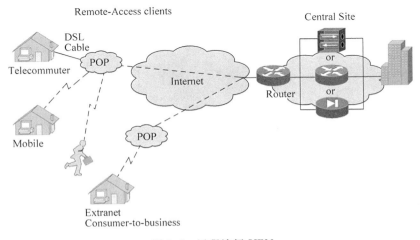

图 8.2 远程访问 VPN

基于 Windows 的 VPN 主要采用 PPTP(点对点隧道协议)技术,它工作在第二层。通过该协议,远程用户能够通过 Windows XP、Windows 2003 等操作系统及其他装有点对点协议的系统安全访问公司网络。它是建立在 PPP(点对点协议)的基础上的,提高了 PPP 的安全级别,让 PPP 可以对 PPTP 服务器与 PPTP 客户机之间的数据进行加密传输(使用 Microsoft 点对点加密来加密 PPP 帧),并使 PPTP 服务器可以对远程用户的身份进行验证(使用可扩展身份验证协议 EAP)。Internet 本身只允许使用 TCP/IP 通信,而 PPTP 解决了在 Internet 上用多种协议进行通信的问题。PPTP 通过将 IP、IPX 或 NetBEUI 封装在 PPP 数据包中来支持使用这些协议,这意味着可以远程运行依赖特殊网络协议的应用程序。PPTP 能够用于 LAN、WAN、Internet 及其他基于 TCP/IP 的网络,具体的过程是,一个 PPTP 客户机通过拨号连接来建立一条 PPTP 隧道,第一次通过 PPP 协议与 ISP 建立连接,第二次在上一次的 PPP 连接的基础上再次"拨号",建立一个与企业局域网的 PPTP 服务器的 VPN 连接。拨号拨的是当地 ISP 的电话,而不是企业内部电话,节省了长话费用。在局域网中也可以使用 PPTP,如果客户机直接连接到 IP 局域网,并且和服务器建立了一个 IP 连接,就可以通过局域网建立 PPTP 隧道。

8.2.2　基于 Windows Server 2008 实现远程访问 VPN

➥ 课业任务 8-1

Bob 为 WYL 公司的安全运维工程师,现在在广州出差,住在花园酒店。在出差期间,需要访问公司总部的 OA 系统(考虑到安全性,OA 系统并未发布到互联网),Bob 在公司总部使用 Windows Server 2008 部署了一台 VPN Server,Bob 预采用 VPN 方法通过拨号连接至公司总部来访问总部的 OA 系统。

课业任务 8-1 的拓扑如图 8.3 所示。VPN Server 安装的操作系统是 Windows Server 2008,其上安装有两块网卡。一块网卡接入互联网,IP 地址为 10.0.0.2/8;另一块网卡连接公司总部局域网,IP 地址为 192.168.1.254/24。Bob 在广州出差,通过花园酒店的局域网接入互联网,Bob 的计算机获取的 IP 地址为 10.0.0.1/8。现在,Bob 想通过互联网访问公司总部的 OA 系统,进行办公。

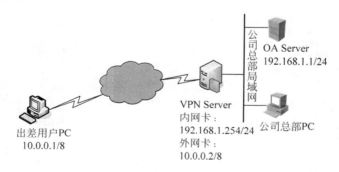

图 8.3　远程访问 VPN 服务器拓扑

具体步骤如下。

1. 安装 VPN Server

(1) 安装【网络策略和访问服务】角色。打开【服务器管理器】窗口,运行添加角色向导,在【选择服务器角色】对话框中选择【网络策略与访问服务】复选框,如图 8.4 所示。

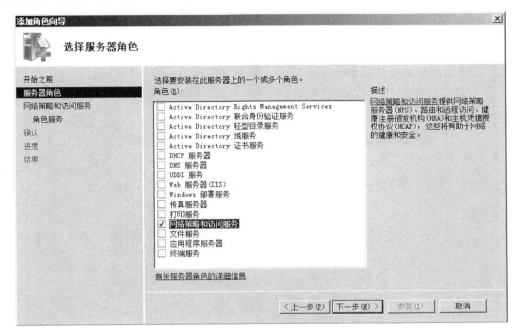

图 8.4　添加角色向导

(2) 在如图 8.4 所示的对话框中单击【下一步】按钮,弹出【网络策略和访问服务】对话框,从中显示了网络策略和访问服务信息。

(3) 单击【下一步】按钮,弹出如图 8.5 所示的【选择角色服务】对话框,因为仅配置 PPTP VPN 服务器,因此本任务选择【路由和远程访问服务】复选框。

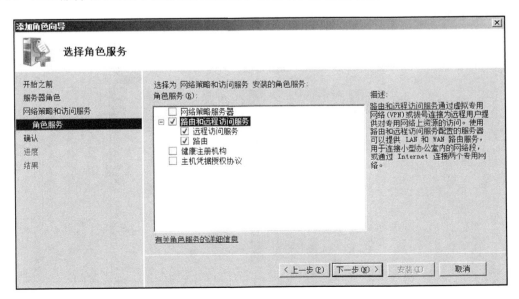

图 8.5　选择角色服务

后面的安装过程只需一步步地单击【下一步】按钮,最后根据提示重启系统,即可完成VPN Server 的安装。

2. 配置 VPN Server

（1）选择【管理工具】→【路由和远程访问】工具,右击服务器名称,在弹出的快捷菜单中选择【配置并启用和远程访问】命令,在打开安装向导中单击【下一步】按钮。

（2）在弹出的如图 8.6 所示的【配置】对话框中,选择【远程访问（拨号或 VPN）】单选按钮,单击【下一步】按钮。

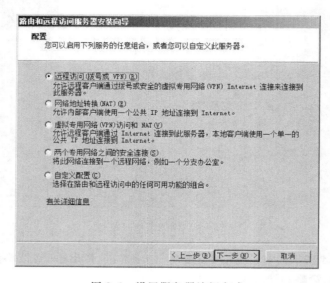

图 8.6　设置服务器访问方式

（3）在弹出的【VPN 连接】对话框中,在【网络接口】列表框中选择连接到 Internet 的接口,如图 8.7 所示,单击【下一步】按钮。

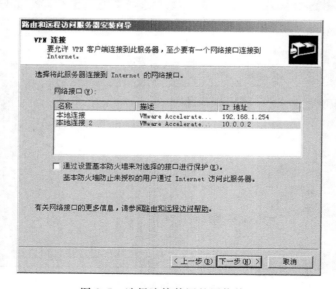

图 8.7　选择连接外网的网络接口

（4）在弹出的【IP 地址指定】对话框中选择【来自一个指定的地址范围】单选按钮，如图 8.8 所示，单击【下一步】按钮。

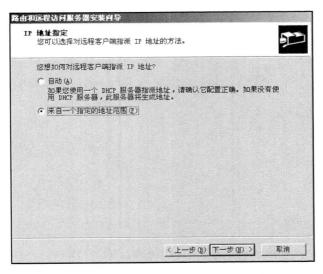

图 8.8　指定客户端获得 IP 地址的方式

（5）在弹出的【地址范围指定】对话框中单击【新建】按钮，本任务设置起始 IP 地址为192.168.1.101、结束 IP 地址为 192.168.1.110，单击【确定】按钮返回上一级，如图 8.9所示。

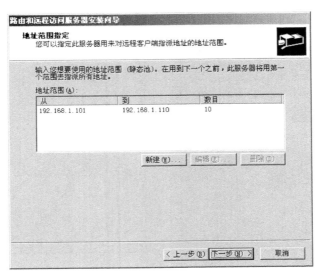

图 8.9　地址范围指定

（6）结束路由和远程访问服务器的配置，并开始启动路由服务，界面如图 8.10 所示。

（7）至此，服务器还需要建立一个 VPN 账号和密码，打开【计算机管理】窗口，打开【新用户】对话框，从中创建一个用户名为 wyl，密码为 abc123 的 VPN 账号，如图 8.11所示。

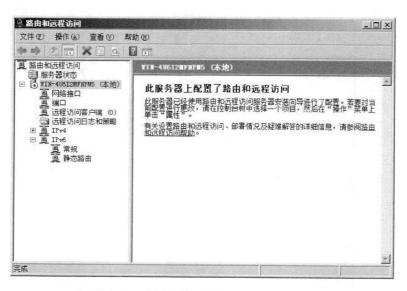

图 8.10　配置好的【路由和远程访问】界面

（8）在【计算机管理】窗口中右击 wyl 用户，在弹出的快捷菜单中选择【属性】命令，在弹出的【wyl 属性】对话框中选择【拨入】选项卡，选择【允许访问】单选按钮，单击【确定】按钮，如图 8.12 所示，此时服务器就配置好了。

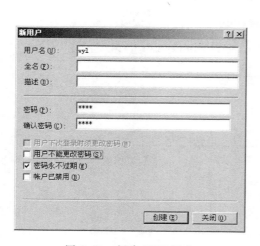

图 8.11　创建 VPN 用户

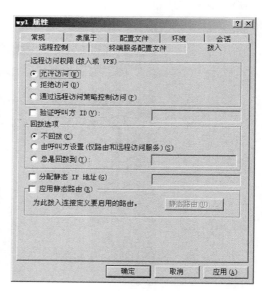

图 8.12　允许此用户拨入访问

3. 在 VPN Client 端的具体操作

Bob 在广州出差，住在花园酒店，他想通过互联网访问公司总部的 OA 系统，进行办公。Bob 的计算机在花园酒店自动获取的局域网 IP 地址为 10.0.0.1/8，他现在需要进行 VPN 拨号接入总部，然后才能访问到公司总部的 OA 系统。在 Bob 的计算机上进行的具体操作步骤如下。

（1）打开【网络连接】窗口，单击【新建连接向导】链接，在弹出的【欢迎使用新建连接向导】对话框中单击【下一步】按钮，如图 8.13 所示。

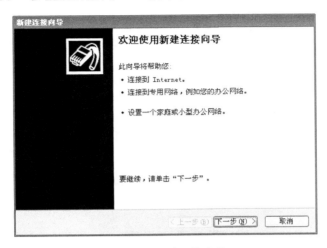

图 8.13　新建连接向导

（2）在弹出的【网络连接类型】对话框中选择【连接到我的工作场所的网络】单选按钮，如图 8.14 所示，单击【下一步】按钮。

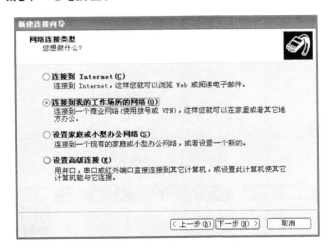

图 8.14　选择 VPN 连接

（3）在弹出的【网络连接】对话框中选择【虚拟专用网络连接】单选按钮，如图 8.15 所示，单击【下一步】按钮。

（4）在弹出的【连接名】对话框中，本任务在【公司名】文本框中输入"thxy"，如图 8.16 所示，单击【下一步】按钮。

（5）在弹出的【VPN 服务器选择】对话框中，在【主机名或 IP 地址】文本框中输入 IP 为 "10.0.0.2"，如图 8.17 所示，单击【下一步】按钮。

（6）在弹出的【正在完成新建连接向导】对话框中选择【在我的桌面上添加一个到此连接的快捷方式】复选框，如图 8.18 所示，单击【完成】按钮结束客户端的配置。

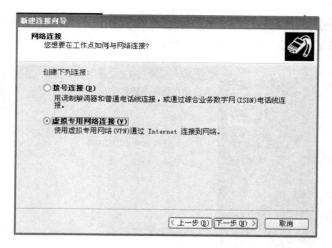

图 8.15　选择虚拟专用网络连接

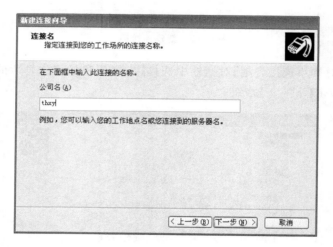

图 8.16　输入连接名称

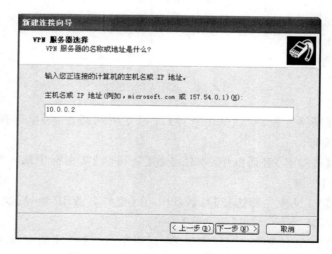

图 8.17　输入 VPN 服务器的 IP 地址

4. 测试

（1）拨号测试。在如图 8.19 所示的对话框中，输入在 VPN Server 端创建的 VPN 账号的用户名和密码（用户名为 wyl，密码为 abc123），单击【连接】按钮，弹出【网络连接】窗口，可以看到一个名为 thxy 的虚拟专用网络连接，如图 8.20 所示。

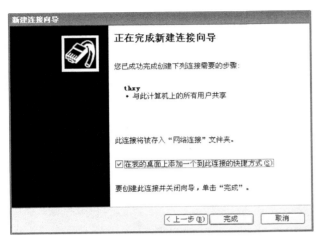

图 8.18　完成 VPN 连接向导

图 8.19　开始 VPN 连接

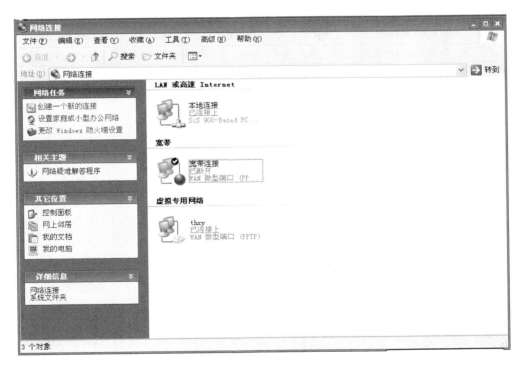

图 8.20　显示 VPN 连接

（2）打开客户端 CMD，用 ipconfig 命令查看 VPN 接口 PPTP，可以看到 PPP 接口相关的信息，也可以使用 netstat 命令查看 PPTP 服务器的 IP 地址是 10.0.0.2，PPTP 所使用的端口为 1723，具体如下。

```
C:\Documents and Settings\Administrator > ipconfig /all
Windows IP Configuration
…
PPP adapter THXY:
        Connection.specific DNS Suffix  . :
        Description . . . . . . . . . . . : WAN (PPP/SLIP) Interface
        Physical Address. . . . . . . . . : 00.53.45.00.00.00
        Dhcp Enabled. . . . . . . . . . . : No
        IP Address. . . . . . . . . . . . : 192.168.1.102
        Subnet Mask . . . . . . . . . . . : 255.255.255.255
        Default Gateway . . . . . . . . . : 192.168.1.102
C:\Documents and Settings\Administrator > netstat - anp tcp
Active Connections
    Proto  Local Address          Foreign Address        State
    TCP    0.0.0.0:25             0.0.0.0:0              LISTENING
    TCP    0.0.0.0:80             0.0.0.0:0              LISTENING
    TCP    0.0.0.0:135            0.0.0.0:0              LISTENING
    TCP    0.0.0.0:443            0.0.0.0:0              LISTENING
    TCP    0.0.0.0:445            0.0.0.0:0              LISTENING
    TCP    0.0.0.0:912            0.0.0.0:0              LISTENING
    TCP    0.0.0.0:1050           0.0.0.0:0              LISTENING
    TCP    0.0.0.0:1723           0.0.0.0:0              LISTENING
    TCP    0.0.0.0:6649           0.0.0.0:0              LISTENING
    TCP    0.0.0.0:12620          0.0.0.0:0              LISTENING
    TCP    10.0.0.1:139           0.0.0.0:0              LISTENING
    TCP    10.0.0.1:1929          10.0.0.2:1723         ESTABLISHED
    TCP    127.0.0.1:1057         0.0.0.0:0              LISTENING
    TCP    127.0.0.1:1138         127.0.0.1:1139        ESTABLISHED
    TCP    127.0.0.1:1139         127.0.0.1:1138        ESTABLISHED
    TCP    127.0.0.1:1153         127.0.0.1:1154        ESTABLISHED
    TCP    127.0.0.1:1154         127.0.0.1:1153        ESTABLISHED
    TCP    127.0.0.1:5354         0.0.0.0:0              LISTENING
    TCP    192.168.1.102:139      0.0.0.0:0              LISTENING
    TCP    192.168.1.102:1986     61.147.76.3:80        SYN_SENT
```

（3）在 Windows XP 查看拨号，如图 8.21 所示，我们可以查看建立成功的 PPTP 连接属性。此时，Bob 在花园酒店就可以通过 IE 浏览器访问到企业内部的 OA 服务器了，如图 8.22 所示。

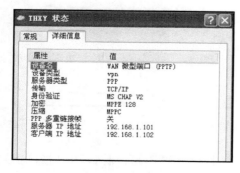

图 8.21　VPN 客户端属性

图 8.22　Bob 在花园酒店访问到的公司 OA 服务器

8.3　站点到站点 VPN

8.3.1　站点到站点 VPN 概述

随着公司规模的不断扩大,企业办公地点不再集中在同一个地方,而是分布在不同的地理区域,甚至跨越不同的国家。因此,要将不同地理位置的企业通过 LAN 连接起来,并安全地保证数据在互联网上传送,就可以用站点到站点的 VPN 实现,如图 8.23 所示。

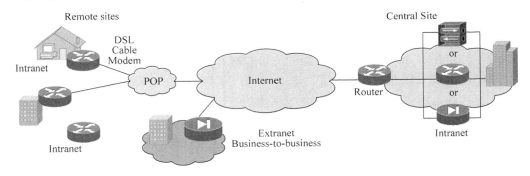

图 8.23　站点到站点 VPN

传统的方法是采用专线来对各种 LAN 进行连接,这样虽然保证了数据传输的安全性,但是网络建设的费用与后期的管理费不但非常昂贵,而且会使企业间的商贸交易程序复杂化。

站点到站点的 VPN 有时也称为 LAN to LAN 的方式,也就是把分布在不同地理位置的局域网通过互联网连接起来,形成一个企业内部网络,以保证数据在互联网上安全地传送。

8.3.2　IPSec 协议

要实现站点到站点的 VPN,最常用的协议为 IPSec 协议。IPSec 协议不是一个单独的协议,它给出了应用于 IP 层上的网络数据安全的一整套体系结构,包括报文认证头协议(Authentication Header,AH)、报文安全封装协议(Encapsulating Security Payload,ESP)、密钥交换协议(Internet Key Exchange,IKE)和用于网络认证及加密的一些算法等。IPSec 规定了如何在对等层之间选择安全协议、确定安全算法和交换密钥,向上提供了访问控制、数据源认证、数据加密等网络安全服务。

IPSec(IP Security)是 IETF 制定的能保证在 Internet 上传送数据的安全保密性能的三层隧道加密协议。IPSec 在 IP 层对 IP 报文提供安全服务。IPSec 协议本身定义了如何在 IP 数据包中增加字段来保证 IP 包的完整性、私有性和真实性,以及如何加密数据包。使用 IPsec,数据就可以安全地在公网上传输。

IPSec 包括报文验证头协议 AH(协议号 51)和报文安全封装协议 ESP(协议号 50)两个协议。AH 可提供数据源验证和数据完整性校验功能;ESP 除了提供数据验证和完整性校验功能外,还提供对 IP 报文的加密功能。

IPSec 有隧道(Tunnel)和传送(Transport)两种工作方式。在隧道方式中,用户的整个 IP 数据包被用来计算 AH 或 ESP 头,且被加密。AH 或 ESP 头和加密用户数据被封装在一个新的 IP 数据包中。在传送方式中,只是传输层数据被用来计算 AH 或 ESP 头,AH 或 ESP 头和被加密的传输层数据被放置在原 IP 包头后面。

1. IPSec 的安全性

- 数据机密性(Confidentiality):IPSec 发送方在通过网络传输包前对包进行加密。
- 数据完整性(Data Integrity):IPSec 接收方对发送方发送来的包进行认证,以确保数据在传输过程中没有被篡改。
- 数据来源认证(Data Authentication):IPSec 接收方对 IPSec 包的源地址进行认证。这项服务基于数据完整性服务。
- 反重放(Anti. Replay):IPSec 接收方可检测并拒绝接收过时或重复的报文。

2. IPSec 的基本概念

(1) 感兴趣数据流(Data Flow)。该数据流为一组具有某些共同特征的数据的集合,由源地址/掩码、目的地址/掩码、IP 报文中封装上层协议的协议号、源端口号、目的端口号等来规定。通常,一个数据流采用一个访问控制列表来定义。经访问控制列表匹配的所有报文在逻辑上为一个数据流。一个数据流可以是两台主机之间单一的 TCP 连接,也可以是两个子网之间所有的数据流量。IPSec 能够对不同的数据流施加不同的安全保护,例如对不同的数据流使用不同的安全协议、算法或密钥。

(2) 安全联盟(Security Association,SA)。IPSec 对数据流提供的安全服务通过安全联盟 SA 来实现,它包括协议、算法、密钥等内容,具体确定了如何对 IP 报文进行处理。一个 SA 就是两个 IPSec 系统之间的一个单向逻辑连接,输入数据流和输出数据流由输入安全联盟与输出安全联盟分别处理。安全联盟由一个三元组(安全参数索引(SPI)、IP 目的地址、安全协议号(AH 或 ESP))来唯一标识。安全联盟可通过手工配置和自动协商两种方式建立。手工配置方式是指用户通过在两端手工设置一些参数,在两端参数匹配和协商通过后建立安全联盟。自动协商方式由 IKE 生成和维护,通信双方基于各自的安全策略库,经过匹配和协商,最终建立安全联盟,而不需要用户的干预。

(3) 安全参数索引(SPI)。这是一个 32 位的数值,在每一个 IPSec 报文中都携带该值。SPI、IP 目的地址、安全协议号三者结合起来构成三元组,来唯一标识一个特定的安全联盟。在手工配置安全联盟时,需要手工指定 SPI 的取值。为保证安全联盟的唯一性,必须使用不同的 SPI 来配置安全联盟。使用 IKE 协商产生安全联盟时,SPI 将随机生成。

(4) 安全联盟更新时间(Life Time)。安全联盟更新时间有以时间进行限制(即每隔定长的时间进行更新)和以流量进行限制(即每传输一定字节数量的信息就进行更新)两种方式。

(5) 安全策略(Crypto Map)。安全策略由用户手工配置,规定对什么样的数据流采用什么样的安全措施。对数据流的定义是通过在一个访问控制列表中配置多条规则来实现的。在安全策略中,通过引用这个访问控制列表来确定需要进行保护的数据流。一条安全策略由名称和顺序号确定。

(6) 变换集(Transform Mode)。变换集包括安全协议、安全协议使用的算法、安全协议对报文的封装形式,规定了把普通的 IP 报文转换成 IPSec 报文的方式。在安全策略中,通过引用一个变换集来规定该安全策略采用的协议、算法等。

3. AH、ESP 与 IKE 协议

（1）AH 协议。AH 协议是认证头协议，AH 协议通过使用带密钥的验证算法，对受保护的数据计算摘要。通过进行数据完整性检查，可判定数据包在传输过程中是否被修改。通过使用认证机制，终端系统或网络设备可对用户或应用进行认证，过滤通信流。认证机制还可防止地址欺骗攻击及重放攻击。

在使用 AH 协议时，AH 协议首先在原数据前生成一个 AH 报文头，报文头包括递增的序列号（Sequence Number）与验证字段（空）、安全参数索引（SPI）等。AH 协议将对新的数据包进行离散运算，生成一个验证字段（Authentication Data），并输入 AH 头的验证字段。AH 协议目前提供了两种散列算法，分别是 MD5 和 SHA1，这两种算法的密钥长度分别是 128 位和 160 位。

AH 协议在隧道模式下的封装如图 8.24 所示。

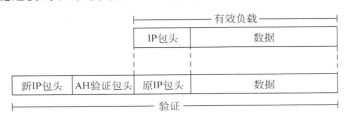

图 8.24　AH 协议在隧道模式下的封装

AH 协议在传输模式下的封装如图 8.25 所示。

	IP包头	TCP头/数据

IP包头	AH头	TCP头/数据
验证

图 8.25　AH 协议在传输模式下的封装

AH 协议使用 32 位序列号，结合防重放窗口和报文验证来防御重放攻击。

在传输模式下，AH 协议验证 IP 报文的数据部分和 IP 包头中的不变部分。

在隧道模式下，AH 协议验证全部的内部 IP 报文和外部 IP 包头中的不变部分。

（2）ESP 协议。ESP 是报文安全封装协议，可将用户数据进行加密后封装到 IP 包中，以保证数据的私有性。同时作为可选项，用户可以选择使用带密钥的哈希算法，以保证报文的完整性和真实性。ESP 的隧道模式提供了对报文路径信息的隐藏功能。

在 ESP 协议方式下，可以通过散列算法获得验证数据字段，可选的算法同样是 MD5 和 SHA1。与 AH 协议不同的是，在 ESP 协议中还可以选择加密算法，一般常见的是 DES、3DES 等加密算法。加密算法要从 SA 中获得密钥，对参加 ESP 加密的整个数据的内容进行加密运算，得到一段新的"数据"。完成之后，ESP 将在新的"数据"前面加上 SPI 字段、序列号字段，在数据后面加上一个验证字段和填充字段等。

ESP 协议在隧道模式下的封装如图 8.26 所示。

图 8.26　ESP 协议在隧道模式下的封装

ESP 协议在传输模式下的封装如图 8.27 所示。

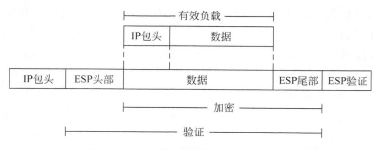

图 8.27　ESP 协议在传输模式下的封装

ESP 协议使用 32 位序列号,结合防重放窗口和报文验证来防御重放攻击。

在传输模式下,ESP 协议对 IP 报文的有效数据进行加密(可附加验证)。

在隧道模式下,ESP 协议对整个内部 IP 报文进行加密(可附加验证)。

(3) IKE。IKE 是因特网密钥交换协议,为 IPSec 提供了自动协商交换密钥、建立安全联盟的服务,能够简化 IPSec 的使用和管理,大大简化了 IPSec 的配置和维护工作。IKE 不是在网络上直接传送密钥的,而是通过一系列数据的交换,最终计算出双方共享的密钥,并且即使第三者截获了双方用于计算密钥的所有交换数据,也不足以计算出真正的密钥。IKE 具有一套自保护机制,可以在不安全的网络上安全地分发密钥、验证身份、建立 IPSec 安全联盟。

IKE 协商分为两个阶段,分别称为阶段一和阶段二。

阶段一,又被称为 Main Mode,在网络上建立 IKE SA,为其他协议的协商(阶段二)提供保护和快速协商。通过协商创建一个通信信道,并对该信道进行认证,为双方进一步的 IKE 通信提供机密性、消息完整性及消息源认证服务,是主模式。

阶段二,又被称为 Quick Mode,可在 IKE SA 的保护下完成 IPSec 的协商。

8.3.3　在 Cisco 路由器上实现站点到站点 VPN

➥ 课业任务 8-2

在课业任务 3-1 中,Bob 与 Alice 之间采用 PGP 实现加密传送文件,这种方法不适合频繁地交换文件,也是比较烦琐的。一种更好的方法是,可以在 Bob 所在的公司总部与 Alice 所在的公司分部之间建立站点到站点的 VPN,他们把自己的文件放置在公司总部的 FTP 服务器上,如此一来,就可以通过 IPSec 的 ESP 协议保证 Alice 与 Bob 之间在互联网上频繁传送公司机密文件时的安全性。

课业任务 8-2 所设计的拓扑如图 8.28 所示。RouterA 为公司总部的边界路由器，RouterB 为公司分部的边界路由器。为了保证 Alice 与 Bob 之间传送数据的安全，可以通过 IPSec VPN 技术在 RouterA 与 RouterB 之间建立一条 VPN 隧道，使 Alice 与 Bob 之间传送所有的数据都经过这条安全隧道。

图 8.28　企业站点到站点 VPN 拓扑

1. RouterA 的配置

（1）配置默认路由。

```
RouterA(config)# ip route 0.0.0.0 0.0.0.0 172.16.1.2
```

（2）配置 IKE。

```
RouterA(config)# crypto isakmp policy 1
RouterA(config-isakmap)# hash md5
RouterA(config-isakmap)# authentication pre-share
RouterA(config)# crypto isakmp key 0 thxy.password address 10.0.0.2
```

（3）配置 IPSec。

```
RouterA(config)# crypto ipsec transform-set thxyset ah-md5-hmac esp-des
RouterA(config)# access-list 101 permit ip 10.1.1.0 0.0.0.255 172.16.2.0 0.0.0.255
```

（4）配置加密图。

```
RouterA(config)# crypto map thxymap 1 ipsec-isakmp
RouterA(config-crypto-map)# set peer 10.0.0.2
RouterA(config-crypto-map)# set transform-set thxyset
RouterA(config-crypto-map)# match address 101
```

（5）把加密图应用到出口。

```
RouterA(config)# interface serial 0/0
RouterA(config-if)# crypto map thxymap
```

2. RouterB 的配置

（1）配置默认路由。

```
RouterA(config)# ip route 0.0.0.0 0.0.0.0 10.0.0.1
```

（2）配置 IKE。

```
RouterA(config)# crypto isakmp policy 1
RouterA(config-isakmap)# hash md5
RouterA(config-isakmap)# authentication pre-share
```

第 8 章

VPN 技术

```
RouterA(config)#crypto isakmp key 0 thxy.password address 172.16.1.1
```

（3）配置 IPSec。

```
RouterA(config)#crypto ipsec transform-set thxyset ah-md5-hmac esp-des
RouterA(config)#access-list 101 permit ip 172.16.2.0 0.0.0.255 10.1.1.0 0.0.0.255
```

（4）配置加密图。

```
RouterA(config)#crypto map thxymap 1 ipsec-isakmp
RouterA(config-crypto-map)#set peer 172.16.1.1
RouterA(config-crypto-map)#set transform-set thxyset
RouterA(config-crypto-map)#match address 101
```

（5）把加密图应用到出口。

```
RouterA(config)#interface serial 0/0
RouterA(config-if)# crypto map thxymap
```

3. 测试

（1）Alice 使用主机 ping 分公司 Bob 的主机，发现有 4 个数据包能正常传输。

```
RA#ping 172.16.2.1 source 10.1.1.2
Type escape sequence to abort.
Sending 5, 100.byte ICMP Echos to 172.16.2.1, timeout is 2 seconds:
Packet sent with a source address of 10.1.1.2
.!!!!
Success rate is 80 percent (4/5), round.trip min/avg/max = 28/41/56 ms
```

（2）查看建立好的连接，发现有 4 个数据包被加密以及 4 个数据包被解密。

```
RA#show crypto engine connections active
Crypto Engine Connections
   ID Interface  Type   Algorithm   Encrypt   Decrypt   IP.Address
    1 Se1/2      IPsec  DES+SHA        0         4       172.16.1.1
    2 Se1/2      IPsec  DES+SHA        4         0       172.16.1.1
 1001 Se1/2      IKE    SHA+DES        0         0       172.16.1.1
```

8.4 Linux 下 IPSec VPN 的实现

8.4.1 Linux 下 IPSec VPN 实现的机制

实现 IPSec 的软件有很多，RHEL5 自带的 Ipsec-tools 就可以实现，它是一个开放源码的软件，具有安全性与稳定性。Ipsec-tools 有两个工具，分别为 Setkey 与 Racoon。Setkey 为 SAD 与 SPD 的管理工具，Racoon 则负责 IKE 机制。

8.4.2 以 Preshared Keys 为验证模式下的传输模式 VPN

传输模式一般是对两台主机之间传送的数据来进行加密。以图 8.29 为例，拓扑图所描述的是在 RHEL6 下如何实现以 Preshared Keys 为验证模式下的传输模式 VPN 配置。

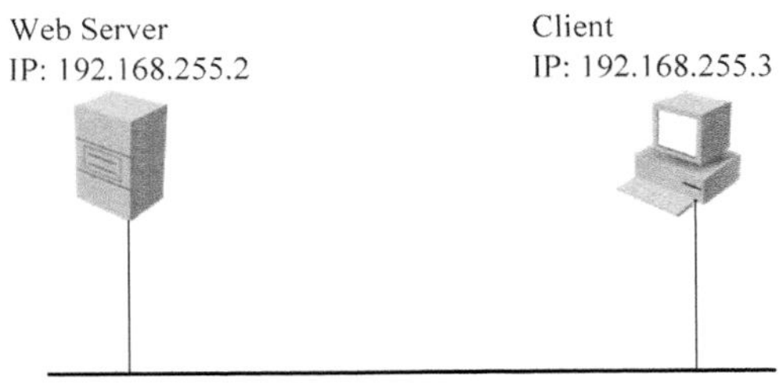

Web Server
IP: 192.168.255.2

Client
IP: 192.168.255.3

图 8.29　以 Preshared Keys 为验证模式下的传输模式 VPN 拓扑

图 8.29 所示的拓扑图中有一台主机作为 Web Server(网站服务器),一台主机作为 Client(客户机),两台主机上都安装了 RHEL5,现通过 Ipsec-tools 组件来实现以 Preshared Keys 为验证模式下的传输模式 VPN 配置,配置步骤如下。

(1) 确保 Web Server 与 Client 两台主机的连通性。

(2) 确保 Web Server 与 Client 两台主机的防火墙已关闭。

(3) 在 Client 主机上配置 IKE,修改其配置文件/etc/racoon/racoon.conf。

```
# Racoon IKE daemon configuration file.
# See 'man racoon.conf' for a description of the format and entries.

path include "/etc/racoon";
path pre_shared_key "/etc/racoon/psk.txt";
path certificate "/etc/racoon/certs";

remote 192.168.255.2
{
  exchange_mode main;
  proposal
  {
  authentication_method   pre_shared_key;
  dh_group   modp1024;
  hash_algorithm   sha1;
  encryption_algorithm   3des;
  lifetime time 1 hour;
  }

}

sainfo anonymous
{
  lifetime time 1 hour ;
  encryption_algorithm 3des;
  authentication_algorithm hmac_sha1 ;
  compression_algorithm deflate ;
}
```

(4) 在 Client 主机上设置预共享密钥,修改配置文件/etc/racoon/psk.txt。

```
# file for pre.shared keys used for IKE authentication
# format is:  'identifier' 'key'
# For example:
```

```
#
#   10.1.1.1      flibbertigibbet
#   www.example.com        12345
#   foo@www.example.com   micropachycephalosaurus
192.168.255.2   123456
```

（5）在 Client 主机上设置 SPD，创建其配置文件为/etc/racoon/setkey.conf。

```
flush;
spdflush;
spdadd 192.168.255.3 192.168.255.2 any -P out ipsec esp/transport//require ah/transport//require;
spdadd 192.168.255.2 192.168.255.3 any -P in ipsec esp/transport//require ah/transport//require;
```

（6）配置 Web Server 的 IPSec。

在 Web Server 配置 IPSec，需要修改/etc/racoon/目录下的 3 个文件：racoon.conf、psk.txt、setkey.conf。这 3 个配置文件内容如下。

① IKE 的配置文件为/etc/racoon/racoon.conf。

```
# Racoon IKE daemon configuration file.
# See 'man racoon.conf' for a description of the format and entries.

path include "/etc/racoon";
path pre_shared_key "/etc/racoon/psk.txt";
path certificate "/etc/racoon/certs";

remote 192.168.255.3
{
  exchange_mode main;
  proposal
  {
  authentication_method   pre_shared_key;
  dh_group   modp1024;
  hash_algorithm   sha1;
  encryption_algorithm   3des;
  lifetime time 1 hour;
  }

}

sainfo anonymous
{
  lifetime time 1 hour ;
  encryption_algorithm 3des;
  authentication_algorithm hmac_sha1 ;
  compression_algorithm deflate ;
}
```

② 共享密钥的配置文件为/etc/racoon/psk.txt。

```
# file for pre.shared keys used for IKE authentication
# format is:  'identifier' 'key'
# For example:
#
```

```
#   10.1.1.1     flibbertigibbet
#   www.example.com      12345
#   foo@www.example.com  micropachycephalosaurus
192.168.255.3  123456
```

③ SPD 的配置文件为/etc/racoon/setkey.conf。

```
flush;
spdflush;
spdadd 192.168.255.3 192.168.255.2 any -P in ipsec esp/transport//require ah/transport//require;
spdadd 192.168.255.2 192.168.255.3 any -P out ipsec esp/transport//require ah/transport//require;
```

(7) 在 Web Server 上启动 IKE。

```
[root@localhost ~]# racoon -f /etc/racoon/racoon.conf
```

(8) 在 Web Server 上启动 SPD。

```
[root@localhost ~]# setkey -f /etc/racoon/setkey.conf
```

(9) 验证结果。

启动 Wireshark 软件，在客户机上 ping Web Server，提取数据包。如图 8.30 所示，IPSec 经过了两个阶段后，数据经 IPSec 的 ESP 协议实现了加密。两个阶段分别为 Main Mode 与 Quick Mode。

No. .	Time	Source	Destination	Protocol	Info
8	15.100388	192.168.255.2	192.168.255.3	ISAKMP	Identity Protection (Main Mode)
9	15.131979	192.168.255.3	192.168.255.2	ISAKMP	Identity Protection (Main Mode)
10	15.140309	192.168.255.2	192.168.255.3	ISAKMP	Identity Protection (Main Mode)
11	15.143863	192.168.255.3	192.168.255.2	ISAKMP	Identity Protection (Main Mode)
12	15.145189	192.168.255.2	192.168.255.3	ISAKMP	Identity Protection (Main Mode)
13	15.145192	192.168.255.2	192.168.255.3	ISAKMP	Informational
14	15.145955	192.168.255.3	192.168.255.2	ISAKMP	Informational
15	16.149570	192.168.255.3	192.168.255.2	ISAKMP	Quick Mode
16	16.152398	192.168.255.2	192.168.255.3	ISAKMP	Quick Mode
17	16.163886	192.168.255.3	192.168.255.2	ISAKMP	Quick Mode
18	17.134849	192.168.255.3	192.168.255.2	ESP	ESP (SPI=0x0c267321)
19	17.146668	192.168.255.2	192.168.255.3	ESP	ESP (SPI=0x016743b8)
20	18.130188	192.168.255.3	192.168.255.2	ESP	ESP (SPI=0x0c267321)

图 8.30　IKE 的两个阶段

捕获的 ICMP 协议已经被 ESP 协议加密了，如图 8.31 所示。

(10) 在 Web Server 上查看 SAD。

```
[root@localhost ~]# setkey -D
```

(11) 在 Web Server 上查看 SPD。

```
[root@localhost ~]# setkey -D -P
```

(12) 相关 IPSec VPN 命令。

① 清除 SPD 内容。

```
[root@localhost ~]# setkey -F -P
```

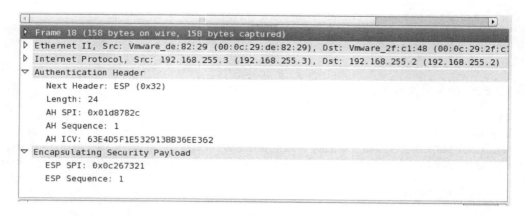

图 8.31　被 ESP 加密的 ICMP 协议

② 清除 SAD 内容。

```
[root@localhost ~]# setkey -D -F
```

8.4.3　以 Preshared Keys 为验证模式下的隧道模式 VPN

隧道模式一般是对两个 LAN 之间传送的数据来进行加密,以图 8.32 为例,拓扑图描述的是在 RHEL5 下如何实现以 Preshared Keys 为验证模式下的隧道模式 VPN 配置。

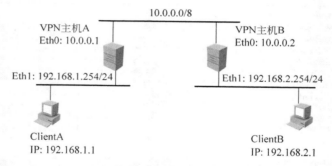

图 8.32　以 Preshared Keys 为验证模式下的隧道模式 VPN 拓扑

在图 8.32 所示的拓扑图中有两台 VPN 网关,一台 VPN 主机 A,一台 VPN 主机 B。VPN 主机 A 连接着 LAN192.168.1.0/24,VPN 主机 B 连接着 LAN192.168.2.0/24。拓扑图中用 10.0.0.0/8 模拟互联网络,两个 LAN 通过 10.0.0.0/8 这个互联网络时,使用 IPSec 来进行保护,VPN 主机 A 与 VPN 主机 B 上都安装的是 RHEL6 操作系统。现通过 Ipsec-tools 组件来实现以 Preshared Keys 为验证模式下的隧道模式 VPN 配置,配置步骤如下。

（1）确保 ClientA 与 ClientB 两台主机的连通性。

（2）确保 VPN 主机 A 与 VPN 主机 B 两台主机的防火墙已关闭。

（3）在 VPN 主机 A 上配置 IKE,修改其配置文件/etc/racoon/racoon.conf,内容如下。

```
# Racoon IKE daemon configuration file.
# See 'man racoon.conf' for a description of the format and entries.
```

```
path include "/etc/racoon";
path pre_shared_key "/etc/racoon/psk.txt";
path certificate "/etc/racoon/certs";

remote 10.0.0.2
{
  exchange_mode main;
  proposal
  {
  authentication_method  pre_shared_key;
  dh_group  modp1024;
  hash_algorithm  sha1;
  encryption_algorithm  3des;
  lifetime time 1 hour;
  }

}

sainfo anonymous
{
  lifetime time 1 hour ;
  encryption_algorithm 3des;
  authentication_algorithm hmac_sha1 ;
  compression_algorithm deflate ;
}
```

（4）设置预共享密钥，修改配置文件/etc/racoon/psk.txt。

```
# file for pre.shared keys used for IKE authentication
# format is:  'identifier' 'key'
# For example:
#
#   10.1.1.1    flibbertigibbet
#   www.example.com      12345
#   foo@www.example.com  micropachycephalosaurus
10.0.0.2   ilikethxy
```

（5）在 VPN 主机 A 上设置 SPD，配置文件为/etc/racoon/setkey.conf。

```
flush;
spdflush;
spdadd192.168.1.0/24 192.168.2.0/24 any .P out ipsec esp/tunnel/10.0.0.1-10.0.0.2/require;
spdadd 192.168.2.0/24 192.168.1.0/24 any .P in ipsec esp/tunnel/10.0.0.2-10.0.0.1/require;
```

（6）在 VPN 主机 B 上配置 IKE、预共享密钥与 SPD，具体配置如下。

① 配置 IKE，修改配置文件/etc/racoon/racoon.conf。

```
# Racoon IKE daemon configuration file.
# See 'man racoon.conf' for a description of the format and entries.

path include "/etc/racoon";
```

```
path pre_shared_key "/etc/racoon/psk.txt";
path certificate "/etc/racoon/certs";

remote 10.0.0.1
{
  exchange_mode main;
  proposal
  {
  authentication_method   pre_shared_key;
  dh_group   modp1024;
  hash_algorithm   sha1;
  encryption_algorithm   3des;
  lifetime time 1 hour;
  }

}

sainfo anonymous
{
  lifetime time 1 hour ;
  encryption_algorithm 3des;
  authentication_algorithm hmac_sha1 ;
  compression_algorithm deflate ;
}
```

② 配置预共享密钥,修改配置文件/etc/racoon/psk.txt。

```
# file for pre.shared keys used for IKE authentication
# format is:  'identifier' 'key'
# For example:
#
#   10.1.1.1      flibbertigibbet
#   www.example.com         12345
#   foo@www.example.com   micropachycephalosaurus
10.0.0.1    ilikethxy
```

③ 配置 SPD,配置文件为/etc/racoon/setkey.conf。

```
flush;
spdflush;
spdadd 192.168.2.0/24 192.168.1.0/24 any - P out ipsec esp/tunnel/10.0.0.2 - 10.0.0.1/require;
spdadd 192.168.1.0/24 192.168.2.0/24 any - P in ipsec esp/tunnel/10.0.0.1 - 10.0.0.2/require;
```

(7) 在 VPN 主机 A 与 VPN 主机 B 上启动 IKE。

[root@localhost ~]# racoon - f /etc/racoon/racoon.conf

(8) 在 VPN 主机 A 与 VPN 主机 B 上启动 SPD。

[root@localhost ~]# setkey - f /etc/racoon/setkey.conf

(9) 验证结果。

启动 Wireshark 软件,在 ClientA 上 ping ClientB,捕获 VPN 主机 A 上的 10.0.0.1 接

口的数据包。如图 8.33 所示，IPSec 经过了两个阶段后，数据经 IPSec 的 ESP 协议实现了加密。两个阶段分别为 Main Mode 与 Quick Mode。

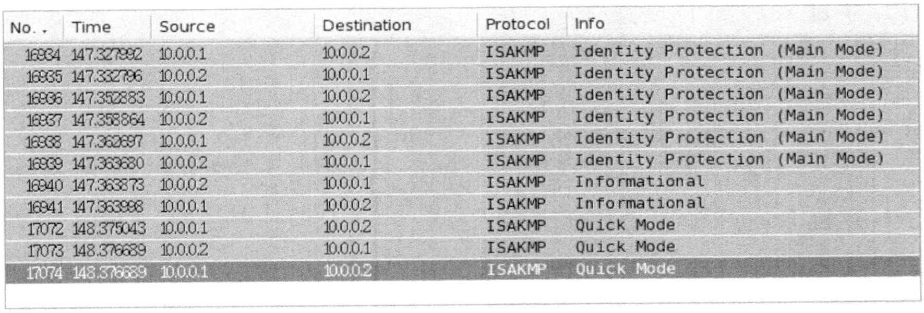

No. .	Time	Source	Destination	Protocol	Info
16834	147.327992	10.0.0.1	10.0.0.2	ISAKMP	Identity Protection (Main Mode)
16835	147.332796	10.0.0.2	10.0.0.1	ISAKMP	Identity Protection (Main Mode)
16836	147.352283	10.0.0.1	10.0.0.2	ISAKMP	Identity Protection (Main Mode)
16837	147.358864	10.0.0.2	10.0.0.1	ISAKMP	Identity Protection (Main Mode)
16838	147.362697	10.0.0.1	10.0.0.2	ISAKMP	Identity Protection (Main Mode)
16839	147.363680	10.0.0.2	10.0.0.1	ISAKMP	Identity Protection (Main Mode)
16840	147.363873	10.0.0.1	10.0.0.2	ISAKMP	Informational
16841	147.363998	10.0.0.1	10.0.0.2	ISAKMP	Informational
17072	148.375043	10.0.0.1	10.0.0.2	ISAKMP	Quick Mode
17073	148.376689	10.0.0.2	10.0.0.1	ISAKMP	Quick Mode
17074	148.376689	10.0.0.1	10.0.0.2	ISAKMP	Quick Mode

图 8.33　IKE 在隧道模式的两个阶段

捕获的 ICMP 协议已经被 ESP 协议加密了，如图 8.34 所示。

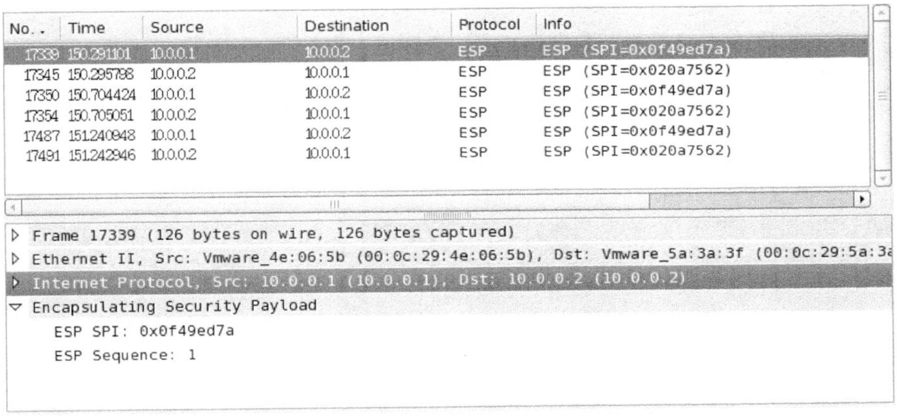

No. .	Time	Source	Destination	Protocol	Info
17339	150.291101	10.0.0.1	10.0.0.2	ESP	ESP (SPI=0x0f49ed7a)
17345	150.295798	10.0.0.2	10.0.0.1	ESP	ESP (SPI=0x020a7562)
17350	150.704424	10.0.0.1	10.0.0.2	ESP	ESP (SPI=0x0f49ed7a)
17354	150.705051	10.0.0.2	10.0.0.1	ESP	ESP (SPI=0x020a7562)
17487	151.240948	10.0.0.1	10.0.0.2	ESP	ESP (SPI=0x0f49ed7a)
17491	151.242946	10.0.0.2	10.0.0.1	ESP	ESP (SPI=0x020a7562)

```
▷ Frame 17339 (126 bytes on wire, 126 bytes captured)
▷ Ethernet II, Src: Vmware_4e:06:5b (00:0c:29:4e:06:5b), Dst: Vmware_5a:3a:3f (00:0c:29:5a:3a:
▷ Internet Protocol, Src: 10.0.0.1 (10.0.0.1), Dst: 10.0.0.2 (10.0.0.2)
▽ Encapsulating Security Payload
    ESP SPI: 0x0f49ed7a
    ESP Sequence: 1
```

图 8.34　被 ESP 加密的 ICMP 协议

（10）在 VPN 主机 B 上查看 SAD。

[root@localhost ～]# setkey －D

（11）在 VPN 主机 B 上查看 SPD。

[root@localhost ～]# setkey －D －P

（12）停止 IPSec VPN 的相关命令。

① 清除 SPD 内容。

[root@localhost ～]# setkey －F －P

② 清除 SAD 内容。

[root@localhost ～]# setkey －D －F

③ 停止 IKE。

[root@localhost ～]# killall racoon

（13）停止之前配置的 IPSec VPN，再在 VPN 主机 B 上修改 SPD，把 ESP 协议改成 AH 协议。请读者根据前面知识，分析一下 ESP 与 AH 协议不同。

① VPN 主机 A 的 SPD 设置如下。

```
flush;
spdflush;
spdadd 192.168.1.0/24 192.168.2.0/24 any -P out ipsec ah/tunnel/10.0.0.1-10.0.0.2/require;
spdadd 192.168.2.0/24 192.168.1.0/24 any -P in ipsec ah/tunnel/10.0.0.2-10.0.0.1/require;
```

② VPN 主机 B 的 SPD 设置如下。

```
flush;
spdflush;
spdadd 192.168.2.0/24 192.168.1.0/24 any -P out ipsec ah/tunnel/10.0.0.2-10.0.0.1/require;
spdadd 192.168.1.0/24 192.168.2.0/24 any -P in ipsec ah/tunnel/10.0.0.1-10.0.0.2/require;
```

重启 IKE 与 SPD，捕获的数据包如图 8.35 所示。

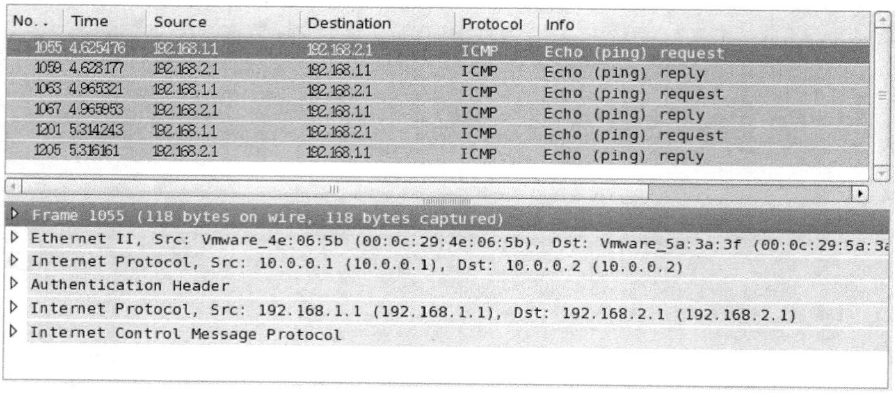

No.	Time	Source	Destination	Protocol	Info
1055	4.625476	192.168.1.1	192.168.2.1	ICMP	Echo (ping) request
1058	4.628177	192.168.2.1	192.168.1.1	ICMP	Echo (ping) reply
1063	4.965321	192.168.1.1	192.168.2.1	ICMP	Echo (ping) request
1067	4.965953	192.168.2.1	192.168.1.1	ICMP	Echo (ping) reply
1201	5.314243	192.168.1.1	192.168.2.1	ICMP	Echo (ping) request
1205	5.316161	192.168.2.1	192.168.1.1	ICMP	Echo (ping) reply

```
▷ Frame 1055 (118 bytes on wire, 118 bytes captured)
▷ Ethernet II, Src: Vmware_4e:06:5b (00:0c:29:4e:06:5b), Dst: Vmware_5a:3a:3f (00:0c:29:5a:3a
▷ Internet Protocol, Src: 10.0.0.1 (10.0.0.1), Dst: 10.0.0.2 (10.0.0.2)
▷ Authentication Header
▷ Internet Protocol, Src: 192.168.1.1 (192.168.1.1), Dst: 192.168.2.1 (192.168.2.1)
▷ Internet Control Message Protocol
```

图 8.35　被 AH 重新封装的 ICMP 协议

由图 8.35 得知，隧道模式是把以前的 IP 包封装在了新的 IP 包头中。

练　习　题

1. 选择题

（1）以下关于 VPN 说法正确的是（　　）。

　　A. VPN 指的是用户自己租用线路，和公共网络物理上完全隔离的、安全的线路

　　B. VPN 指的是用户通过公用网络建立的临时的、安全的连接

　　C. VPN 不能进行信息认证和身份认证

　　D. VPN 只能提供身份认证，不能提供加密数据的功能

（2）IPSsec 不可以做到（　　）。

　　A. 认证　　　　　B. 完整性检查　　　　C. 加密　　　　D. 签发证书

（3）IPSec 是（　　）VPN 协议标准。

　　A. 第一层　　　　B. 第二层　　　　　　C. 第三层　　　　D. 第四层

（4）IPSec 在任何通信开始之前，要在两个 VPN 结点或网关之间协商建立（　　　　）。

    A. IP 地址　　　　　B. 协议类型　　　　　C. 端口　　　　　D. 安全联盟

（5）（　　　　）是 IPSec 规定的一种用来自动管理 SA 的协议，包括建立、协商、修改和删除 SA 等。

    A. IKE　　　　　　B. AH　　　　　　　C. ESP　　　　　D. SSL

2. 简答题

（1）什么是 VPN？

（2）VPN 有哪两大类型？分别适应哪些场合？

（3）支持 VPN 的主要协议有哪些？

（4）IPSec 协议包含的各个协议之间有什么关系？

（5）IKE 的作用是什么？SA 的作用是什么？

3. 综合应用题

WYL 公司的网络拓扑结构如图 8.36 所示，要求配置 IPSec VPN，使 10.10.20.1/24 网段能够连通 10.10.10.2/24 网段，10.10.30.1/24 网段不能连通 10.10.10.2/24 网段。根据要求，回答问题 1~问题 3。

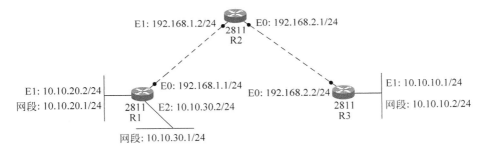

图 8.36　WYL 公司的网络拓扑结构

【问题 1】

根据网络拓扑图的要求，解释并完成路由器 R1 上的部分配置。

R1(config)# crypto isakmp enable　　　　　（启用 IKE）

R1(config)# crypto isakmp ＿＿＿(1)＿＿＿ 20（配置 IKE 策略 20）

R1(config-isakmp)# authentication pre-share ＿＿＿(2)＿＿＿

R1(config-isakmp)# exit

R1(config)# crypto isakmp key 378 address 192.168.2.2（配置预共享密钥为 378）

R1(config)# access-list 101 permit ip ＿＿＿(3)＿＿＿ 0.0.0.255 ＿＿＿(4)＿＿＿ 0.0.0.255（设置 ACL）

【问题 2】

根据网络拓扑图的要求，完成路由器 R2 上的静态路由配置。

R2(config)# ip route ＿＿＿(5)＿＿＿ 255.255.255.0 192.168.1.1

R2(config)# ip route 10.10.30.0 255.255.255.0 ＿＿＿(6)＿＿＿

R2(config)# ip route 10.10.10.0 255.255.255.0 192.168.2.2

【问题3】

根据网络拓扑图的要求和 R1 的配置，解释并完成路由器 R3 的部分配置。

R3(config)# crypto isakmp key _____(7)_____ address _____(8)_____

R3（config）# crypto transform-set testvpn ah-md5-hmac esp-des esp-md5-hmac _____(9)_____

R3(cfg-crypto-trans)# exit

R3(config)# crypto map test 20 ipsec-isakmp

R3(config-crypto-map)# set peer 192.168.1.1

R3(config-crypto-map)# set transform-set _____(10)_____

第 9 章　入侵检测技术

随着计算机网络知识的普及，攻击者越来越多，攻击工具与手法日趋复杂多样。单纯的防火墙策略已经无法满足对安全高度敏感的部门的需要，网络的防护必须采用一种纵深的、多样的手段。如果把防火墙比作大门门锁，入侵检测就是网络中不间断工作的摄像机。入侵检测通过旁路监听的方式不间断地收取网络数据，对网络的运行和性能无任何影响，并可以判断其中是否含有攻击的企图，并通过各种手段向管理员报警。入侵检测不但可以发现从外部的攻击，也可以发现内部的恶意行为。所以说，入侵检测是网络安全的第二道闸门，是防火墙的必要补充，它构成完整的网络安全解决方案。

▶▶ **学习目标**：
- 熟悉 IDS 的基本概念、术语。
- 掌握 IDS 的入侵原理、类型及技术。
- 了解 IDS 产品的实施。
- 掌握数据完整性监控工具 Tripwire 的原理及使用方法。
- 掌握 OSSEC 的原理及使用方法。
- 了解 IDS 技术的发展方向和 IPS、NGAF 技术。

▶▶ **课业任务**：

本章通过两个实际课业任务，由浅入深、循序渐进地介绍入侵检测技术的基本知识与相关原理，以及入侵检测技术在现实中的应用。

➥ **课业任务 9-1**

Bob 是 WYL 公司的安全运维工程师，WYL 公司服务器安装的是 UNIX 操作系统。当服务器遭到黑客攻击时，可能会对系统文件等一些重要文件进行修改。为了监测文件是否被修改过以及哪些文件被修改过，Bob 使用 Tripwire 软件建立数据完整性监测系统，当服务器被黑客攻击后能够有的放矢地找出解决方案。

能力观测点

完整性分析原理；Tripwire 软件的使用；构建数据完整性监测系统。

➥ **课业任务 9-2**

Bob 是 WYL 公司的安全运维工程师，WYL 公司的网络拓扑图如 9.10 所示。Bob 为了检测 Web 服务器的入侵行为，选用开源的 HIDS 产品 OSSEC 软件，并采用 C/S 架构的部署方法，OSSEC 服务器安装在 Bob 的计算机上，OSSEC 客户端运行在 Web 服务器上。

能力观测点

HIDS 基本原理；使用 OSSEC 软件检测服务器上的入侵行为。

9.1 入侵检测系统概述

9.1.1 入侵检测系统的定义

入侵检测系统(IDS)就是依照一定的安全策略,对网络、系统的运行状况进行监视,尽可能发现各种攻击企图、攻击行为或者攻击结果,以保证网络系统资源的机密性、完整性和可用性。它与其他网络安全设备的不同之处在于,IDS 是一种积极主动的安全防护技术。做一个形象的比喻,假如防火墙是一幢大楼的门锁,那么 IDS 就是这幢大楼里的监视系统。一旦小偷爬窗进入大楼,或内部人员有越界行为,只有实时监视系统才能发现情况并发出警告。

9.1.2 入侵检测系统的主要功能

入侵检测技术是一种主动保护自己免受攻击的一种网络安全技术。作为防火墙的合理补充,入侵检测技术能够帮助系统对付网络攻击,扩展了系统管理员的安全管理能力(包括安全审计、监视、攻击识别和响应),提高了信息安全基础结构的完整性。入侵检测系统的主要功能如下。

1. 识别黑客常用的入侵与攻击手段

入侵检测技术通过分析各种攻击的特征,可以全面快速地识别探测攻击、拒绝服务攻击、缓冲区溢出攻击、电子邮件攻击、浏览器攻击等各种常用的攻击手段,并进行相应的防范。一般来说,黑客在进行入侵的第一步,即探测、收集网络及系统信息时,就会被 IDS 捕获,向管理员发出警告。

2. 监控网络异常通信

IDS 系统会对网络中不正常的通信连接做出反应,保证网络通信的合法性。任何不符合网络安全策略的网络数据都会被 IDS 侦测到并警告。

3. 鉴别对系统漏洞及后门的利用

IDS 系统一般带有系统漏洞及后门的详细信息,通过对网络数据包连接的方式、连接端口及连接中特定的内容等特征分析,可以有效地发现网络通信中针对系统漏洞进行的非法行为。

4. 完善网络安全管理

IDS 通过对攻击或入侵的检测及反应,可以有效地发现和防止大部分的网络犯罪行为。使用 IDS 系统的监测、统计分析、报表功能,可以进一步完善网络管理。

9.1.3 入侵检测系统的组成

IETF(Internet 工程任务组)将一个入侵检测系统分为 4 个组件:事件产生器(Event Generators)、事件分析器(Event Analyzers)、响应单元(Response Units)、事件数据库(Event Databases)。入侵检测系统的组成如图 9.1 所示。

事件是 IDS 中所分析的数据的统称,它可以是从系统日志、应用程序日志中所产生的信息,也可以是在网络中抓到的数据包。

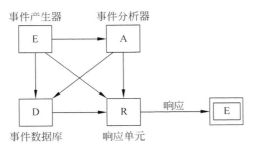

图 9.1 入侵检测系统的组成

事件产生器的目的是从整个计算环境中获得事件,并向系统的其他部分提供此事件,事件分析器分析得到的数据,并产生分析结果。

响应单元则是对分析结果作出反应的功能单元,它可以作出切断连接、改变文件属性等强烈反应,也可以只是简单地报警。

事件数据库是存放各种中间数据和最终数据的地方的统称,它可以是复杂的数据库,也可以是简单的文本文件。

9.2 入侵检测系统的类型及技术

9.2.1 入侵检测系统的类型

根据检测对象的不同,入侵检测系统可分为基于主机的入侵检测和基于网络的入侵检测。

1. 基于主机的入侵检测(HIDS)

基于主机的入侵检测系统就是以系统日志、应用程序日志等作为数据源,当然也可以通过其他手段(如监督系统调用)从所在的主机收集信息,以进行分析。基于主机的入侵检测系统保护的一般是所在的系统。这种系统经常运行在被监测的系统之上,用以监测系统上正在运行的进程是否合法。如图9.2所示,基于主机的入侵检测系统用于保护关键应用的服务器,实时监视可疑的连接、系统日志、非法访问的闯入等,并且提供对典型应用的监视,如Web服务器应用。基于主机的入侵检测通常采用查看针对可疑行为的审计记录来执行,它能够比较新的记录条目与攻击特征,并检查不应该改变的系统文件的校验和分析系统是否被侵入或者被攻击。

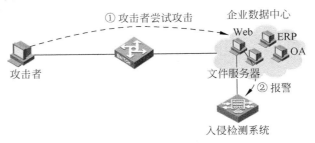

图 9.2 基于主机的入侵检测示意图

OSSEC HIDS 是一个基于主机的开源入侵检测系统,它可以执行日志分析、完整性检查、Windows 注册表监视、Rootkit 检测、实时警告及动态的适时响应。除了具有 IDS 的功能之外,它通常还可以用做 SEM/SIM 解决方案。因为其具有强大的日志分析引擎,互联网供应商、数据中心都乐意运行 OSSEC HIDS,以监视和分析其防火墙、IDS、Web 服务器和身份验证日志。

2. 基于网络的入侵检测(NIDS)

基于网络入侵检测系统的数据源是网络上的数据包。在这种类型的入侵检测系统中,可以将一台计算机的网卡设置为混杂模式,对所有本网段内的数据包进行信息收集,并做出判断。一般基于网络的入侵检测系统担负着保护整个网段的任务。如图 9.3 所示,基于网络的入侵检测系统一般被放置在比较重要的网段内,部分也可以利用交换机的端口映射功能来监视特定端口的网络入侵行为。一旦攻击被检测到,响应模块按照配置对攻击做出反应。通常这些反应包括发送电子邮件、寻呼、记录日志、切断网络连接等。

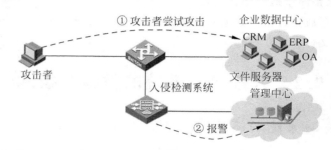

图 9.3　基于网络的入侵检测示意图

Snort 是一款开源网络入侵检测系统,它有 3 种工作模式:嗅探器模式、数据包记录器模式、网络入侵检测模式。嗅探器模式仅仅是从网络上读取数据包并连续不断地显示在终端上;数据包记录器模式把数据包记录到硬盘;网络入侵检测模式是最复杂的,而且是可配置的。它采用灵活的基于规则的语言来描述通信,将签名、协议和不正常行为的检测方法结合起来。其更新速度极快,成为全球部署最为广泛的入侵检测技术,并成为防御技术的标准。通过协议分析、内容查找和各种各样的预处理程序,Snort 可以检测成千上万的蠕虫、漏洞利用企图、端口扫描和各种可疑行为。

HIDS 和 NIDS 两种入侵检测系统都具有自己的优点和不足,可互相补充。基于主机的入侵检测系统可以精确地判断入侵事件,可对入侵事件立即进行反应,还可针对不同操作系统的特点判断应用层的入侵事件;其缺点是会占用主机宝贵的资源。基于网络的入侵检测系统只能监视经过本网段的活动,并且精确度较差,在交换网络环境中难于配置,防入侵欺骗的能力也比较差;但是它可以提供实时网络监视,并且监视力度更细致。

3. 混合型入侵检测

混合型入侵检测是基于主机的入侵检测和基于网络的入侵检测的结合,它是前两种方案的互补,还提供了入侵检测的集中管理。采用这种技术能实现对入侵行为的全方位检测。

9.2.2　入侵检测系统的技术

对各种事件进行分析,从中发现违反安全策略的行为是入侵检测系统的核心功能。从技术上,入侵检测分为两类:一类基于误用检测(Anomal Detection),另一类基于异常检测(Misuse Detection)。

1. 基于误用的检测技术

对于基于误用的检测技术来说,首先要定义违背安全策略事件的特征,然后判别这类特征是否在所收集的数据中,如图9.4所示。如果检测到该行为在入侵特征库中,说明是入侵行为,此方法非常类似于杀毒软件。基于误用的检测技术的核心是维护一个特征库。如图9.5所示为UTM防火

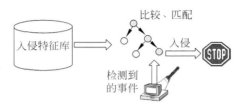

图 9.4　基于误用的检测示意图

墙FortiGate的入侵特征库。基于误用的检测技术对于已知的攻击,可以详细、准确地报告出攻击类型,但是对未知攻击却效果有限,而且特征库必须不断更新。

系统管理		名称	严重性	对象	协议	OS	应用程序	启用	行为
路由		2BGal.Disp_album.SQL.Injection	低	服务器	TCP, HTTP	All	PHP_app	✗	通过
防火墙		3Com.3CDaemon.FTP.Server.Information.Disclosure	低	客户端	TCP, FTP	Windows	Other	✗	通过
UTM		3COM.OfficeConnect.DoS	低	服务器	TCP, HTTP	Other	Other	✓	丢弃
⊟ 入侵防护		3ivx.MPEG4.File.Processing.Buffer.Overflow	高	客户端	TCP, HTTP	Windows	MediaPlayer	✗	通过
▸ IPS传感器		427BB.Showthread.PHP.ForumID.Parameter.SQL.Injection	中	服务器	TCP, HTTP	Other	Other	✓	通过
▸ DoS传感器		4D.WebStar.Tomcat.Plugin.Remote.Buffer.Overflow	中	服务器	TCP, HTTP	Windows	Other	✓	通过
▸ 预定义		8Pixel.net.SimpleBlog.SQL.Injection	高	服务器	TCP, HTTP	All	Other	✗	通过
▸ 定值		A1stats.A1disp.Directory.Traversal	高	服务器	TCP, HTTP	Linux	CGI_app	✗	丢弃
▸ 协议解码器		AA.bot.Botlist.File.Access	低	服务器	TCP, HTTP	Windows	Other	✗	通过
⊞ Web过滤器		Aardvark.Topsites.PHP.Arbitrary.Command.Execution	中	服务器	TCP, HTTP	All	PHP_app	✗	通过
虚拟专网									
设置用户									
终端节点									

图 9.5　FortiGate 防火墙入侵特征库

2. 基于异常的检测技术

基于异常的检测技术则是先定义一组系统正常情况的数值,如CPU利用率、内存利用率、文件校验和等(这类数据可以人为定义,也可以通过观察系统,使用统计的办法获得),然后将系统运行时的数值与所定义的"正常"情况比较,从而得出是否有被攻击的迹象。基于异常检测的示意图如图9.6所示,这种检测方式的核心在于如何定义所谓的"正常"情况。

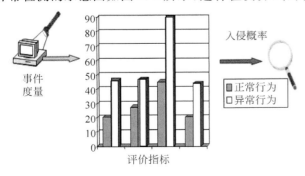

图 9.6　基于异常检测的示意图

异常检测只能识别出那些与正常过程有较大偏差的行为,无法准确判断出攻击的手法,但它可以(至少在理论上可以)判断更广泛甚至未发觉的攻击。FortiGate防火墙的异常行为定义如图9.7所示,通过定义 tcp_syn_flood、udp_flood、icmp_flood 的阈值,来判断是否为入侵行为。由于对各种网络环境的适应性不强,且缺乏精确的判定

准则,基于异常的检测技术本身就有漏报或误报率较高的缺点。

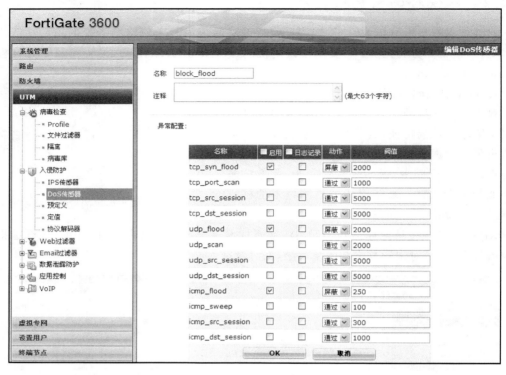

图 9.7 FortiGate 防火墙的异常行为定义

在 IDS 系统中,所谓漏报(False Negatives),是指攻击事件没有被 IDS 检测到,而误报(False Positives)是指 IDS 将正常事件识别为攻击。发生这些问题主要有如下两个原因。

(1) IDS 通过网络嗅探(Sniffer)技术获取网络数据包后,需要进行协议分析、模式匹配或异常统计才可能发现入侵行为。协议分析本身是很复杂的,当涉及数目庞大的应用协议、各种加密或编码方式,以及针对 IDS 的规避技术时,则更是如此。在没有透彻分析数据包涉及协议的情况下,发生漏报和误报是在所难免的。要解决这类问题,除了加大协议分析的深度和细度外,还有待于理论和技术上的突破。

(2) 随着网络系统结构的复杂化和大型化,系统的弱点和漏洞将趋向于分布式。此外,随着黑客入侵水平的提高,入侵行为也不再是单一的行为,单个的 IDS 设备(无论是主机型还是网络型)应对分布式、协同式、复杂模式攻击的入侵行为时,就显得十分力单势薄。要解决这类问题,入侵检测系统也需要向分布式结构发展,采用分布收集信息、分布处理多方协作的方式。

9.2.3 入侵检测过程

从总体来说,入侵检测系统可以分为两个部分:收集系统和非系统中的信息。入侵检测对收集到的数据进行分析,并采取相应措施。

1. 信息收集

信息收集包括收集系统、网络、数据及用户活动的状态和行为。而且，需要在计算机网络系统中的若干不同关键点(不同网段和不同主机)收集信息，这除了尽可能扩大检测范围外，还有一个就是，对来自不同源的信息进行特征分析后通过比较得出问题所在的因素。

入侵检测很大程度上依赖于收集信息的可靠性和正确性，因此，很有必要利用所知道的真正的和精确的软件来报告这些信息。因为黑客经常替换软件以搞混和移走这些信息，例如替换被程序调用的子程序、记录文件和其他工具。黑客对系统的修改可能使系统功能失常并看起来跟正常的一样。例如，UNIX 系统的 PS 指令可以被替换为一个不显示侵入过程的指令，或者是编辑器被替换成一个读取不同于指定文件的文件(黑客隐藏了初试文件并用另一版本代替)。这需要保证用来检测网络系统的软件的完整性，特别是入侵检测系统软件本身应具有相当强的坚固性，以防止被篡改而收集到错误的信息。入侵检测利用的信息一般来自以下 3 个方面(这里不包括物理形式的入侵信息)。

(1) 系统和网络日志文件。黑客经常在系统日志文件中留下他们的踪迹，因此，可以充分利用系统和网络日志文件信息。日志包含发生在系统和网络上的不寻常和不期望活动的证据，这些证据可以指出有人正在入侵或已成功入侵了系统。通过查看日志文件，能够发现成功的入侵或入侵企图，并很快地启动相应的应急响应程序。日志文件中记录了各种行为类型，每种类型又包含不同的信息，例如记录"用户活动"类型的日志，就包含登录、用户 ID 改变、用户对文件的访问、授权和认证信息等内容。很显然，对用户活动来讲，不正常的或不期望的行为就是重复登录失败、登录到不期望的位置及非授权的企图访问重要文件等。

(2) 非正常的目录和文件改变。网络环境中的文件系统包含很多软件和数据文件，它们经常是黑客修改或破坏的目标。目录和文件中的非正常改变(包括修改、创建和删除)，特别是那些正常情况下限制访问的，很可能就是入侵产生的指示和信号。黑客经常替换、修改和破坏他们获得访问权的系统上的文件，同时，为了隐藏他们在系统中的表现及活动痕迹，都会尽力去替换系统程序或修改系统日志文件。

(3) 正常的程序执行。网络系统上的程序执行一般包括操作系统、网络服务、用户启动的程序和特定目的的应用，例如 Web 服务器。每个在系统上执行的程序由一到多个进程来实现。一个进程的执行行为由其运行时执行的操作来表现。操作执行的方式不同，它利用的系统资源也就不同。操作包括计算、文件传输、设备和其他进程，以及与网络间其他进程的通信。一个进程出现了不期望的行为，可能表明黑客正在入侵系统。黑客可能会将程序或服务的运行分解，从而导致它失败，或者是以非用户或管理员意图的方式操作。

2. 信号分析

对收集到的有关系统、网络、数据及用户活动的状态和行为等信息，一般通过 3 种技术手法进行分析：模式匹配、统计分析和完整性分析。其中前两种方法用于实时的入侵检测，而完整性分析则用于事后分析。

(1) 模式匹配。模式匹配就是将收集到的信息与已知的网络入侵和系统已有模式数据库进行比较，从而发现违背安全策略的行为。该过程可以很简单(如通过字符串匹配，以寻找一个简单的条目或指令)，也可以很复杂(如利用正规的数学表达式来表示安全状态的变化)。一般来讲，一种进攻模式可以用一个过程(如执行一条指令)或一个输出(如获得权限)来表示。该方法的一大优点是只需收集相关的数据集合，从而显著减少系统负担，且技术已相当成熟。它与病毒防火墙采用的方法一样，检测准确率和效率都相当高。但是，该方法存在的弱点是，需要不断地升级以对付不断出现的黑客攻击手法，并且不能检测到从未出现过的黑客攻击手段。

（2）统计分析。统计分析方法首先给系统对象（如用户、文件、目录和设备等）创建一个统计描述，统计正常使用时的一些测量属性（如访问次数、操作失败次数和延时等）。在比较这一点上与模式匹配有些相似之处。测量属性的平均值将被用来与网络、系统的行为进行比较，任何观察值在正常值范围之外时，就认为有入侵发生，例如，本来都默认用 Guest 账号登录的，突然用 Admini 账号登录。这样做的优点是可检测到未知的入侵和更为复杂的入侵，缺点是误报、漏报率高，且不适应用户正常行为的突然改变。具体的统计分析方法，如基于专家系统的、基于模型推理的和基于网络的分析方法，目前正是研究热点并处于迅速发展之中。

（3）完整性分析。完整性分析主要关注某个文件或对象是否被更改，这经常包括文件和目录的内容及属性，它在发现被更改的、被特洛伊化的应用程序方面特别有效。完整性分析利用强有力的加密机制（称为消息摘要函数，例如 MD5），可识别哪怕是微小的变化。其优点是，不管模式匹配方法和统计分析方法能否发现入侵，只要是攻击导致了文件或其他对象的任何改变，它都能够发现。缺点是，一般以批处理方式实现，用于事后分析，而不用于实时响应。尽管如此，完整性分析方法也应该是网络安全产品的必要手段之一。例如，可以在每一天的某个特定时间开启完整性分析模块，对网络系统进行全面的扫描检查。

3. 实时记录、报警或有限度反击

IDS 的根本任务是要对入侵行为做出适当的反应，这些反应包括详细日志记录、实时报警和有限度地反击攻击源。

9.2.4　数据完整性监控工具 Tripwire 的使用

Tripwire 的原理是 Tripwire 软件被安装、配置后，对要求校验的系统文件进行类似 MD5 的处理，从而生成一个唯一的标识，即"快照"。随着文件的添加、删除和修改等操作，通过系统数据现状与不断更新的数据库进行比较，来判定哪些文件被添加、删除和修改过。正因为初始的数据库是在 Tripwire 软件被安装、配置后建立的，所以应该在服务器开放前，或者说操作系统刚被安装后用 Tripwire 构建数据完整性监测系统。

当服务器遭到黑客攻击时，在多数情况下，黑客可能对系统文件等一些重要的文件进行修改。为此，人们用 Tripwire 建立数据完整性监测系统。虽然它不能抵御黑客攻击以及黑客对一些重要文件的修改，但是可以监测文件是否被修改过以及哪些文件被修改过，从而在被攻击后有的放矢地策划出解决办法。

Tripwire 由下面的部分组成。

- 配置文件：定义数据库、策略文件和 Tripwire 可执行文件的位置。
- 策略：定义检测的对象及违规时采取的行为。
- 数据库：用于存放生成的快照。

另外，Tripwire 为了自身的安全，防止自身被篡改，也会对自身进行加密和签名处理。其中，包括以下两个密钥。

- site 密钥：用于保护策略文件和配置文件，只要使用相同的策略和配置的机器，就可以使用相同的 site 密钥,即/etc/tripwire/site.key。

- local 密钥:用于保护数据库和分析报告。

课业任务 9-1

Bob 是 WYL 公司的安全运维工程师,WYL 公司服务器安装的是 UNIX 操作系统。当服务器遭到黑客攻击时,可能会对系统文件等一些重要文件进行修改。为了监测文件是否被修改过以及哪些文件被修改过,Bob 使用 Tripwire 软件建立数据完整性监测系统,当服务器被黑客攻击后能够有的放矢地找出解决方案。

具体操作步骤如下。

(1) 安装 Tripwire 软件后,初始化数据库。使用 local 密钥的口令初始化数据库 tripwire --init。

(2) 检查完整性。如果把/etc/security/limits.conf 文件中的内容手动修改并保存,然后手工运行全面检查的命令 tripwire --check。

(3) 查看结果。

```
twprint -- print - report -- twrfile mail.linuxfly.org - 20070614 - 155313.twr |more
```

显示结果如图 9.8 和图 9.9 所示。从图 9.8 和图 9.9 可以看出,被修改的文件前后属性可清楚地分辨出来。

```
Rule Summary:


 Section: Unix File System


 Rule Name                        Severity Level    Added    Removed    Modified

 Invariant Directories            66                0        0          0
 Temporary directories            33                0        0          0
* Tripwire Data Files             100               1        0          0
 Critical devices                 100               0        0          0
 User binaries                    66                0        0          0
 Tripwire Binaries                100               0        0          0
 Critical configuration files     100               0        0          0
 Libraries                        66                0        0          0
 Operating System Utilities       100               0        0          0
 Critical system boot files       100               0        0          0
 File System and Disk Administraton Programs
                                  100               0        0          0
 Kernel Administration Programs   100               0        0          0
 Networking Programs              100               0        0          0
 System Administration Programs   100               0        0          0
 Hardware and Device Control Programs
                                  100               0        0          0
 System Information Programs      100               0        0          0
 Application Information Programs
                                  100               0        0          0
 Shell Related Programs           100               0        0          0
 Critical Utility Sym-Links       100               0        0          0
 Shell Binaries                   100               0        0          0
 System boot changes              100               0        0          0
 OS executables and libraries     100               0        0          0
* Security Control                100               0        0          2
 Login Scripts                    100               0        0          0
* Root config files               100               0        0          2

Total objects scanned:  34867
Total violations found:  5
```

图 9.8 Tripwire 完整性检查结果 1

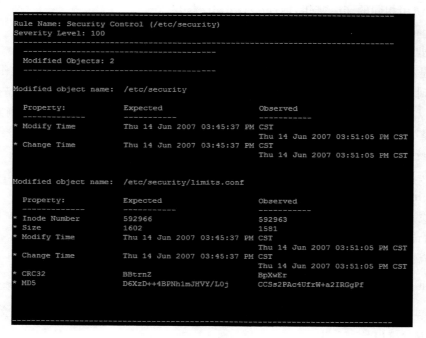

```
Rule Name: Security Control (/etc/security)
Severity Level: 100
------------------------------------------------------------
------------------------------------------------
 Modified Objects: 2
------------------------------------------------
Modified object name:  /etc/security

 Property:              Expected                 Observed
 ------------           ----------               ----------
* Modify Time           Thu 14 Jun 2007 03:45:37 PM CST
                                                 Thu 14 Jun 2007 03:51:05 PM CST
* Change Time           Thu 14 Jun 2007 03:45:37 PM CST
                                                 Thu 14 Jun 2007 03:51:05 PM CST


Modified object name:  /etc/security/limits.conf

 Property:              Expected                 Observed
 ------------           ----------               ----------
* Inode Number          592966                   592963
* Size                  1602                     1581
* Modify Time           Thu 14 Jun 2007 03:45:37 PM CST
                                                 Thu 14 Jun 2007 03:51:05 PM CST
* Change Time           Thu 14 Jun 2007 03:45:37 PM CST
                                                 Thu 14 Jun 2007 03:51:05 PM CST
* CRC32                 BBtrnZ                   BpXwEr
* MD5                   D6XzD++4BPNh1mJHVY/L0j   CCSs2PAc4UfrW+a2IRGgPf


------------------------------------------------------------
```

图 9.9　Tripwire 完整性检查结果 2

9.3　入侵检测技术的实施

在网络安全领域,随着黑客应用技术的不断"傻瓜化",入侵检测系统的地位正在逐渐增强。一个网络中,只有有效实施了 IDS,才能敏锐地察觉攻击者的侵犯行为,才能防患于未然。但无论如何,入侵检测不是对所有的入侵都能够及时发现的,即使拥有当前最强大的入侵检测系统,如果不及时修补网络中的安全漏洞,安全也无从谈起。

9.3.1　IDS 系统放置的位置

1. 网络主机
在非混杂模式网络中,可以将 NIDS 系统安装在主机上,从而监测位于同一交换机上的机器间是否存在攻击现象。

2. 网络边界
IDS 非常适合于安装在网络边界处,例如防火墙的两端、拨号服务器附近及到其他网络的连接处。由于这些位置的带宽不是很高,所以 IDS 系统可以跟上通信流的速度。

3. 广域网中枢
由于经常发生从偏僻地带攻击广域网核心位置的案件以及广域网的带宽通常不是很高,在广域网的骨干地段安装 IDS 系统也显得日益重要。

4. 服务器群
服务器的种类不同,通信速度也就不同。对于流量速度不是很高的应用服务器,安装 IDS 是非常好的选择;对于流量速度快但又特别重要的服务器,可以考虑安装专用 IDS 系统进行监测。

5．局域网中枢

IDS 系统通常都不能很好地应用于局域网,因为它的带宽很高,IDS 很难追上狂奔的数据流,不能完成重新构造数据包的工作。如果必须使用,那么就不能对 IDS 的性能要求太高,达到检测简单攻击的目的就应该心满意足。

9.3.2 IDS 如何与网络中的其他安全措施相配合

(1) 建立不断完善的安全策略。这一点非常重要,谁负责干什么,发生了入侵事件后怎么干,有了这些,就有了正确行动的指南。

(2) 根据不同的安全要求,合理放置防火墙。例如,放在内部网和外部网之间、放在服务器和客户端之间、放在公司网络和合作伙伴网络之间。

(3) 使用网络漏洞扫描器检查防火墙的漏洞。

(4) 使用主机策略扫描器确保服务器等关键设备的最大安全性,比如查看它们是否已经打了最新补丁。

(5) 使用 NIDS 系统和其他数据包嗅探软件查看网络上是否有"黑"流涌动。

(6) 使用基于主机的 IDS 系统和病毒扫描软件对成功的入侵行为作标记。

(7) 使用网络管理平台为可疑活动设置报警。最起码,所有的 SNMP 设备都应该能够发送"验证失败"的 Trap 信息,然后由管理控制台向管理员报警。

↘ 课业任务 9-2

Bob 是 WYL 公司的安全运维工程师,WYL 公司的网络拓扑图如 9.10 所示。Bob 为了检测 Web 服务器的入侵行为,选用开源的 HIDS 产品 OSSEC 软件,并采用 C/S 架构的部署方法,OSSEC 服务器安装在 Bob 的计算机上,OSSEC 客户端运行在 Web 服务器上。

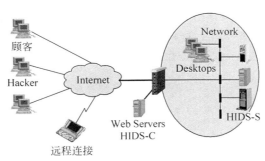

图 9.10　使用 OSSEC 软件检测服务器上的入侵行为的网络拓扑

OSSEC 是一款开源的多平台的 HIDS,主要功能有日志分析、完整性检查、rootkit 检测、基于时间的警报和主动响应。如果有多台计算机都安装了 OSSEC,那么就可以采用客户端/服务器模式来运行。客户机通过客户端程序将数据发回到服务器端进行分析。在一台计算机上对多个系统进行监控对于企业来说都是相当经济实用的。OSSEC 的安装和配置分为客户端和服务器端,具体步骤如下。

1．OSSEC 服务端安装

(1) 选择内部一台服务器(Linux 系统)作为 OSSEC 服务器。

（2）将 OSSEC 源代码包复制到该服务器并解压。

（3）进入 OSSEC 目录并运行 install. sh 开始安装。

（4）在提示输入安装类型时输入"server"。

（5）在提示输入安装路径时输入"/opt/ossec"。

（6）在提示是否希望接收 E-mail 通告时，接受默认值，并在接下来的提示中依次输入用来接收 OSSEC 通告的 E-mail 地址、邮件服务器的名称或 IP 地址。然后通过设置/etc/alias 别名列表来将邮件转发到指定的邮箱。

（7）启动服务器。

```
#/var/ ossec /bin/ossec - control start
```

2. 客户端安装

（1）在 Web 服务器上（Windows 系统）安装 OSSEC，双击 osec-agent-win32-2.4.1.exe 进行安装。

（2）安装过程中，所有选择都采用默认方式。

3. 在服务器端添加 Agent 并生成 key

（1）进入 OSSEC 的安装目录并添加 Agent。

```
#cd /var/ossec/bin
#./manage_agents
```

（2）选择添加一个 Agent。

（3）输入 Agent 的名称、IP 地址及序号。

（4）在服务器端生成 key。

4. 配置 OSSEC 客户端

（1）在如图 9.11 所示的对话框中，在 OSSEC Server IP 文本框中输入 IP 地址，本任务输入"10.16.26.66"，复制服务器上的 key 文件到客户端并单击 Save 按钮确定。

（2）选择 Manage→Start OSSEC 命令，开始运行 OSSEC 客户端，如图 9.12 所示。

图 9.11　OSSEC 客户端配置　　　　　图 9.12　运行 OSSEC 客户端

5. 配置服务器端的远程日志

（1）配置 remote syslog 服务器。

（2）停止 OSSEC 服务器。

```
#/var/ ossec /bin/ ossec - control stop
```

（3）修改/var/ ossec/etc/ ossec. conf。

在/var/ ossec /etc/ ossec.conf 文件中添加以下内容。

```
< syslog_output >
    < server > 10.16.13.213 </server >
</syslog_output >
```

（4）配置 syslog 并启动 OSSEC。

```
# /var/OSSEC/bin/ ossec - control enable client - syslog
# /var/OSSEC/bin/ ossec - control start
```

经过以上配置，如果 Web 服务器受到黑客入侵，OSSEC 服务端将会有详细日志文件记载。

9.4　入侵检测技术发展方向

入侵检测作为一种积极主动的安全防护技术，提供了对内部攻击、外部攻击和误操作的实时保护，在网络系统受到危害之前拦截和响应入侵。入侵检测系统面临的最主要的挑战有两个：一个是虚警率太高，另一个是检测速度太慢。因此，可以这样说，入侵检测产品仍具有较大的发展空间，从技术途径来讲，除了完善常规的、传统的技术（模式识别和完整性检测）外，应重点加强统计分析的相关技术研究。

9.4.1　目前 IDS 存在的主要问题

入侵检测系统往往被认为是保护网络系统的"最后一道安全防线"。今天的网络黑客已经学会将真正的攻击动作隐藏在大量虚假报警之中，这使得用户质疑。根据国外权威机构近来发布的入侵检测产品评测报告，目前主流的入侵检测系统大都存在 3 个问题。

（1）存在过多的报警信息，即使在没有直接针对入侵检测系统本身进行恶意攻击时，入侵检测系统也会发出大量报警。

（2）入侵检测系统自身的抗强力攻击能力差。入侵检测系统的智能分析能力越强，处理越复杂，抗强力攻击的能力就越差。目前入侵检测系统的设计趋势是，越来越多地追踪和分析网络数据流状态，使系统的智能分析能力得到提高，但由此引起的弊端是系统的健壮性被削弱，并且对高带宽网络的适应能力有所下降。

（3）缺乏检测高水平攻击者的有效手段。现有的入侵检测系统一般都设置了阈值，只要攻击者将网络探测、攻击速度和频率控制在阈值之内，入侵检测系统就不会报警。

9.4.2　IDS 技术的发展方向

1. 分布式入侵检测

第一层含义，即针对分布式网络攻击的检测方法；第二层含义，即使用分布式的方法来检测分布式的攻击，其中的关键技术为检测信息的协同处理与入侵攻击的全局信息的提取。

2. 智能化入侵检测

智能化入侵检测即使用智能化的方法与手段来进行入侵检测。所谓的智能化方法，现阶段常用的有神经网络、遗传算法、模糊技术、免疫原理等方法,这些方法常用于入侵特征的辨识与泛化。利用专家系统的思想来构建入侵检测系统也是常用的方法之一。特别是具有自学习能力的专家系统,实现了知识库的不断更新与扩展,使设计的入侵检测系统的防范能力不断增强,应具有更广泛的应用前景。较为一致的解决方案应为高效常规意义下的入侵检测系统与具有智能检测功能的检测软件或模块的结合使用。

3. 基于内核的入侵检测

基于内核的入侵检测是一种相当巧妙的新型的 Linux 入侵检测系统。现在最主要的基于内核的入侵检测系统叫做 LIDS,用户可以从 http://www.lids.org/ 下载。LIDS 是一种基于 Linux 内核的入侵检测和预防系统。LIDS 的主要目的是防止超级用户篡改系统重要文件。LIDS 的主要特点是提高系统的安全性,防止直接的端口连接或者是存储器连接,防止原始磁盘的使用,同时还要保护系统日志文件。LIDS 当然也会适当制止一些特定的系统操作,譬如安装 Sniffer、修改防火墙的配置文件。

4. 全面的安全防御方案

全面的安全防御方案即使用安全工程风险管理的思想与方法来处理网络安全问题,将网络安全作为一个整体工程来处理。从管理、网络结构、加密通道、防火墙、病毒防护、入侵检测多方位全面对所关注的网络进行全面的评估,然后提出可行的全面解决方案。例如,IDS 与防火墙联动功能,入侵检测发现攻击,自动发送给防火墙,防火墙加载动态规则拦截入侵,称为防火墙联动功能。

9.4.3 IPS 技术

随着网络攻击技术的发展,对安全技术提出了新的挑战,IDS 只能检测入侵行为,却不能实时地阻止攻击,而且 IDS 具有较高的漏报率和误报率。在这种情况下,IPS(入侵防御系统)便成为了新一代的网络安全技术。IPS 是一个计算机安全设备,其作用为实时监控网络或系统活动,在恶意行为被发动时进行阻止。如果 IPS 检测到攻击行为,就会自动地将攻击拦截或采取措施阻断攻击源,而不把流量放进内部网络。IPS 产品在部署时,一般在网络中以串接方式工作,这样将保证所有网络数据都经过 IPS 设备。IPS 检测数据流中的恶意代码,核对策略,在未转发到服务器之前,将信息包或数据流拦截。

为了节约生产成本,现在市场上的 IPS 产品一般是与其他产品的组合。例如,深信服的 NGAF(下一代防火墙),不但可以提供基础网络安全功能,如状态检测、抗 DDoS、NAT 等,还实现了统一的应用安全防护,可以针对一个入侵行为中的各种技术手段进行统一的检测和防护,如应用扫描、漏洞利用、Web 入侵、非法访问、蠕虫病毒、带宽滥用、恶意代码等。NGAF 涵盖传统防火墙、IPS 的主要功能,内部能够实现内核级联动,是一款"L2-L7 完整的安全防护产品"。这也是 Gartner 定义的"额外的防火墙智能"实现的前提,只有做到真正的内核级联动,才能为用户的业务系统提供一个安全防护的"铜墙铁壁"。NGAF 的主界面如图 9.13 所示。

从 NGAF 主界面可以看出,该设备具有 IPS、服务器防护、病毒防护和 Web 安全防护的功能,NGAF 功能如表 9.1 所示。

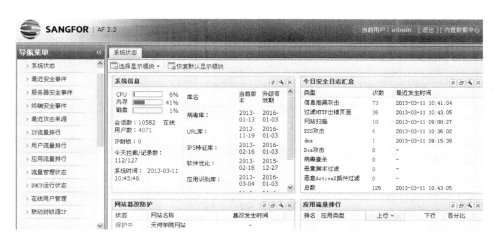

图 9.13　NGAF 主界面

表 9.1　NGAF 功能

技术功能	功能价值
IPS 漏洞防护	基于漏洞以及攻击行为的特征库,提供自动或手动升级方式。防御包括蠕虫、木马、后门、应用层 DoS/DDoS、扫描、间谍软件、漏洞攻击、缓冲区溢出、协议异常、IPS 逃逸攻击等
服务器防护	针对 OWASP 提出的 Web 安全威胁的防护,如 SQL 注入、XSS、CSRF 等;提供网站路径保护、暴力破解防护;隐藏 Web 服务与 FTP 服务、FTP、Telent 弱口令防护;文件上传过滤、URL 黑名单等多种服务器防护功能
病毒防护	基于流引擎查毒技术,可以针对 HTTP、FTP、SMTP、POP3 等协议进行查杀;可实时查杀大量文件型、网络型和混合型等各类病毒;并采用新一代虚拟脱壳和行为判断技术,准确查杀各种变种病毒、未知病毒
Web 安全防护	提供 URL 过滤、文件过滤、ActiveX 过滤、脚本过滤等多种 Web 安全防护手段

当 NGAF 检测到攻击行为时,它将记载并按预先设定的动作执行,如图 9.14 和图 9.15 所示。

序号	时间	类型	协议	URL/目录	源IP	目的IP	描述	严重等级	动作	详细
1	2013-03-11 10:0…	信息泄漏攻击	TCP	/phpmyadmin/ind…	220.181.89.142	192.168.8.13	sid:…	高	拒绝	查看
2	2013-03-11 09:2…	XSS 攻击	TCP	/plus/feedback…	1.58.69.191	192.168.8.13	sid:…	中	允许	查看
3	2013-03-11 09:0…	网站扫描	TCP	/favicon.ico	220.249.101.154	192.168.8.13	sid:…	中	允许	查看
4	2013-03-11 09:0…	信息泄漏攻击	TCP	/phpmyadmin/ind…	220.181.89.142	192.168.8.13	sid:…	高	拒绝	查看
5	2013-03-11 08:2…	网站扫描	TCP	/favicon.ico	220.249.101.154	192.168.8.13	sid:…	中	允许	查看
6	2013-03-11 08:2…	网站扫描	TCP	/favicon.ico	220.249.101.154	192.168.8.13	sid:…	中	允许	查看
7	2013-03-11 07:5…	信息泄漏攻击	TCP	/phpmyadmin/ind…	220.181.89.142	192.168.8.13	sid:…	高	拒绝	查看
8	2013-03-11 07:2…	信息泄漏攻击	TCP	/phpmyadmin/ind…	220.181.89.142	192.168.8.13	sid:…	高	拒绝	查看
9	2013-03-11 07:0…	信息泄漏攻击	TCP	/phpmyadmin/ind…	220.181.89.142	192.168.8.13	sid:…	高	拒绝	查看
10	2013-03-11 07:0…	信息泄漏攻击	TCP	/phpmyadmin/ind…	220.181.89.142	192.168.8.13	sid:…	高	拒绝	查看
11	2013-03-11 06:5…	信息泄漏攻击	TCP	/phpmyadmin/ind…	220.181.89.142	192.168.8.13	sid:…	高	拒绝	查看
12	2013-03-11 06:5…	信息泄漏攻击	TCP	/phpmyadmin/ind…	220.181.89.142	192.168.8.13	sid:…	高	拒绝	查看
13	2013-03-11 06:4…	信息泄漏攻击	TCP	/phpmyadmin/ind…	220.181.89.142	192.168.8.13	sid:…	高	拒绝	查看

图 9.14　NGAF 拦截攻击行为

序号	时间	类型	协议	URL/目录	源IP	目的IP	描述	严重等级	动作	详细
	查询条件：时间(2013-03-11 00:00~2013-03-11 23:59) | 源区域(所有区域) | 源IP(所有) | 目的区域(所有区域) | 目的IP(192.168.8.19									
1	2013-03-11 10:3…	XSS 攻击	TCP	/plus/feedback.php	192.168.8.253	192.168.8.19	sid:…	中	允许	查看
2	2013-03-11 06:1…	XSS 攻击	TCP	/plus/feedback.php	192.168.8.253	192.168.8.19	sid:…	中	允许	查看
3	2013-03-11 03:0…	网站扫描	TCP	/admin.php	192.168.8.253	192.168.8.19	sid:、	中	允许	查看
4	2013-03-11 03:0…	网站扫描	TCP	/admin.php	192.168.8.253	192.168.8.19	sid:…	中	允许	查看

图 9.15 NGAF 记载攻击行为

练 习 题

1. 选择题

(1) 关于入侵检测系统的描述，下列叙述中(   )是错误的。

    A. 监视分析用户及系统活动

    B. 发现并阻止一些已知的攻击活动

    C. 检测违反安全策略的行为

    D. 识别已知进攻模式并报警

(2) IDS 是一种重要的安全技术，其实现安全的基本思想是(   )。

    A. 过滤特定来源的数据包

    B. 过滤发往特定对象的数据包

    C. 利用网闸等隔离措施

    D. 通过网络行为判断是否安全

(3) IETF(Internet 工程任务组)将一个入侵检测系统分为 4 个组件，4 个组件中不包括下列(   )。

    A. 事件产生器   B. 事件分析器

    C. 响应单元   D. 控制单元

(4) IDS 与其他网络安全技术相比，IDS 的最大特点是(   )。

    A. 准确度高   B. 防木马效果最好

    C. 能发现内部误操作   D. 能实现访问控制

(5) 按照检测数据的来源可将入侵检测系统分为(   )。

    A. 基于主机的 IDS 和基于网络的 IDS

    B. 基于主机的 IDS 和基于域控制器的 IDS

    C. 基于服务器的 IDS 和基于域控制器的 IDS

    D. 基于浏览器的 IDS 和基于网络的 IDS

(6) 信号分析有模式匹配、统计分析和完整性分析 3 种技术手段，其中(   )用于事后分析。

    A. 信息收集   B. 统计分析

    C. 模式匹配   D. 完整性分析

2. 简答题

（1）什么叫入侵检测？入侵检测系统有哪些功能？

（2）根据检测对象的不同，入侵检测系统可分哪几种？

（3）常用的入侵检测系统的技术有哪几种？其原理分别是什么？

（4）入侵检测系统弥补了防火墙的哪些不足？

（5）简述基于主机的入侵检测系统的优点。

（6）简述基于网络的入侵检测系统的优点与缺点。

（7）评价一个入侵检测系统的优劣，从技术角度看主要从哪几方面来考虑？

（8）简述 IDS 的发展趋势。

3. 思考题

观察一下自己所在院校的校园网，总结一下该校校园网的安全漏洞。假设你们学校要购买 IDS 产品，而你是学校的网络管理员，请思考一下你会选择市场上的哪种产品？说出你选择该产品的依据以及产品实施过程。

第 10 章　上网行为管理

随着计算机、宽带技术的迅速发展，网络办公日益流行，互联网已经成为人们工作、生活、学习过程中不可或缺、便捷高效的工具。但是，在享受着计算机办公和互联网带来便捷的同时，员工非工作上网现象越来越突出，企业普遍存在着计算机和互联网络滥用的严重问题。网上购物、在线聊天、在线欣赏音乐和电影、P2P 工具下载等与工作无关的行为占用了有限的带宽，严重影响了正常的工作。因此管理员工使用网络的内容和网络行为，特别是外贸企业、技术含量较高的企业（如软件、工程类）、政府关键部门等意义尤为重要。

▶ **学习目标：**
- 熟悉上网行为管理的基础知识。
- 了解上网行为管理的基本功能。
- 掌握上网行为管理的部署模式。
- 掌握深信服上网行为管理的权限控制、上网审计和流量管理的配置。

▶ **课业任务：**
本章通过 3 个实际课业任务，由浅入深、循序渐进地介绍信息上网行为管理的基本知识与相关原理，以及上网行为管理在现实中的应用。

▶ **课业任务 10-1**
Bob 是 WYL 公司的安全运维工程师，近段时间，不断有公司员工反应在上班时间段浏览网页或收发邮件的速度非常慢。经检测，Bob 发现市场部有个别员工在上班时间段使用 P2P 软件下载文件或视频，占用了公司的网络带宽。Bob 采用 SANGFORAC 设备，禁止市场部员工在上班时间使用 P2P 服务。

能力观测点
了解用户上网权限管理；使用 SANGFORAC 进行权限控制。

▶ **课业任务 10-2**
Bob 是 WYL 公司的安全运维工程师，WYL 公司被当地公安局网络监察处执行严厉处罚，原因是查出该企业内有员工在网上发布了违反法律的信息，但是无法查出是哪位员工所为。Bob 在 SANGFORAC 设备上设置一条审计 Web BBS 发帖内容、审计用户访问网页的行为策略。

能力观测点
了解用户上网审计管理；学会使用 SANGFORAC 应用审计策略。

▶ **课业任务 10-3**
Bob 是 WYL 公司的安全运维工程师，公司租用了一条 10Mbps 电信线路，内网有 1000名上网用户，为保证财务部访问网上银行网站和收发邮件的数据在线路繁忙时占用带宽不小于 2Mbps,同时最大也不超过 5Mbps,Bob 采用 SANGFORAC 进行流量管理。

能力观测点

了解通道带宽保证和通道带宽限制;学会使用 SANGFORAC 进行流量管理。

10.1 上网行为管理基础知识

10.1.1 上网行为管理的概念

1. 上网行为管理应用背景

2006 年 3 月 1 日正式实施的公安部 82 号令即《互联网安全保护技术措施规定》的部分内容如下:"记录并留存用户访问的互联网地址或域名","在公共信息服务中发现、停止传输违法信息,并保留相关记录,能够记录并留存发布的信息内容及发布时间","电子邮件或者短信息","应当具有至少保存六十天记录备份的功能"。

随着 Internet 的普及和带宽的增加,一方面员工上网的条件得到改善,另一方面也给企业带来更高的网络使用危险性、复杂性和混乱。在 IDC 对全世界企业网络使用情况的调查中发现,在上班工作时间里非法使用邮件、浏览非法 Web 网站、进行音乐/电影等 BT 下载或者在线收看流媒体的员工正在日益增加,这令网络管理者头疼不已。据 IDC 的数据统计,企业中员工的 30%～40%的上网活动与工作无关。而来自色情网站访问统计的分析表明:70%的色情网站访问量发生在工作时间。这些员工随意使用网络将导致以下 3 个问题:

- 工作效率低下;
- 网络性能恶化;
- 网络违法行为。

因此,如何有效地解决这些问题,以提高员工的工作效率,降低企业的安全风险,减少企业的损失,已经成为中国企业迫在眉睫的紧要任务。当前内网安全管理也随之提升到一个新的高度,在防御从外到内诸如病毒、黑客入侵、垃圾邮件的同时,从内到外诸如访问控制、监控、审计、访问跟踪、流量限制等问题也日益呈现,从而上网行为管理的需求也就出现了。

2. 上网行为管理的定义

上网行为管理是专用于防止非法信息恶意传播,避免国家机密、商业信息、科研成果泄露的产品。该产品可实时监控、管理网络资源的使用情况,提高整体工作效率。该产品适用于需实施内容审计与行为监控、行为管理的网络环境,尤其是按等级进行计算机信息系统安全保护的相关单位或部门。

10.1.2 上网行为管理的基本功能

作为近年来中国网络安全市场增长最快的产品之一,上网行为管理产品受到了业界的广泛关注。上网行为管理是由安全厂商逐步定义的全新网络应用层产品,随着客户需求的日趋明确及上网行为管理设备厂商的不断创新,目前,上网行为管理产品已经具备了标准的产品功能定义,它的主要功能特点如下。

1. 记录上网轨迹,满足法规要求

上网行为管理产品可以帮助组织详尽记录用户的上网轨迹,做到网络行为有据可查,能

251

第 10 章

上网行为管理

够进行网络行为的后期取证,对网络潜在威胁者予以威慑,满足组织对网络行为记录的相关要求,规避可能的法规风险,具体如下。

- 上网行为实时监控:对网络当前速率、带宽分配、应用分布、人员带宽、人员应用等进行统一展现。
- 上网行为日志查询:对网络中的上网人员、终端、地点、上网浏览、上网外发、上网应用、上网流量等行为日志进行精准查询,精确定位问题。
- 上网行为统计分析:对上网日志进行归纳汇总,统计分析出流量趋势、风险趋势、泄密趋势、效率趋势等直观的报表,便于管理者全局发现潜在问题。

2. 上网行为控制,规范员工上网,提高工作效率

上网行为管理产品可基于用户/用户组、应用、时间等条件的上网授权策略,可以精细管控所有与工作无关的网络行为,并可根据各组织的不同要求进行授权的灵活调整,具体如下。

- 网页过滤、关键字过滤、内容检测等多种控制功能,禁止员工在上班时间访问与工作无关的网站、聊天、玩游戏、看电影、BT 下载等。
- 独有的网络访问准入系统只允许符合指定条件的用户连接 Internet,以避免内网用户遭受病毒、木马、间谍软件等的安全威胁。
- 多种认证机制,细致的权限划分,为不同级别的用户分配不同的上网权限。

3. 管控外发信息,降低泄密风险

上网行为管理产品充分考虑网络使用中的主动泄密、被动泄密行为,从事前防范、事中告警、事后追踪等多方面防范泄密,为组织保护信息资产安全,降低网络风险。对微博、邮件、QQ、BBS 发帖等外发信息进行过滤,帮助企业过滤敏感的内容,防止企业内部机密外泄,保护企业信息资产安全。

4. 防止带宽资源滥用

上网行为管理产品通过基于应用类型、网站类别、文件类型、用户/用户组、时间段等的细致带宽分配策略限制 P2P、在线视频、大文件下载等不良应用所占用的带宽,保障 OA、ERP 等办公应用获得足够的带宽支持,提升上网速度和网络办公应用的使用效率。

10.1.3 第二代上网行为管理

目前推出了上网安全桌面功能,弥补了传统上网行为管理在安全方面的不足。上网安全桌面产品采用了业内领先的"沙盒"以及"重定向"等技术,仅占用计算机极少部分的内存,在不改变用户使用习惯、不增加操作复杂度的前提下,将内网与风险重重的互联网隔离开,防止病毒、木马对计算机和内部局域网的侵袭,保护内网计算机与企业信息、个人隐私安全。同时,位于网关处的上网行为管理设备与终端安全桌面形成了端到端的安全解决方案,上网安全桌面与 AC 设备的恶意网址过滤等创新技术相结合,实现立体式安全护航,形成一套符合企业级市场的上网行为管理方案。

10.1.4 上网行为管理产品

从产品形态来看,目前上网行为管理分为硬件和软件两种,但是国内以硬件为主流,国外以软件为主流。硬件的优势:部署简单、升级方便、故障率低。软件的优势:成本适当,维护简单、安装容易、升级快速,可以在公司随便找个机器部署。目前的软硬件结合模式越来越多,包括加入准入模式、VPN 的上网行为管理、基于客户端的内网管理模式和文档管理模式,为的是内外兼修,从不同的方向去弥补单一产品的不足。企业应该根据自身的应用需求,去选择自己需要的合理方案。如果只是追求单一产品本身的应用,在信息化建设的综合成本上一定会超出很多预算,从而无谓地增加了更多的信息化成本。国内比较成熟的上网行为管理产品有网康和深信服等。

10.2　上网行为管理产品的部署模式

部署模式用于设置设备的工作模式,可把设备设定为路由模式、网桥模式或旁路模式。选择一个合适的部署模式,是顺利将设备架到网络中并且使其正常使用的基础。

- 路由模式:将设备作为一个路由设备使用,对网络改动最大,但可以实现设备的所有的功能。
- 网桥模式:把设备视为一条带过滤功能的网线使用,一般在不方便更改原有网络拓扑结构的情况下启用,然后平滑架到网络中,可以实现设备的大部分功能。
- 旁路模式:设备连接在内网交换机的镜像口或 Hub 上,以镜像内网用户的上网数据。当通过镜像的数据实现对内网上网数据的监控和控制时,可以完全不改变用户的网络环境,并且可以避免设备对用户网络造成中断的风险。但在这种模式下,设备的控制能力较差,部分功能实现不了。

10.2.1　路由模式

路由模式是把设备作为一个路由设备使用。一般是把设备放在内网网关出口的位置,代理局域网上网;或者把设备放在路由器后面,再代理局域网上网,常见部署如图 10.1 所示。

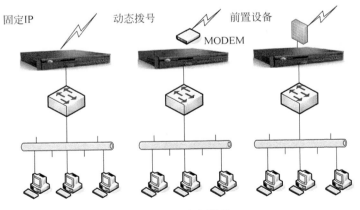

图 10.1　路由模式

10.2.2　网桥模式

网桥模式是把设备作为一条带过滤功能的网线使用,一般在不方便更改原有网络拓扑结构的情况下启用。把设备接在原有网关及内网用户之间,在原网关及内网用户不需做任何配置改变的情况下,对设备进行一些配置即可使用。对原网关及内网用户而言,亦不知设备的存在,即所谓的对原网关及内网用户透明。网桥模式的主要特点是对用户完全透明。网桥模式分为网桥多网口和多网桥两种模式。

1. 网桥多网口

网桥多网口是指设备只作为一个网桥,但内外网口不是一一对应的,可能内网口需要接多个网口,也可能外网口需要接多个网口,各个网口之间的数据都可以设置转发,设备的ARP表只维持一份。网桥多网口一般用于以下环境。

运行环境1:交换机连接到外网两条线路 FW1、FW2 上,在交换机和防火墙之间接入设备,进行网桥模式部署,单进双出多网口模式如图 10.2 所示。

运行环境2:为了加强网络的稳定性,减少单点故障,内网核心交换和路由器都采用双机方案。这种环境下可以加入两台设备做网桥,双进单出进行多网桥模式部署,如图 10.3 所示。

2. 多网桥

多网桥是指一台设备可以做多个网桥,相当于多个交换机。和网桥多网口的区别是:设备的 ARP 表维持多份;内外网口一一对应;网口属于同一个网桥才能进行数据转发,不同网桥接口之间的数据不能转发。多网桥一般适用于以下几种情况。

运行环境1:设备一进一出做单网桥,如图 10.4 所示。

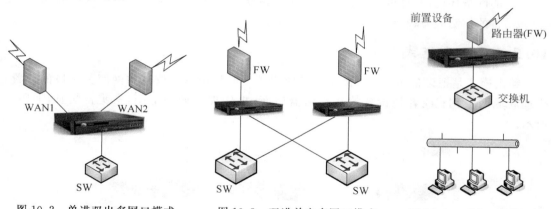

图 10.2　单进双出多网口模式　　图 10.3　双进单出多网口模式　　图 10.4　一进一出单网桥

运行环境2:适用于客户内网有 VRRP 或 HSRP 的环境,架上设备做多网桥,实现基本审计控制功能的同时,不影响客户原有主设备的切换,常见的应用环境有以下两种,如图 10.5 所示。

10.2.3　旁路模式

旁路模式在实现监控控制功能的同时,可以完全不改变用户的网络环境,并且可以避免设备对用户网络造成中断的风险。把设备接在交换机的镜像口或者 Hub 上,以保证内网用户上网的数据经过此交换机或者 Hub,并且设置镜像口时需要同时镜像上下行的数据,从而实现对上网数据的监控与控制。这种模式对用户的网络环境完全没有影响,即使死机也不会对用户的网络造成中断。常见的应用环境有以下两种,如图 10.6 所示。

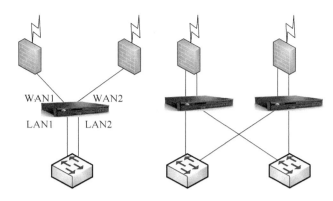

图 10.5　*n* 进 *n* 出单网桥

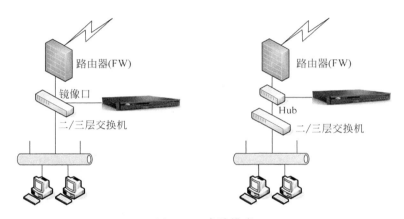

图 10.6　旁路模式

10.3　上网行为管理的基本功能

本节以深信服的上网行为管理 SANGFORAC 系列产品为例,介绍上网行为管理的基本配置,产品外观如图 10.7 所示。其中,1.控制口,2.ETH3(WAN2),3.ETH1(DMZ),4.ETH2(WAN1),5.ETH0(LAN),6.电源灯,7.告警灯。

图 10.7　SANGFORAC 产品外观

ETH0 接口的 IP 地址默认为 10.251.251.251/24,将 SANGFORAC 接入到网络后,在 IE 中输入"https://10.251.251.251",即可登录到 SANGFORAC 设备的主界面,如图 10.8 所示。从主界面可以看出,该设备具有防火墙、流量管理、上网策略管理、安全防护等功能。

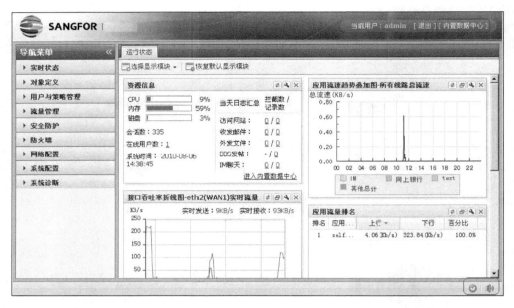

图 10.8　SANGFORAC 主界面

10.3.1　上网策略

　　该策略用于对上网策略进行管理,管理员可以根据内网用户的权限分配情况,设置不同的上网策略。上网策略分为以下 6 种类型。

- 上网权限策略。
- 上网审计策略。
- 上网安全策略。
- 终端提醒策略。
- 流量配额与时长控制策略。
- 准入策略。

　　本节介绍其中的上网权限策略和上网审计策略,其他策略不再一一叙述,感兴趣的读者可以参考网康或深信服的官网进行进一步的了解。

1. 上网权限策略

上网权限策略包括应用控制、Web 过滤和邮件过滤。

　　通过应用控制的设置,可以对内网用户连接公网的应用进行控制,允许或者拒绝某些上网应用。设备提供多种应用控制的方式,其中包括应用控制、端口控制、代理控制。应用控制是通过对网络数据应用层的特征分析,来实现对某种应用的控制。设备中有针对各种常见网络应用设置的应用规则库,应用服务控制正是引用了这些规则来实现应用控制的。端口控制是通过对数据包的 IP 地址、协议号、端口号进行检测,从而实现对上网数据的控制。

　　Web 过滤可以对内网用户通过 HTTP、HTTPS 协议访问网站的行为进行控制,它包括对访问网站的 URL 进行过滤、对搜索引擎搜索关键字进行过滤、对通过 HTTP 协议上传的关键字进行过滤、对通过 HTTP 协议上传和下载的文件类型进行过滤。

邮件过滤用于对内网客户端通过 SMTP 协议发送的邮件进行过滤,过滤的条件可以设置为收发邮件地址、邮件标题和正文的关键字等。同时可以设置邮件延迟审计。设置邮件延迟审计后,符合条件的邮件只有在通过管理员审核后才可以发出。另外,垃圾邮件过滤也是在此处启用的。

➥ **课业任务 10-1**

Bob 是 WYL 公司的安全运维工程师,近段时间,不断有公司员工反应在上班时间段浏览网页或收发邮件的速度非常慢。经检测,Bob 发现市场部有个别员工在上班时间段使用 P2P 软件下载文件或视频,占用了公司的网络带宽。Bob 采用 SANGFORAC 设备,禁止市场部员工在上班时间使用 P2P 服务。

具体操作步骤如下。

(1) 在如图 10.9 所示的 SANGFORAC 主界面中选择【导航菜单】→【用户与策略管理】→【上网策略】选项,在页面右侧单击【新增】按钮,选择【上网权限策略】选项,在弹出的如图 10.10 所示的界面中,选择【启用该策略】复选框,并输入新增策略的名称和描述信息。本任务的【策略名称】是【封堵 P2P 应用】,【描述信息】是【针对市场部门】,如图 10.10 所示。

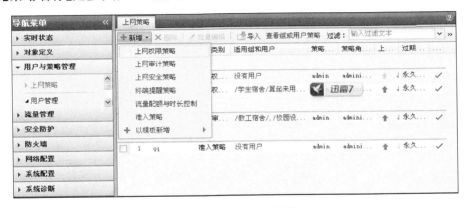

图 10.9　新增上网权限策略

图 10.10　上网权限策略设置

(2) 在如图 10.10 所示的界面中选择【策略设置】选项卡,在【上网权限策略】区域中选择【应用控制】复选框,在右边的【应用控制】区域中单击【添加】按钮添加一条新的应用控制策略。

（3）在如图 10.10 所示的对话框中，单击【应用】下方的 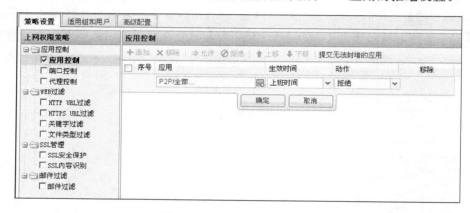 图标，弹出【选择应用】对话框，使用模糊搜索树结点功能，搜索出所有与 P2P 有关的应用，并选中该复选框，如图 10.11 所示。

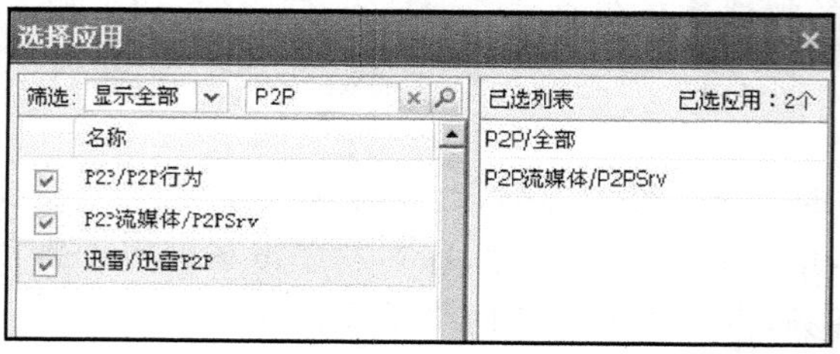

图 10.11　选择 P2P 应用

（4）在如图 10.12 所示的界面中，在【生效时间】下拉列表中选择【上班时间】选项，在【动作】下拉列表中选择【拒绝】选项，单击【确定】按钮，完成 P2P 应用的拒绝设置。

图 10.12　上网策略设置界面

（5）在如图 10.13 所示的页面中，选择【适用组和用户】选项卡，进行策略与用户/组关联。本任务选择【市场部门】复选框，单击【提交】按钮，完成整个策略设置。

图 10.13　设置用户/组的关联

至此，市场部员工在上班时间就被禁止使用 P2P 服务了。

2．上网审计策略

上网审计策略包括应用审计、外发文件告警、流量与上网时长审计、网页内容审计。

应用审计可对内网用户通过设备访问外网的行为和内容进行审计，审计对象包括 HTTP 外发内容、访问网站、邮件、IM 聊天内容、FTP、Telnet、网络应用行为等。

外发文件告警用于对所有外发的并且被记录下来的文件进行告警检查，如果内网用户发送特定类型的文件，那么设备会发告警给管理员。此处的文件检测并非只是根据文件扩展名进行的简单判断，设备通过深入分析数据特征得到文件的类型，所以，即使内网用户在发送相应的文件时修改了文件扩展名，或者将文件压缩后进行传输，设备都可以检测出来。

流量与上网时长审计用于设置是否统计各种应用的流量和时长。如果选择了统计各种应用的流量和时长，那么在设备的数据中心可以查询到内网访问公网的各种应用的流量和访问时间。

网页内容审计用于设置是否对内网用户访问互联网网页的网页内容进行审计，可以通过此处的设置审计网页标题、正文内容，以及指定只审计网页中含有特定关键字的网页内容，过滤网页中含有特定关键字的网页。此项如果开启，将消耗大量设备性能，需慎用。

➡ **课业任务 10-2**

Bob 是 WYL 公司的安全运维工程师，WYL 公司被当地公安局网络监察处执行严厉处罚，原因是查出该企业内有员工在网上发布了违反法律的信息，但是无法查出是哪位员工所为。Bob 在 SANGFORAC 设备上设置一条审计 Web BBS 发帖内容、审计用户访问网页的行为策略。

具体配置步骤如下。

(1) 在如图 10.14 所示的界面中选择【上网审计策略】选项中的【应用审计】复选框，在右边的【应用审计】区域中单击【添加】按钮添加一条新的审计策略。

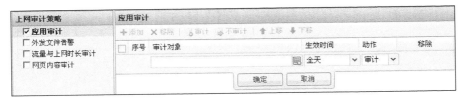

图 10.14　添加应用审计

(2) 在如图 10.14 所示的界面中，单击【审计对象】下方的 ▨ 图标，弹出如图 10.15 所示的【选择审计对象】界面。

图 10.15　选择审计对象

选择【HTTP 外发内容】选项,在右边相应的详细配置模块中选择【Web BBS 的发帖内容】复选框,如图 10.15 所示。此项用于审计内网用户在论坛发帖的内容。

选择【访问网站/下载】选项,在右边相应的详细配置模块中选择【访问的 URL】复选框,选择【所有 URL】单选按钮,如图 10.16 所示。此项可审计用于记录内网用户访问网页的 URL。

图 10.16　选择访问的 URL

选择需要审计的选项后,单击【确定】按钮,返回如图 10.14 所示的【应用审计】界面。

(3) 在如图 10.17 所示的界面中,在【生效时间】下拉列表中选择【全天】选项,在【动作】下拉列表中选择【审计】选项,单击【确定】按钮,完成 Web BBS 的发帖内容设置,如图 10.18 所示。此项用于审计 Web BBS 的发帖内容、用户访问网页的行为的日志策略等。

图 10.17　设置应用审计

图 10.18　应用审计设置完成界面

(4) 通过以上设置,就可以在 SANGFORAC 的内置数据中心查看具体 Web BBS 的发帖内容和用户访问网页的行为,如图 10.19 和图 10.20 所示。

10.3.2　流量管理

流量管理是通过建立流量管理通道对各种上网应用的流量大小进行控制的。流量管理系统提供了带宽保证和带宽限制功能。通过带宽保证可以保证重要应用的访问带宽,通过

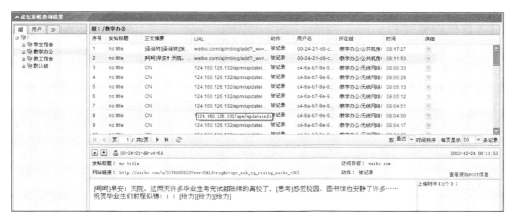

图 10.19　BBS 发帖内容审计

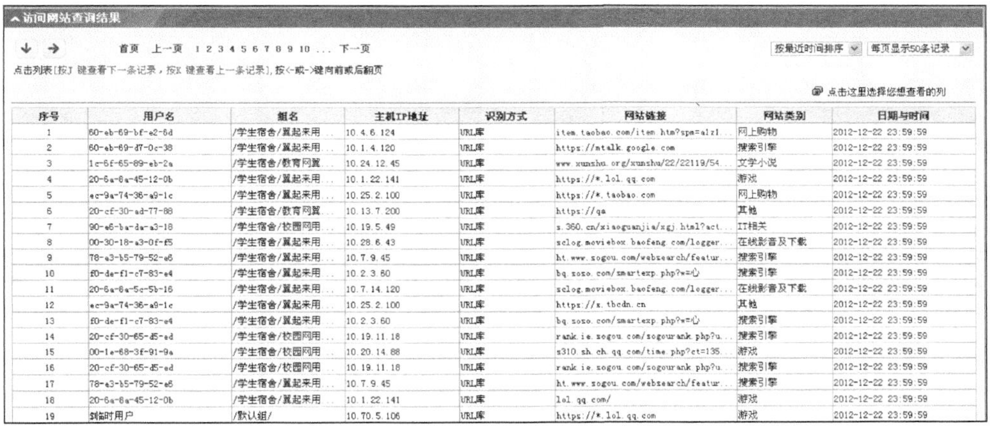

图 10.20　用户访问网页审计

带宽限制可以做到限制用户组/用户上下行总带宽、各种应用的带宽等。

1. 流量通道的概念

流量通道根据服务类型访问控制用户组,把整个带宽按百分比分解成若干份,这样每一份是一个流量通道。根据流量通道的作用可以分为带宽保证通道和带宽限制通道。当流量管理系统处于启用状态,数据经过设备时,会根据数据的相关信息匹配流量通道。匹配的条件包括用户组/用户、IP 地址、应用类型、生效时间、目标 IP 组,当数据包的所有条件都满足时,即匹配到通道。

2. 带宽保证通道

在带宽保证通道中,不仅设置此通道的最大带宽,而且设置最小带宽。当网络繁忙时,保证该通道的带宽不小于设置的最小带宽值。

📌 课业任务 10-3

Bob 是 WYL 公司的安全运维工程师,公司租用了一条 10Mbps 电信线路,内网有 1000名上网用户,为保证财务部访问网上银行网站和收发邮件的数据在线路繁忙时占用带宽不小于 2Mbps,同时最大也不超过 5Mbps,Bob 采用 SANGFORAC 进行流量管理。

具体操作步骤如下。

(1) 在 SANGFORAC 主界面中,选择【流量管理】→【虚拟线路配置】选项,在右侧区域单击【线路 1】选项,在弹出的【编辑虚拟线路】对话框中将【上行】、【下行】均设置为 1.25Mbps,单击【提交】按钮,如图 10.21 所示。

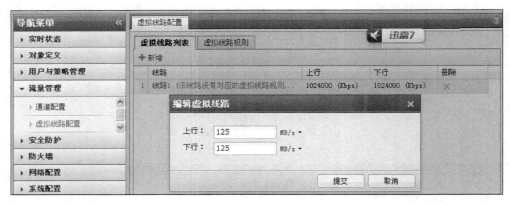

图 10.21　线路带宽编辑

(2) 在如图 10.22 所示的界面中,选择【流量管理】→【通道配置】选项,选择【启用流量管理系统】复选框,启用流量管理。

图 10.22　启用流量管理系统

(3) 本任务是对财务部人员访问网上银行类别的网站以及收发邮件的数据进行带宽保证。在如图 10.23 所示的界面中选择【新增一级通道】选项。

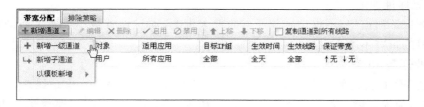

图 10.23　新增通道

（4）在弹出的如图 10.24 所示的【新增一级通道】对话框中选择【启用通道】复选框，在【通道名称】文本框中输入通道的名称，本任务输入"保证财务部上网数据"，选择【通道编辑菜单】→【带宽通道设置】选项，在右边的【带宽通道设置】配置模块中对通道的相关属性进行配置。

图 10.24　设置新增通道的相关属性

（5）在如图 10.24 所示的对话框中，选择【通道编辑菜单】→【通道使用范围】选项，在右边的【通道使用范围】配置模块中对通道的使用范围进行配置。此处设置的范围包括适用应用、适用对象、生效时间和目标 IP 组，这些条件需要全部满足，才能匹配到此通道，如图 10.25所示。

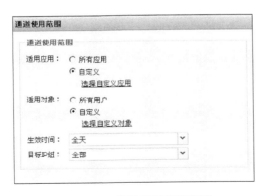

图 10.25　设置通道使用范围

在如图 10.25 所示的界面中，选择【适用应用】中的【自定义】单选按钮，单击【选择自定义应用】链接，在弹出的【自定义适用服务与应用】对话框中选择应用类型和网站类型。本任务需要对访问网上银行类别的网站以及收发邮件的数据做带宽保证，所以此处选择的应用为邮件/全部，网站类型为网上支付和个人银行。选择好适用应用后，单击【确定】按钮保存返回到图 10.25 所示的界面，参数设置如图 10.26 所示。

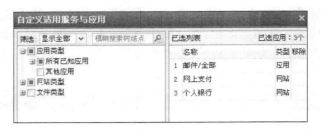

图 10.26　设置自定义适用服务与应用

　　在如图 10.25 所示的界面中，选择【适用对象】中的【自定义】单选按钮，单击【选择自定义对象】链接，在弹出的【自定义适用对象】对话框中，设置此通道对哪些用户、用户组、IP 生效。本任务需要对财务部的所有用户做带宽保证，因此此处选择【财务部门】用户组。选择好适用对象后，单击【确定】按钮保存返回到图 10.25 所示的界面，如图 10.27 所示。

图 10.27　设置自定义适用对象

　　（6）完成以上配置后，在【带宽分配】界面中就会出现新增的一级通道的详细信息，如图 10.28 所示。

图 10.28　新增一级通道的详细信息

3. 限制通道

　　限制通道可设置通道的最大带宽。对于匹配到此限制通道的数据进行流量控制，控制占用带宽不得超过设置的最大带宽值。

练　习　题

1．简答题

(1) 上网行为管理系统有哪些基本功能?

(2) 一直以来,很多国外的产品和技术要优于国内,所以用户在选择产品时优先选择国外的产品,你认为正确吗? 为什么?

(3) 上网行为管理的部署模式有哪几种? 它们之间有什么区别?

(4) 上网行为管理系统在国内的主流产品有哪些?

2．操作题

(1) 在 SANGFORAC 设备上设置综合策略,仅允许用户在上班时间访问网页(但是,不允许访问新闻和娱乐类)、邮件和 IM,其他时间不进行控制,并审计用户的所有上网行为和 IM 聊天记录。在用户上班时间,如果浏览网页时长超过 3 个小时,则每 30 分钟进行一次提醒。每个用户每月的上网流量只有 20GB,每天最多的上网流量为 2GB。

(2) 公司租用了一条 10Mbps 电信线路,内网有 1000 名上网用户,但发现很多市场部员工经常使用迅雷、P2P 等下载工具进行下载,占用了大部分带宽,影响了其他部门正常的办公业务。通过流量管理,系统将市场部的这部分数据占用的带宽限制在 2Mbps 之内,并且每个用户这部分数据的占用带宽限制在 30Kbps,请根据要求在 SANGFORAC 上设置合理带宽限制策略。

(3) 公司租用了一条 10Mbps 电信线路,内网有 1000 名上网用户。现要保证所有用户的 HTTP 应用流量在繁忙时不小于 3Mbps,最大不能超过 5Mbps。另外,因为市场部员工较多,且 HTTP 应用比较重要,所以要在此保证带宽的基础上保证市场部员工的 HTTP 应用流量在繁忙时不小于 1Mbps,最大不能超过 2Mbps,并限制市场部单个员工使用 HTTP应用时的占用带宽不超过 20Kbps。请根据要求设置合理的流量管理系统。